环境作用下的混凝土力学

——等效转化方法和耐久性设计

Environment-dependent Mechanics of Concrete

Equivalent Transformation and Durability Design

蒋金洋　左晓宝　孙国文　王赟程　著

科学出版社

北京

内 容 简 介

本书从环境作用下的混凝土力学作用机理出发，重点阐述硫酸盐和冻融循环作用下混凝土的物理/化学–等效转化的基本理论、严酷环境下钢筋混凝土寿命预测与耐久性设计方法。全书共 6 章，主要内容涵盖现代混凝土微结构演变的量化、硫酸盐在混凝土中的传输–反应–填充–膨胀过程的规律演变、混凝土在硫酸盐侵蚀下的化学–力学效应等效转化理论及方法、硫酸盐作用下混凝土力学性能评估、冻融作用下混凝土的物理损伤规律以及相应的物理–力学等效转化方法、严酷环境下钢筋混凝土耐久性设计方法等。通过这些内容，我们希望逐步引导读者深刻理解环境作用下混凝土的内部"等效力"作用原理及量化方法，并对严酷环境下混凝土结构设计与性能提升提供理论基础。

本书可供从事土木工程、水利工程、交通运输工程、力学、材料科学与工程等研究科技人员以及高等院校相关专业的师生参考。

图书在版编目 (CIP) 数据

环境作用下的混凝土力学：等效转化方法和耐久性设计/蒋金洋等著. —
北京：科学出版社，2024.1
ISBN 978-7-03-076994-7

Ⅰ. ①环…　Ⅱ. ①蒋…　Ⅲ. ①混凝土–力学性能–研究　Ⅳ. ①TU528

中国国家版本馆 CIP 数据核字(2023)第 221873 号

责任编辑：刘信力　郭学雯 / 责任校对：杨聪敏
责任印制：张　伟 / 封面设计：无极书装

科学出版社 出版
北京东黄城根北街 16 号
邮政编码：100717
http://www.sciencep.com
北京建宏印刷有限公司印刷
科学出版社发行　各地新华书店经销
*
2024 年 1 月第 一 版　开本：720×1 000　1/16
2025 年 1 月第二次印刷　印张：16
字数：316 000
定价：148.00 元
(如有印装质量问题，我社负责调换)

前　　言

结构混凝土是国家基础设施和工程建设的重要材料，服役过程中，它不仅受到静载、动载等机械荷载的作用，还受到各种环境因素的耦合侵蚀，导致其服役性能随环境作用时间而劣化。混凝土材料及其结构的环境侵蚀作用是一个复杂的物理、化学过程，它会引起混凝土内应力/应变等力学效应的变化，进而造成混凝土的力学性能退化。然而，建立环境因素相关的混凝土材料内部结构损伤过程力学本构模型仍是工程难题，相对而言，结构混凝土在机械荷载作用下的性能劣化试验表征以及结构损伤过程的本构模型相对成熟，若将各种环境因素作用转化为力学因素，即环境因素的物理/化学–力学等效转化，可实现结构混凝土在环境因素–荷载作用下的一体化评估，这也是科学准确评估混凝土的服役寿命和开展各种复杂服役环境下混凝土结构耐久性科学化设计的基础，也有助于混凝土结构耐久性设计标准、混凝土结构设计标准的改进和变革。

在众多的环境因素中，硫酸盐侵蚀和冻融循环是导致混凝土耐久性退化的重要因素，也是在我国普遍存在的环境侵蚀作用，它们的共同点都是侵蚀介质在混凝土孔隙系统中的传输、侵蚀介质与水泥水化产物的化学反应或侵蚀物质的结晶析出、膨胀性侵蚀产物导致孔隙损伤，并逐步累积至宏观的混凝土结构造成破坏，表现为膨胀、开裂、逐层剥落、强度损失等现象，这是一个侵蚀多阶段相互联系且十分复杂的物理/化学–力学演变过程。因此，本书从环境作用下混凝土的力学作用机理出发，通过理论分析、实验研究和数值模拟，分别给出了混凝土在硫酸盐侵蚀、冻融循环作用下的物理/化学–力学等效转化方法。

本书共 6 章，第 1 章为绪论，介绍了硫酸盐和冻融作用下混凝土的损伤劣化及相关模型；第 2 章详细介绍了混凝土内部的硫酸盐传输机理及相应的建模方法；第 3 章阐述了硫酸盐侵蚀下混凝土的化学–力学效应等效转化理论及方法；第 4 章开展了硫酸盐侵蚀下混凝土的性能评估与工程案例分析；第 5 章分析了冻融作用下混凝土的物理损伤规律，并建立了相应的物理–力学等效转化方法；第 6 章结合上述环境作用下混凝土保护层损伤剥落原理，建立了严酷环境下钢筋混凝土寿命预测与耐久性设计方法。通过这些内容的描述，我们希望逐步引导读者深刻理解环境作用下混凝土的内部"等效力"作用原理及量化方法，并对严酷环境下混凝土结构设计与性能提升提供理论和方法。

本书的研究内容和撰写工作主要由蒋金洋、左晓宝、孙国文、王赟程负责完成。南京理工大学的左晓宝教授完成了硫酸盐在混凝土传输的变系数求解、移动边界下结构力学损伤量化部分书稿整理；石家庄铁道大学的孙国文教授就硫酸盐传输下混凝土微结构的定量表征、混凝土结构的耐久性设计相关内容的撰写做了大量工作；我的学生王赟程博士完成了冻融循环作用下水分传输–结晶–损伤量化的相关工作。此外，宁波工程学院的殷光吉老师在力学损伤建模和数值求解方面进行了相关研究工作。参加研究工作的还有石家庄铁道大学的郑皓睿博士生和我的博士生曹彤宁，他们的研究成果在本书中也得到详细体现。

　　本书的研究工作历经 20 余年，作为第一作者的我，在东南大学师从孙伟院士攻读硕/博士时，一直从事混凝土耐久性的理论及其性能提升技术研究。从执行重大工程项目课题"苏通大桥高性能混凝土耐久性"开始，首次有机会参与这个极具挑战的领域，并认识到混凝土结构的复杂性以及在服役环境中的随机性，自此与混凝土的耐久性设计与提升技术结下了不解之缘。先后参与了孙伟院士主持的 973 项目"环境友好现代混凝土的基础研究"和缪昌文院士主持的 973 项目"严酷环境下混凝土材料与结构长寿命的基础研究"，在上述两个基础研究的过程中，进一步发展了对混凝土耐久性理论与提升技术的研究。后在国家杰出青年科学基金 (No.51925903) 的支持下，对严酷环境下混凝土的耐久性理论和工程实践进行了更深的拓展。本书涵括内容较广、涉及模块较多，融合多学科交叉，由笔者及团队成员通力合作完成。在此真诚感谢在本书撰写过程中做出贡献的团队其他老师和博士：刘志勇老师、许文祥老师、王凤娟老师、王立国博士、冯滔滔博士。在本书即将出版之际，我要对他们的工作表示由衷的感谢。

　　我相信本书对结构混凝土科学化和数智化研究方向的发展具有参考价值。同时，它也可为相关标准规范的制定与修订，以及实际工程应用与指导提供帮助。本书也可供从事土木工程、水利工程、交通运输工程、力学、材料科学与工程等方面教学与科研的高校教师、在校研究生、科研与工程技术人员参考。由于严酷环境下混凝土耐久性问题十分复杂，尽管历经多年研究和工程应用，目前仍有许多问题需要进一步解决和完善，加之笔者水平有限，书中不当之处，恳请读者批评指正。

蒋金洋

2023 年 6 月

目　　录

第 1 章 绪 论

1.1 研究背景以及意义

重大混凝土工程是实施"海洋强国"、"西部大开发"等国家战略的物质基础，结构混凝土长寿命是实现其可持续发展的技术保障。然而，随着我国经济的快速发展，桥梁、道路、港口和地下隧道等各种基础设施不断向严酷环境拓展，如强盐渍土、滨海、超低温冻融等环境。这些严酷环境的共同点都使混凝土保护层快速剥落 (图 1.1)，引起钢筋锈蚀，进而使混凝土结构快速劣化乃至失效，其劣化的本质原因是强盐渍土以及滨海地区的高浓度硫酸根离子通过混凝土的孔缝传输作用而进入混凝土内部，与水泥水化产物发生化学反应或者直接结晶析出，破坏混凝土微结构，使得混凝土构件产生体积膨胀–开裂剥落，同时导致混凝土的强度降低；在低温严寒地区，水分通过混凝土自身的孔缝传输而进入混凝土内部，在孔隙中因冰结晶导致体积膨胀–开裂剥落。硫酸盐和冻融作用的共同点是环境作用于混凝土微结构引起内部膨胀应力，导致混凝土结构损伤，如何科学地将环境的化学/物理的这种"力"量化，实现化学/物理–力学效应的等效转化，是精准评估混凝土结构服役寿命的基础，更是提高混凝土结构耐久性设计质量的前提与基础。

硫酸盐/冻融引起混凝土损伤劣化的机理，是实现硫酸盐/冻融作用下化学/物理–力学效应的等效转化的基础，然而国内外研究人员仍然对二者的损伤机理存在较大的争议，导致所建的一系列物理/化学–力学耦合模型差异大，预测结构混凝土的服役性能误差也大，问题的核心是这些模型并未涉及微观尺度上硫酸盐/冻融侵蚀产物与水泥浆体之间复杂的交互作用，也不能描述侵蚀产物生长引起的微孔附近水泥浆体内应力集中及微结构损伤程度，更无法建立混凝土材料微观损伤程度与其宏观力学性能之间的关系。但是，这种微观损伤引起的混凝土宏观力学性能退化，正是分析硫酸盐/冻融侵蚀下混凝土宏观力学响应的前提；同时，判断硫酸盐/冻融侵蚀下混凝土是否发生膨胀开裂，不仅需考虑混凝土的宏观力学响应，还需结合水泥浆体内应力集中或应变突变等微观力学响应。因此，本书重点给出了硫酸盐/冻融服役环境下混凝土化学/物理–力学效应等效转化关系以及耦合损伤演化关键衡量指标的宏微观力学响应定量关系，在此基础上又详细给出了考虑混凝土损伤剥落厚度的变系数耐久性设计新方法。

(a) 硫酸盐

(b) 低温环境下冻融

图 1.1　硫酸盐/冻融侵蚀引起的混凝土材料或者结构破坏

　　下面分别给出课题组以及国内外关于硫酸盐和冻融作用下混凝土损伤劣化机理以及基于机理所建立的力学退化模型。

1.2 硫酸盐侵蚀混凝土的试验研究以及侵蚀机理

盐渍土以及滨海地区硫酸盐侵蚀是导致结构混凝土性能降低、结构耐久性退化的重要环境因素之一[1,2]。据调查，我国硫酸盐型工程服役环境分布较为广泛，海水中硫酸盐含量为 1400 ～ 2700mg/L[3]。辽宁、山东、江苏和浙江等沿海地区的地下土层或地下水中含大量硫酸盐，这些地区的海港、码头等混凝土结构使用寿命只有 25 年[4]，有些使用 7 ～ 20 年已破坏严重[5]；在新疆、青海、宁夏、甘肃以及内蒙古等西部地区，部分盐渍土中的硫酸盐含量达到 4200mg/L 以上，其中新疆库尔勒地区地下水中的硫酸盐浓度高达 21299mg/L[6,7]，在青海察尔汗地区未采取防腐措施的道路、桥梁和地下管道等混凝土结构在硫酸盐侵蚀下使用寿命只有 3 ～ 5 年甚至 1 年[8]。总之，硫酸盐环境下混凝土耐久性退化已成为一个非常严峻的工程问题[9-11]，众多学者对其退化机理开展了大量试验研究。

1.2.1 硫酸盐侵蚀的定义

混凝土的硫酸盐侵蚀可分为内部侵蚀和外部侵蚀。内部侵蚀是由混凝土组分本身带有的硫酸盐引起的，而外部侵蚀是环境中的硫酸盐对混凝土的侵蚀。外部侵蚀可分为两个过程：① SO_4^{2-} 由环境溶液进入混凝土孔隙中，这是一个扩散过程，其扩散速率取决于混凝土的抗渗性；② SO_4^{2-} 与水泥水化产物的反应过程。近年来，由于含硫酸盐外加剂及就地取材中砂石骨料含硫酸盐被应用，内部硫酸盐侵蚀也需格外重视。与外部侵蚀相比，内部侵蚀的化学实质也是 SO_4^{2-} 与水泥石矿物的反应，但由于 SO_4^{2-} 与来源不同，所以内部侵蚀又具有与外部侵蚀不同的特点。内部侵蚀中 SO_4^{2-} 从混凝土拌和时就已经存在，不经过扩散即可与水泥水化产物发生化学反应，而 SO_4^{2-} 的量随反应的进行而减少，因此侵蚀速率随混凝土龄期增长而趋于降低。本书探讨由外部 SO_4^{2-} 引起的侵蚀。

外部 SO_4^{2-} 侵蚀也存在两种观点，Neville[12] 总结如下：一种是只要涉及硫酸盐侵蚀混凝土，不管侵蚀机理如何，这种行为可定义为硫酸盐侵蚀；另一种是当硫酸根离子和水泥水化产物之间发生化学反应，且造成水泥浆体膨胀损伤或混凝土构件耐久性退化时，才能将这种行为定义为硫酸盐侵蚀。

显然，第一种观点存在明显不足，如果混凝土中硫酸盐未对水泥浆体产生任何物理或化学破坏作用，则将其定义为 "硫酸盐侵蚀" 本身就与 "侵蚀" 的定义相悖，典型的是硫酸盐与水泥水化产物氢氧化钙形成二次石膏，在裂纹中生长只起到填充作用，并不引起水泥浆体膨胀开裂或损伤劣化。因此，Neville[12] 提出 "未对混凝土耐久性造成损害的行为不能称其为侵蚀"，类似定义也出现在硅灰石膏侵蚀问题，如 Bensted 认为[13]，硅灰石膏的生成和硅灰石膏侵蚀是两个不同的概念，应该区分对待。

而第二种观点较前者更为合理之处在于该定义提出了两个关键条件, 即侵蚀诱因——"硫酸盐"和侵蚀后果——"材料膨胀损伤"。这是因为, 硫酸盐进入混凝土内或硫酸盐与水泥水化产物发生化学反应, 并不能作为侵蚀行为发生的判断标准; 正如 Harrison 和 Cooke 所指出的 [14], "当混凝土内部存在大量硫酸盐时, 并不意味着其遭受了硫酸盐侵蚀, 只有进一步观察到混凝土强度明显下降或其他损伤特征时, 才能为硫酸盐侵蚀的发生提供有效证据"。然而, 需要说明的是, 第二种定义将硫酸盐侵蚀限制在 "硫酸盐与水泥浆体发生化学反应" 的范围, 即 "硫酸盐化学侵蚀"。因此, 一直以来, 与硫酸盐侵蚀相关的大量研究是基于这种观点而开展的, 这些研究在一定程度上揭示了硫酸盐侵蚀混凝土的化学反应机理。

然而, Neville 认为 [12], 除硫酸盐化学侵蚀外, 硫酸盐侵蚀还应包括硫酸盐物理侵蚀, 如硫酸钠结晶侵蚀破坏, 即在特定条件下硫酸钠反复溶解–结晶沉淀作用会造成混凝土材料的破坏; 这种结晶行为并不涉及物质的化学反应, 是一种纯粹的物理侵蚀行为, 而且其他盐类也可以发生类似的结晶行为, 进而对材料造成膨胀损伤破坏。Brown 和 Doerr 也认为 [15], 硫酸盐物理侵蚀与典型的硫酸盐化学侵蚀存在明显不同, 是一种特殊的硫酸盐侵蚀行为。综上所述, 表面上, "硫酸盐侵蚀" 定义的争议在于是否发生化学反应和是否产生膨胀损伤破坏; 实质上, 该定义是关于硫酸盐侵蚀混凝土机理的争议, 即究竟是硫酸盐化学侵蚀还是物理侵蚀导致了混凝土耐久性的损伤退化 [16]。

1.2.2 硫酸盐侵蚀混凝土的分类

按照硫酸盐侵蚀是否发生化学反应, 混凝土硫酸盐侵蚀可分为化学侵蚀与物理侵蚀两类; 而化学侵蚀又可按化学反应产物以及反应条件不同可分为钙矾石型、石膏型、碳硫硅钙石型和硫酸镁双侵蚀型化学侵蚀。然而, 无论物理侵蚀还是化学侵蚀, 国内外学者均提出了不同的损伤机理, 以解释硫酸盐侵蚀引起的混凝土膨胀破坏现象。

1. 硫酸盐化学侵蚀

虽然硫酸盐侵蚀产物的种类受很多因素的影响, 比如硫酸盐溶液的浓度、阳离子的种类、溶液 pH、环境温度和湿度等, 但是总体说来, 石膏、钙矾石和碳硫硅钙石为硫酸盐 (除硫酸镁外) 侵蚀混凝土化学反应的主要产物。本部分主要介绍碱性硫酸盐 (硫酸钠和硫酸钾) 侵蚀产物石膏、钙矾石和碳硫硅钙石等物相生成的化学反应、反应条件及其侵蚀后果, 同时也给出了硫酸镁侵蚀混凝土的损伤机理及其化学反应。

1) 石膏

在硫酸根离子从外界环境渗透扩散进入混凝土的过程中, 硫酸根离子会与混凝土孔溶液中的钙离子发生化学反应生成二次石膏 $CaSO_4 \cdot 2H_2O$ (缩写为 $C\bar{S}H_2$),

如式 (1.1) 所示，其中，孔溶液中钙离子主要来自于水泥水化产物中氢氧化钙 ($Ca(OH)_2$) 的溶解；同时，当孔溶液中 pH 低于 11.4 时，C-S-H 凝胶也会发生脱钙分解，并生成钙离子[16]。

$$Ca^{2+} + SO_4^{2-} + 2H_2O \longrightarrow C\overline{S}H_2 \tag{1.1}$$

Biczók 认为[17]，混凝土中硫酸盐侵蚀产物种类随硫酸盐溶液浓度而改变。以硫酸钠侵蚀为例，当硫酸根离子浓度低于 1000mg/L 时，其侵蚀产物以钙矾石为主；当硫酸根离子浓度高于 8000mg/L 时，侵蚀产物以石膏为主；而当硫酸根离子浓度在 1000 ~ 8000mg/L 范围时，侵蚀产物为石膏和钙矾石的混合物。

Bellmann 等通过实验研究，分析了侵蚀溶液 pH 和硫酸盐浓度对混凝土中石膏生成量的影响，结果表明[18]，在硫酸盐溶液中，混凝土内石膏生成所需最低的硫酸盐浓度约为 1400mg/L，该溶液的 pH 为 12.45。随着溶液 pH 的升高，石膏生成所需的硫酸盐浓度也越高；当 pH 上升至 12.9 时，硫酸根离子难以与氢氧化钙反应而生成石膏。

在石膏形成过程中，氢氧化钙转化为石膏会令固相体积增加 1.24 倍[19]，导致混凝土膨胀进而开裂；更为重要的是，作为水泥浆体支撑骨架的 C-S-H 凝胶，其脱钙行为会导致水泥浆体强度损失、黏结性降低[20]，最终致使硬化水泥浆体变成无黏结性的颗粒状物质。因此，石膏型硫酸盐侵蚀不仅会引起混凝土膨胀开裂，还会导致其强度与黏结性能降低。

2) 钙矾石

硫酸盐侵蚀下，混凝土中钙矾石的形成是一个复杂的化学反应过程。当环境中的硫酸根离子扩散进入混凝土内时，与氢氧化钙等水泥水化产物生成二次石膏 ($C\overline{S}H_2$)，其中，部分石膏进一步与水化铝酸钙 (C_4AH_{13})、单硫型水化硫铝酸钙 ($C_4A\overline{S}H_{12}$) 和水泥中未水化的铝酸三钙 (C_3A) 等水泥水化产物发生化学反应，并在混凝土孔隙中生成难溶性的高硫型水化硫铝酸钙 (简称钙矾石，$C_6A\overline{S}_3H_{32}$)。上述化学反应过程可表述为式 (1.1) ~ 式 (1.4)。当混凝土中孔溶液 pH 低于 11.5 ~ 12 时，所生成的钙矾石晶体变得不稳定，分解成石膏[21,22]，如式 (1.5)。

$$C_4AH_{13} + 3C\overline{S}H_2 + 14H_2O \longrightarrow C_6A\overline{S}_3H_{32} + CH \tag{1.2}$$

$$C_4A\overline{S}H_{12} + 2C\overline{S}H_2 + 16H_2O \longrightarrow C_6A\overline{S}_3H_{32} \tag{1.3}$$

$$C_3A + 3C\overline{S}H_2 + 26H_2O \longrightarrow C_6A\overline{S}_3H_{32} \tag{1.4}$$

$$C_6A\overline{S}_3H_{32} + 4SO_4^{2-} + 8H^+ \longrightarrow 4C\overline{S}H_2 + 2Al(OH)_3 + 12H_2O \tag{1.5}$$

混凝土孔隙中钙矾石的形成与生长，是导致混凝土膨胀开裂、表层剥落等宏观损伤破坏的主要原因。然而，在混凝土中钙矾石生长的化学反应原理方面，一直存在着溶解–沉淀 (dissolution-precipitation) 机制与固相反应 (也称局部化学 (topochemical) 反应) 理论之争[23]。

溶解–沉淀机制认为[15,24−26]，铝酸钙、二水石膏 $C\bar{S}H_2$ 等水化产物先溶解于孔溶液中，后发生离子的化学反应形成钙矾石，并从溶液中析出；而钙矾石是否形成，取决于混凝土孔溶液中 Ca^{2+}、SO_4^{2-}、AlO^{2-} 和 OH^- 等离子的浓度。只有当孔溶液中离子活度积大于钙矾石浓度积 ($K_{ap} = [Ca^{2+}]^6[SO_4^{2-}]^3 [AlO_2^-]^2 [OH^+]^4 = 2.8 \times 10^{-45}$)[24] 时，钙矾石才会从溶液中析出沉淀。彭家惠和楼宗汉通过实验研究发现[26]，溶液沉淀形成钙矾石是分步完成的，当混凝土内 Ca^{2+}、SO_4^{2-}、AlO^{2-} 和 OH^- 等离子通过扩散而结合在一起时，$Al(OH)_4^-$ 先与 OH^- 反应构建 $[Al(OH)_6]^{3-}$ 八面体后，再与三个钙多面体组合形成多面柱，从而形成钙矾石晶体，如式 (1.6) ～ 式 (1.8) 所示

$$Al(OH)_4^- + 2OH^- \longrightarrow [Al(OH)_6]^{3-} \tag{1.6}$$

$$[Al(OH)_6]^{3-} + 3Ca^{2+} + 12H_2O \longrightarrow [Ca_3Al(OH)_6 \cdot 12H_2O]^{3+} \tag{1.7}$$

$$2[Ca_3Al(OH)_6 \cdot 12H_2O]^{3+} + 3SO_4^{2-} + 2H_2O \longrightarrow C_6A\bar{S}_3H_{32} \tag{1.8}$$

固相反应理论认为[23,27]，钙矾石是由混凝土孔溶液中的 Ca^{2+}、SO_4^{2-} 等离子在 AFm、水化或未水化的 C_3A 等固相表面发生化学反应而形成的。Evju 和 Hansen 通过实验研究发现[28]，钙矾石主要在 C_3A 等含铝相的固相表面形成，且这类通过固相反应形成的钙矾石会引起混凝土体积膨胀；Older 等和 Silva 等也通过扫描电子显微镜 (SEM) 观察到了由固相反应生成的钙矾石[29,30]。支持固相反应理论的学者指出[31]，溶解–沉淀机制是根据硫酸钙溶液环境下硫酸根离子与铝酸钙反应生成钙矾石而提出的，如硅酸盐水泥早期水化形成的钙矾石；然而，直至目前，还没有直接证据证明二次钙矾石是通过溶解–沉淀机制形成的[32]。而反对固相反应理论的学者认为[31]，钙矾石不可能通过局部化学反应形成，这是由于钙矾石的晶体结构与水化铝酸钙等晶体结构存在较大差别，难以在常温下实现转化[33−35]。

3) 碳硫硅钙石

碳硫硅钙石型硫酸盐侵蚀 (TSA) 是近年来硫酸盐侵蚀混凝土损伤机理的热点问题[36,37]。在孔溶液 pH 高于 10.5 且存在适量二氧化碳或碳酸根离子的低温 ($\leqslant 15℃$) 潮湿环境中，混凝土内会优先生成碳硫硅钙石[22,38]；然而，一些实验研究和工程实例调查发现[39,40]，碳硫硅钙石也会在高温环境 ($\geqslant 20℃$) 下形成。目前，混凝土中碳硫硅钙石的形成机理，主要有直接反应和间接生成两种方式。前者指通过 C-S-H 凝胶和适量 Ca^{2+}、SO_4^{2-}、CO_3^{2-} 或 CO_2 和过量水直接反应生成碳硫硅钙石，如式 (1.9)[23]

$$SO_4^{2-} + 3Ca^{2+} + CO_3^{2-} + SiO_3^{2-} + 15H_2O \longrightarrow C_3S \cdot \bar{C}\bar{S}H_{15} \tag{1.9}$$

式中, SiO_3^{2-} 为硅酸根离子, $C_3S \cdot \overline{C}\overline{S}H_{15}$ 为碳硫硅钙石。

间接生成方式是指[41], 在 CO_3^{2-} 或 CO_2 存在的情况下, 通过化学反应式 (1.1) ~ 式 (1.4) 生成的钙矾石作为中间产物, 进一步与 C-S-H 凝胶、$CaCO_3$ 和过量水反应生成碳硫硅钙石, 如式 (1.10)。碳硫硅钙石与钙矾石两者的晶体结构极为相似, 都以固溶体形式存在于混凝土中[42,43]。因此, 难以通过 X 射线衍射 (XRD) 图谱分析来鉴别它们。

$$C_3S_2H_3 + C_6A\overline{S}_3H_{32} + 2C\overline{C} + 4H \longrightarrow 2C_3S \cdot \overline{C}\overline{S}H_{15} + C\overline{S}H_2 + AH_3 + 4CH \quad (1.10)$$

与石膏和钙矾石生成引起的混凝土损伤失效机理 (主要以混凝土膨胀开裂、表层剥落形式的破坏为主) 相比, 碳硫硅钙石型硫酸盐侵蚀也会发生混凝土的体积膨胀破坏; 此外, C-S-H 凝胶由于直接参与化学反应而导致其解体, 使得混凝土变为无强度、无黏结力的砂石混合物[44]。因此, TSA 引起的混凝土破坏, 其形式更为危险, 且程度更为严重。

然而, 针对 CO_3^{2-} 或 CO_2 的存在会加剧混凝土损伤破坏的观点, 一些学者提出了不同的看法[44,45], 溶液中 CO_3^{2-} 或 CO_2 与水泥浆体中 $Ca(OH)_2$ 发生碳化反应, 而生成的致密碳化层分布于混凝土构件表层, 可减缓硫酸根离子向内传输扩散, 从而提高混凝土的抗硫酸盐侵蚀能力。

4) 硫酸镁侵蚀

在高浓度硫酸根离子和镁离子侵蚀作用下, 混凝土内氢氧化钙首先与镁离子反应, 生成水镁石和石膏, 所形成的致密水镁石分布于混凝土表层, 在一定程度上能减缓硫酸盐侵蚀进程。此外, 侵蚀形成的石膏与水化铝酸钙 (C_4AH_{13}、$C_4A\overline{S}H_{12}$) 和未水化的铝酸三钙 (C_3A) 反应生成钙矾石。同时, 由于水镁石是一种难溶性的碱, 它的形成会导致孔溶液中氢氧根离子含量减少、pH 降低, 从而引起 C-S-H 凝胶脱钙分解, 并转化为无黏结力的硅胶 ($SiO_2 \cdot xH_2O$) 或硅酸镁 ($3MgO \cdot 2SiO_2 \cdot 2H_2O$), 导致混凝土强度下降、性能退化。上述反应过程可表示为式 (1.11) ~ 式 (1.13)。

$$Mg^{2+} + SO_4^{2-} + Ca(OH)_2 + 2H_2O \longrightarrow Mg(OH)_2 + CaSO_4 \cdot 2H_2O \quad (1.11)$$

$$aMg^{2+} + aSO_4^{2-} + aCaO \cdot SiO_2 \cdot xH_2O + 3aH_2O \longrightarrow$$
$$aMg(OH)_2 + aCaSO_4 \cdot 2H_2O + SiO_2 \cdot xH_2O \quad (1.12)$$

$$2aMg^{2+} + 2aSO_4^{2-} + 2(aCaO \cdot SiO_2 \cdot xH_2O) + (6a - 1 - 2x)H_2O \longrightarrow$$
$$(2a - 3)Mg(OH)_2 + 2aCaSO_4 \cdot 2H_2O + 3MgO \cdot 2SiO_2 \cdot 2H_2O \quad (1.13)$$

图 1.2 总结了碱性硫酸盐和硫酸镁与水泥水化产物之间的化学反应[23]。

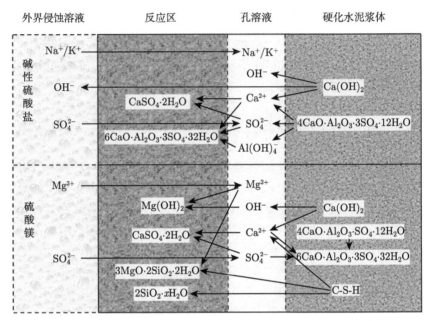

图 1.2 碱性硫酸盐和硫酸镁与水泥水化产物之间的化学反应[46]

2. 硫酸盐物理侵蚀

目前，最为常见的硫酸盐物理侵蚀是无水和十水硫酸钠转化引起的混凝土膨胀破坏。当混凝土暴露于硫酸钠溶液中时，在干湿循环、溶液浓度或环境温度变化条件下[46]，混凝土孔隙内无水硫酸钠与十水硫酸钠发生溶解和再结晶的可逆转化，这种硫酸钠的反复结晶作用会产生周期性的膨胀力，对水泥浆体造成疲劳损伤，并引起混凝土膨胀破坏[47,48]。上述无水和十水硫酸钠转化过程可用式 (1.14)表示。此外，在物理侵蚀过程中，硫酸根离子和水泥水化产物未发生任何化学反应。

$$2Na + SO_4^{2-} + 10H_2O \longrightarrow Na_2SO_4 \cdot 10H_2O \longleftrightarrow Na_2SO_4 + 10H_2O \quad (1.14)$$

3. 化学侵蚀损伤机理

如上所述，硫酸盐侵蚀引起的混凝土损伤破坏主要有三种形式：软化、无黏结性和体积膨胀及其引起的开裂剥落；其中，又以化学侵蚀引起的体积膨胀最为常见。然而，硫酸盐化学侵蚀引起的混凝土损伤破坏问题仍存在"损伤原因"与"损伤机理"两大争议：前者是指，何种侵蚀产物 (石膏/钙矾石) 是导致混凝土膨胀损伤的主要原因，而后者表示，硫酸盐化学侵蚀是如何引起混凝土损伤破坏的。

1) 原因

在硫酸盐侵蚀混凝土的研究早期,众多学者,如 Mehta[49]、Cohen[50]、Collepardi[51] 以及 Brown 和 Doerr[15] 等均认为,硫酸盐侵蚀下混凝土的体积膨胀是由钙矾石的形成所引起的。随后,部分学者开展了硫酸盐溶液腐蚀水泥净浆/砂浆试件的浸泡实验,以调查石膏的生成是否引起试件体积膨胀。在这些研究中,C_3S 水泥 (C_3A 含量低) 被采用,以减少钙矾石形成所需的铝相来源,从而将钙矾石的生成量最小化。实验结果表明,长期浸泡于硫酸盐溶液中的 C_3S 水泥试样产生了体积膨胀和表层开裂等宏观破坏现象[25],且强度降低[52];通过比较 C_3S 水泥试件与波特兰水泥试件的膨胀程度发现,后者的膨胀程度明显大于前者[27]。基于此,这些学者认为,C_3S 水泥试件的膨胀可完全归咎于石膏的生成,而波特兰水泥试件的损伤破坏是由石膏和钙矾石这两种侵蚀产物共同作用导致的。因此,硫酸盐侵蚀下,无论钙矾石还是石膏的生成,均是引起混凝土体积损伤的主要原因。

2) 机理

虽然上述实验证明了石膏的生成也会引起混凝土体积膨胀,但是目前的主流观点还是认为,硫酸盐侵蚀下混凝土的膨胀破坏主要是由钙矾石的生成所引起的,而石膏的生成主要起到软化混凝土并填充裂缝的作用。因此,硫酸盐侵蚀混凝土的损伤机理大部分是基于钙矾石形成而提出的,主要包括体积增加[53]、固相拓扑反应[27,50]、吸水肿胀[49] 和结晶压[54,55] 理论。

最简单的硫酸盐侵蚀引起的混凝土损伤机理就是,钙矾石生成引起的体积增加理论。当混凝土中水化铝酸钙转化生成钙矾石时,固相物质体积显著增大,导致水泥浆体发生膨胀。虽然该理论受到很多学者的支持[56],然而,Lothenbach 等[57] 和 Kunther 等[58] 通过热力学计算发现,在硫酸钠溶液侵蚀混凝土过程中,生成物的总体积并没有超过反应物的总体积 (水作为反应物被消耗),且目前仍未有实验数据可证明钙矾石生成量与混凝土体积膨胀量之间存在直接联系[58,59]。

固相拓扑反应理论是指,钙矾石是由 C_3A 水化产物或未水化 C_3A 通过固相反应而直接转化获得。但如前文所说,该理论的缺陷在于无论是水化铝酸钙还是未水化 C_3A,这些物质晶体结构均与钙矾石晶体结构无相关性,在常温下难以实现转化。此外,通过 SEM 微观观察受硫酸盐腐蚀的水泥基材料试件表明,试件内水化 C_3A 所在的位置处未发现有钙矾石生成,也没观察到钙矾石在未水化 C_3A 颗粒表面形成。事实上,大多数的钙矾石晶体形成于 C-S-H 附近的局部区域。

吸水肿胀理论是指,在饱和石灰水环境下,混凝土内部可形成凝胶状、小体积的钙矾石晶体,这类晶体具有极大的比表面积,能吸附大量的水分子,从而导致混凝土产生体积膨胀。然而,形成这类钙矾石需要以下三个条件: ① 存在 Ca^{2+}、SO_4^{2-} 和 OH^-;② 反应环境有充足水溶液;③ 混凝土的弹性模量较低,对膨胀约束作用较小。但是，Scrivener 等 [34] 认为，遭受硫酸盐侵蚀的混凝土中所生成的钙矾石为典型晶体，不可能如同凝胶一样吸收大量水分。

目前，能比较合理解释硫酸盐侵蚀下混凝土损伤破坏的理论是近些年发展起来的结晶压理论。基于文献 [54, 55]，在钙矾石生长过程中，引起混凝土体积膨胀的结晶压的形成需要两个条件：① 晶体必须在过饱和溶液中生长，溶液过饱和度是结晶压形成的关键因素；② 晶体需要在一个相对封闭且狭小的空间内生长，只有晶体生长曲率够大，才能产生足够大的结晶压力使得水泥浆体膨胀开裂。根据结晶压理论，混凝土孔壁中由于钙矾石晶体生长所产生的结晶压力可通过式 (1.15) 计算。

$$P = \frac{RT}{V_{ett}} \ln \left(\frac{K_{ett}}{K_s} \right) = \gamma_{ett} \, \kappa_{ett} \tag{1.15}$$

式中，P 为结晶压力，R 为理想气体常数，T 为绝对温度，V_{ett} 为钙矾石晶体摩尔体积，K_{ett} 和 K_s 分别为钙矾石的离子浓度积和钙矾石溶解度平衡常数，γ_{ett} 为钙矾石晶体与溶液界面自由能，κ_{ett} 为钙矾石晶体表面曲率。

4. 硫酸盐侵蚀机理的再揭示

为了揭示硫酸盐的侵蚀过程和侵蚀机理，降低试验误差，课题组选用 P·II52.5 级普通硅酸盐，成型了水灰比为 0.35 和 0.55 的水泥净浆圆柱及棱柱试件以及水灰比为 0.45 的胶砂试件。在标养 28d 后浸泡于 1%、2.5% 和 5.0% 三种浓度硫酸钠溶液中。水灰比为 0.45 的胶砂试件用于测试硫酸盐侵蚀后的抗压强度衰减以及同龄期水化产物变化。净浆试件的膨胀变形采用电子千分尺 (精度 0.001mm) 测量，在每个实验组中，以 3 个试件测试结果的平均值作为该组试件的膨胀变形值；考虑到浸泡过程中试件薄弱部位的局部鼓胀作用，即圆柱试件容易在顶端发生鼓裂，而棱柱试件首先在边角开裂剥落，因此，取试件的中间部位进行膨胀变形的测量。

浸泡于三种浓度硫酸钠溶液中的水泥净浆圆柱和棱柱试件的径向膨胀变形随浸泡时间的变化规律如图 1.3 所示。由图 1.3 可见，随着浸泡时间的增长，净浆试件的膨胀变形逐渐增大；且硫酸盐浓度越高，试件的膨胀变形越大。同时，水泥净浆试件的膨胀曲线中存在一个较为明显的膨胀突涨时间点 (区间)，将硫酸盐侵蚀引起的试件膨胀过程分为两个阶段。第一阶段，试件的膨胀变形很小，几乎无法测量，可认为是膨胀潜伏期；然而，在第二阶段，试件膨胀突然加剧，产生明显的开裂剥落现象，为显著膨胀期。以圆柱试件为例，三种不同硫酸盐浓度下水泥净浆的膨胀突涨时间点 (区域) 在 150 ~ 210d；且浓度越高，膨胀突涨时间点越早。上述现象与其他文献的膨胀曲线实验结果相似。上述这种膨胀突然加剧现象是因为，在受硫酸盐腐蚀的试件表层区域，侵蚀产物的生长使得水泥浆体内独立的微裂纹扩展贯通为网状系统，使得浆体产生宏观裂纹、开裂剥落。对比图 1.3(a) 与图 1.3(c) 可知，浸泡于相同浓度的硫酸钠溶液中，棱柱试件的膨胀变形较圆柱试件小，这可能是由于棱柱试件横截面较圆柱试件大，而相同浸泡时间时，两者截面内硫酸盐腐蚀区域尺寸相近，因此，棱柱试件中腐蚀区域引起的整体膨胀应变较圆柱试件小。

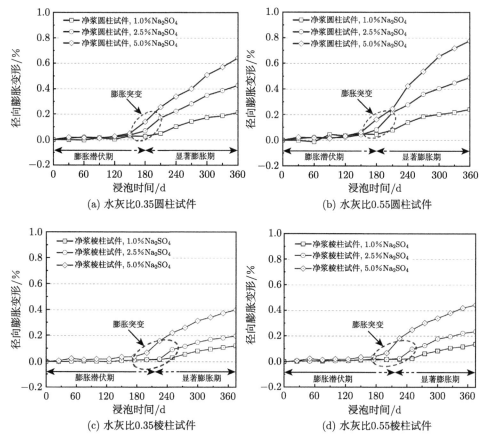

图 1.3　水泥净浆试件径向膨胀变形时变规律

图 1.4 (a) 给出了不同溶液中水泥砂浆的抗压强度随浸泡时间的变化结果。由图可见，水溶液浸泡下的砂浆试件其抗压始终随浸泡时间增加而增大，但是硫酸盐溶液浸泡下的砂浆试件其抗压强度先增大后减小，且硫酸盐浓度越高，试件强度降低程度越大。考虑到浸泡过程水泥继续水化作用对试件抗压强度的影响，采用改进的抗压系数作为统一强度评价标准，即浸泡后试件的强度与同龄期水中养护强度之比。图 1.4 (b) 为 2.5% 和 5.0% Na_2SO_4 腐蚀溶液中水泥砂浆试件的抗

压系数随浸泡时间的变化结果。从图中可以看出，硫酸盐溶液浸泡下水泥砂浆试件的抗压系数随浸泡时间的增加先增加后减少。腐蚀初期，试件抗压系数随浸泡时间逐渐增大，并在浸泡 120 ~ 180d 之后达到最大值，砂浆试件强度处于增加阶段。当浸泡时间达到 240d 时，试件的抗压系数小于 1，这表明砂浆试件已经进入损伤劣化阶段，其强度开始降低；在浸泡 300d 时，浸泡于 2.5%Na$_2$SO$_4$ 溶液中的砂浆试件其 K_c 为 0.8，而浸泡于 5.0%Na$_2$SO$_4$ 溶液中的砂浆试件其 K_c 降低至 0.68。

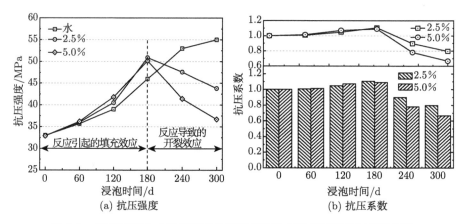

图 1.4   不同溶液中水泥砂浆的抗压强度和抗压系数随浸泡时间的变化

图 1.5 是不同浸泡时间下水泥砂浆圆柱试件表层粉末样品的 XRD 测试结果。由图可知，硫酸盐侵蚀前，样品中观测到较强的水泥水化产物氢氧化钙 (Ca(OH)$_2$)、单硫型硫铝酸钙 (AFm) 以及源于砂粒的二氧化硅 (SiO$_2$) 的衍射峰；硫酸盐侵蚀90d 后，样品中仍存在较强的 Ca(OH)$_2$ 衍射峰，但在衍射角 2θ=9.08° 和 27.50°处出现了三硫型硫铝酸钙 (即钙矾石，AFt) 的衍射峰，而衍射角 2θ=8.86° 处 AFm的衍射峰强度有所降低；硫酸盐侵蚀 180d 后，2θ=8.86° 处的 AFm 衍射峰强度进一步降低，2θ=9.08° 和 27.50° 处 AFt 的衍射峰强度有所增强，且在衍射角2θ=41.78° 处亦观测到 AFt 的衍射峰。这主要是因为，在硫酸盐侵蚀过程中，硫酸根离子与水泥水化产物发生化学反应，不断消耗单硫型硫铝酸钙 AFm，生成三硫型硫铝酸钙 AFt[27]。由侵蚀 360d 的 XRD 衍射图谱可知，经硫酸盐浸泡腐蚀360d 的水泥砂浆粉末样品中已难以观测到 AFm 的衍射峰，且其中 Ca(OH)$_2$ 衍射峰强度有所降低，AFt 的衍射峰强度有所增加，此外，该样品图谱中还观察到了二水石膏 (CaSO$_4\cdot$2H$_2$O) 的衍射峰。这主要是因为，在硫酸盐侵蚀过程中，若浆体中存在单硫型硫铝酸钙 AFm，硫酸根离子将先与其反应生成钙矾石，一旦AFm 完全消耗，硫酸根离子将与浆体中的氢氧化钙反应生成二水石膏。

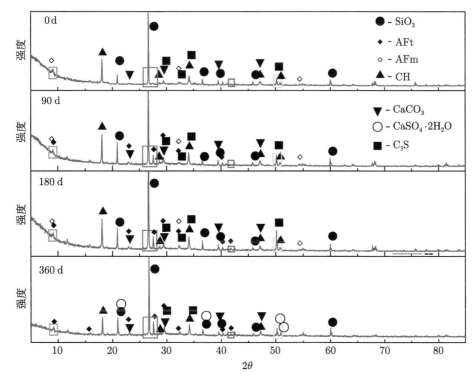

图 1.5　不同浸泡时间下水泥砂浆圆柱试件表层粉末样品的 XRD 图谱

CH 表示 Ca(OH)$_2$

通过上述宏微观测试结果，结晶压和体积增加理论相结合，可更好地描述硫酸盐侵蚀下混凝土损伤破坏过程的两个阶段，即"膨胀潜伏期"和"显著膨胀期"。在膨胀潜伏期，孔溶液过饱和度驱动的结晶压力是引起混凝土微观膨胀的主要原因，在结晶压力作用下，孔隙周围水泥浆体中微裂缝开始萌生，但并不相互连通。然而，随着结晶压力的增大，微裂缝扩展延伸，进而相互贯通。随后，混凝土产生明显的体积膨胀，即硫酸盐侵蚀进入第二阶段——"显著膨胀期"。在显著膨胀阶段，钙矾石/石膏的结晶和生长使得微裂缝扩展成宏观裂缝，并导致混凝土体积膨胀及逐层剥落，这种破坏行为可用体积增加理论来描述。综上所述，结晶压理论和体积增加理论可分别用于解释硫酸盐侵蚀引起的混凝土损伤破坏的两个阶段，即前者对应膨胀潜伏期，后者对应显著膨胀期。

5. 硫酸盐侵蚀环境

不同的国家或地区有不同的硫酸盐侵蚀环境分级标准。表 1.1、表 1.2、表 1.3 和表 1.4 分别为《混凝土结构耐久性设计规范》(GB/T50476—2019)、美国 ACI317-08、欧盟 European Standard EN 206-1 以及《严酷环境混凝土结构耐久性设计标准》(T/CECS 1203—2022) 关于硫酸盐侵蚀环境等级的划分情况。由表 1.1、表 1.2 和表 1.3 可知,关于硫酸盐环境等级划分的整体框架基本一致,但是各个等级中硫酸根离子的浓度范围各不相同。而表 1.4 是基于当前基础设施在浓度超规范的严酷环境下的硫酸盐等级划分,在 T/CECS 1203—2022 标准中还给出了不同环境等级下的耐久性设计方法以及潜在的保护层剥落深度。

表 1.1 中国硫酸盐侵蚀环境作用等级

暴露等级	水中硫酸根离子浓度/(mg/L)	土中硫酸根离子浓度/(mg/kg)	水中镁离子浓度/(mg/L)	水中酸碱度/pH	水中二氧化钙浓度/(mg/L)
V-C	$200 \sim 1000$	$300 \sim 1500$	$300 \sim 1000$	$6.5 \sim 5.5$	$15 \sim 30$
V-D	$1000 \sim 4000$	$1500 \sim 6000$	$1000 \sim 3000$	$5.5 \sim 4.5$	$30 \sim 60$
V-E	$4000 \sim 10000$	$6000 \sim 15000$	$\geqslant 3000$	<4.5	$60 \sim 100$

表 1.2 美国硫酸盐侵蚀环境作用等级

暴露等级	硫酸根离子浓度	
	水中/ppm	土壤中水溶性 (质量分数/%)
忽略不计	<150	<0.10
中等侵蚀	$150 \sim 1500$	$0.10 \sim 0.20$
严重侵蚀	$1500 \sim 10000$	$0.20 \sim 2.00$
非常严重侵蚀	>10000	>2.00

注: $1\text{ppm} = 1\text{mg/L}$。

表 1.3 欧盟硫酸盐侵蚀环境作用等级

暴露级别	硫酸根离子浓度		水中镁离子浓度/ppm
	水中/ppm	土壤/ppm	
轻微侵蚀	$200 \sim 600$	$2000 \sim 3000$	$300 \sim 1000$
中等侵蚀	$600 \sim 3000$	$3000 \sim 12000$	$1000 \sim 3000$
严重侵蚀	$3000 \sim 6000$	$12000 \sim 24000$	$3000 \sim$ 饱和

表 1.4 高浓度硫酸盐侵蚀环境对混凝土结构的环境作用等级

环境作用等级	水中硫酸根离子浓度/(mg/L)	土中硫酸根离子浓度/(mg/kg)
V-F-a	$10000 \sim 14000$	$15000 \sim 20000$
V-F-b	$14000 \sim 17000$	$20000 \sim 25000$
V-F-c	$17000 \sim 20000$	$25000 \sim 30000$

1.3 硫酸盐侵蚀混凝土模型研究

硫酸盐侵蚀混凝土是一个复杂的化学–力学耦合行为,主要涉及硫酸根离子在混凝土内的传输、硫酸盐与水泥水化产物的化学反应、侵蚀产物的生成及其引起的体积膨胀,以及体积膨胀产生的混凝土力学响应等过程。由于硫酸盐侵蚀的复杂性以及硫酸盐侵蚀引起的混凝土损伤机理还未清晰,直接建立一个可模拟硫酸盐侵蚀混凝土全过程且反映硫酸盐侵蚀特征的简化模型较为困难。因此，一些学者利用菲克 (Fick) 第二定律、质量守恒原理及热力学理论建立了混凝土内硫酸根离子的扩散–反应模型，获得了混凝土内硫酸根离子及侵蚀产物的浓度分布，并以此作为混凝土耐久性能、力学性能的评价依据，以预测混凝土结构的服役寿命。在此基础上，利用连续介质力学、微孔力学和损伤力学等理论，建立了一系列的化学–力学耦合模型，以描述硫酸盐侵蚀下混凝土膨胀损伤全过程。

1.3.1 硫酸根离子扩散–反应模型

扩散方程被广泛应用于分析混凝土中侵蚀离子及气体的传输行为[60,61]。针对硫酸盐侵蚀混凝土问题，国内外学者通过在扩散方程中引入硫酸根离子与水泥水化产物反应的消耗项，并结合化学反应动力学理论，建立了混凝土内硫酸根离子的扩散–反应模型。

1) 扩散模型

目前，在硫酸根离子的扩散–反应模型的研究方面，国内外学者已取得了丰富的成果，表 1.5 罗列了近二三十年来的部分成果。

表 1.5 硫酸根离子扩散–反应模型

作者	时间	作者	时间
Gospodinov 等[62]	1996 年	Shazali 等[63]	2006 年
Gospodinov 等[64]	1999 年	Glasser 等[65]	2008 年
Gospodinov[66]	2005 年	Lothenbach 等[57]	2010 年
Samson 等[67]	1999 年	Zuo 等[68]	2017 年
Samson 等[69]	1999 年	赵顺波和杨晓明[70]	2009 年
Samson 等[71]	2000 年	左晓宝[72]	2012 年
Samson 等[73]	2005 年	孙伟和左晓宝[74]	2012 年
Samson 和 Marchand[75]	2007 年	孙超等[76]	2013 年
Marchand 等[77]	2002 年		

Gospodinov 等考虑硫酸盐与水泥水化产物反应消耗对传输进程的影响，建立了混凝土内硫酸根离子的二维非稳态扩散模型[62,64]，其扩散方程为

$$\frac{\partial c}{\partial t} = \frac{\partial}{\partial x}\left(D\frac{\partial c}{\partial x}\right) + \frac{\partial}{\partial y}\left(D\frac{\partial c}{\partial y}\right) - \kappa_{\rm r}c \tag{1.16}$$

式中，c 为混凝土内离子浓度，D 为离子在混凝土内的有效扩散系数，$\kappa_{\rm r}$ 为离子反应消耗速率。随后，Gospodinov 进一步考虑各类化学反应产物的析出沉淀对硫酸根离子扩散行为的影响 (硫酸盐侵蚀物析出沉淀并依附于毛细孔壁，填充毛细孔隙，导致孔隙体积减小，而侵蚀溶液从毛细孔中流出；上述行为不仅影响硫酸根离子的反应消耗，也会改变硫酸根离子的有效扩散性能)，并在二维模型

的基础上，建立了硫酸根离子的三维非稳态扩散模型 [66]。该三维模型的扩散方程可表示为

$$\frac{\partial c}{\partial t} = L_x c\left(D_{\text{eff}}\right) + L_y c\left(D_{\text{eff}}\right) + L_z c\left(D_{\text{eff}}\right) - \kappa_{\text{r}}\left(1 - \kappa_z q\right)^2 c, \quad D_{\text{eff}} = \left(1 - \kappa_z q\right)^2 D \tag{1.17}$$

式中，$L_x c$、$L_y c$ 和 $L_z c$ 分别为硫酸根离子在 x、y、z 三个方向扩散与对流质量的偏分；D_{eff} 为侵蚀产物填充毛细孔隙过程中硫酸根离子的有效扩散系数，$\kappa_{\text{r}}\left(1 - \kappa_z q\right)^2 c$ 项为化学反应消耗的硫酸根离子浓度。

Samson 等在文献 [67,69] 的基础上，通过对代表性体积单元内离子微观传输的平均化，建立了非饱和多孔材料中离子的扩散模型 [73,75]；该模型由孔溶液中的离子浓度和孔隙中水分含量的时变方程构成，其基本方程如式 (1.18) 所示

$$\frac{\partial\left(\theta_{\text{s}} c_{i\text{s}}\right)}{\partial t} + \frac{\partial\left(\theta c_i\right)}{\partial t} - \frac{\partial}{\partial x}\left(\theta D_i \frac{\partial c_i}{\partial x} + \theta \frac{D_i z_i F}{RT} c_i \frac{\partial \Psi}{\partial x} + \theta D_i c_i \frac{\partial \ln \gamma_i}{\partial x} + D_L c_i \frac{\partial \theta}{\partial x}\right) + \theta r_i = 0 \tag{1.18}$$

式中，θr_i 用以反映水溶液中因化学反应生成或消耗而引起的离子浓度变化。

在 Samson 离子传输模型 [73,75] 基础上，Marchand 等考虑饱和混凝土内离子传输和溶液平流耦合效应及固相分解的化学平衡，利用 Nernst-Planck 方程、Poisson 方程及 Davies 离子化学活性修正模型建立了 STADIUM 数学模型 [77]，如式 (1.19) 所示，以分析低浓度硫酸钠腐蚀作用下混凝土的化学损伤过程。

$$\frac{\partial\left(\theta_{\text{s}} c_{i\text{s}}\right)}{\partial t} + \frac{\partial\left(\theta c_i\right)}{\partial t} - \frac{\partial}{\partial x}\left(\theta D_i \frac{\partial c_i}{\partial x} + \theta \frac{D_i z_i F}{RT} c_i \frac{\partial \Psi}{\partial x} + \theta D_i c_i \frac{\partial \ln \gamma_i}{\partial x} - c_i V_x\right) = 0 \tag{1.19}$$

式中，$\dfrac{\partial\left(\theta_{\text{s}} c_{i\text{s}}\right)}{\partial t}$ 和 $\dfrac{\partial\left(\theta c_i\right)}{\partial t}$ 分别表示单位时间内各固相和离子浓度的变化，$\theta D_i \dfrac{\partial c_i}{\partial x}$ 反映了离子浓度梯度引起的扩散效应，$\theta \dfrac{D_i z_i F}{RT} c_i \dfrac{\partial \Psi}{\partial x}$ 反映了带电离子之间的相互制约效应，$\theta D_i c_i \dfrac{\partial \ln \gamma_i}{\partial x}$ 描述了离子化学活性对其扩散的影响，$c_i V_x$ 表示溶液对流对离子扩散的影响。此外，该模型还可以分析不同水灰比、水泥类型、硫酸盐浓度及环境湿度对离子扩散行为的影响。

左晓宝和孙伟等 [72,74] 考虑荷载作用对混凝土传输曲折度和孔隙率的影响，结合 Davies 离子化学活性修正模型，建立了荷载作用下混凝土内硫酸根离子和氯离子等扩散系数模型，如式 (1.20) 所示；根据 Fick 第二定律及化学反应动力学理论，建立了荷载和硫酸盐侵蚀耦合作用下混凝土一维、二维和三维非稳态扩散反应微分方程，利用交替隐式有限差分法 (ADI) 格式进行数值求解；并与模型计算结果进行对比，验证了模型的合理性。

$$
\begin{cases}
D_i = \dfrac{\varphi^{\sigma}}{\tau^{\sigma}} D_{i0} \\[2mm]
D_{i0} = \dfrac{RT}{z^2 F^2} \left\{ 1 - \left[\dfrac{1}{4\sqrt{I}(I + aB\sqrt{I})^2} - \dfrac{0.1 - 4.17 \times 10^{-5} I}{\sqrt{1000}} \right] Acz^4 \right\} \\[2mm]
\qquad \cdot \left[\varLambda^0 - (Cz^2 + Dz^3 w\varLambda^0) \sqrt{c_i} \right]
\end{cases}
\tag{1.20}
$$

式中，D_i 为离子 i 在混凝土内的扩散系数，D_{i0} 为离子 i 在水溶液中的扩散系数，τ^{σ} 和 φ^{σ} 分别为荷载作用下混凝土的曲折度和孔隙率，可表示为

$$
\tau^{\sigma} = \tau - \tau^{\frac{\sigma}{f_t} \left[\frac{\mathrm{sign}(\sigma) + 1}{2} \right]} + 1, \quad \varphi^{\sigma} = \varphi^{1 - \frac{\sigma}{f_t} \left[\frac{\mathrm{sign}(\sigma) + 1}{2} \right]}
\tag{1.21}
$$

σ 为混凝土内应力，$\mathrm{sign}(\sigma)$ 为符号函数，可表示为

$$
\mathrm{sign}(\sigma) = \begin{cases}
1, & \sigma > 0, \ \text{拉伸状态} \\
0, & \sigma = 0, \ \text{无应力状态} \\
-1, & \sigma < 0, \ \text{压缩状态}
\end{cases}
\tag{1.22}
$$

赵顺波和杨晓明结合实验测试结果，考虑浸泡龄期对硫酸根离子扩散系数的影响，建立了硫酸钠溶液浸泡条件下混凝土内硫酸根离子浓度的预测模型，提出了混凝土表面硫酸根离子浓度和硫酸根离子在混凝土中的扩散系数计算公式[70]

$$
c(x, t) = c_0 + (c_s - c_0) \left[1 - \mathrm{erf} \left(\frac{x}{\sqrt{4D^t}} \right) \right], \quad D^t = k \left(\frac{t_0}{t} \right)^m D^0
\tag{1.23}
$$

式中，$c(x, t)$ 为腐蚀 t 时刻混凝土内 x 位置处的硫酸根离子浓度，c_s 为试件表面硫酸根离子浓度，c_0 为试件内硫酸根离子初始浓度，erf 为高斯误差函数，D^t 为腐蚀 t 时刻硫酸根离子在混凝土内的扩散系数，D^0 为初始时刻测得的扩散系数，k 为被吸收的硫酸根离子对其扩散系数的影响。

2) 体积膨胀

当硫酸根离子扩散进入混凝土内时，其与水泥水化产物发生化学反应，生成石膏和钙矾石晶体，如式 (1.1) ~ 式 (1.4) 所示；而大部分的研究认为钙矾石的生成是导致混凝土膨胀破坏的主要原因。Atkinson 和 Hearne 通过总结实验数据，提出了一个描述混凝土结构宏观膨胀与钙矾石生成量之间关系的经验模型[78]；Clifton 和 Pommersheim 研究了硫酸盐侵蚀水泥基材料各化学反应引起的体积变化，也提出水泥基材料体积膨胀的预测模型[79]。该模型假设水泥基材料的体积膨胀与钙矾石的生成量呈线性关系。

为了便于计算钙矾石的生成量，将式 (1.2) ~ 式 (1.4) 简化为统一式 (1.24)

$$
\mathrm{CA} + q\mathrm{C\overline{S}H_2} \longrightarrow \mathrm{C_6A\overline{S}_3H_{32}}
\tag{1.24}
$$

式中，CA 为水泥水化产物中的水化铝酸钙盐 (C_4AH_{13} 和 $C_4A\bar{S}H_{12}$) 以及未水化铝酸三钙 C_3A，q 为石膏消耗生成钙矾石的等效反应系数，取值为 8/3。生成钙矾石的各化学反应引起的体积变化系数可通过反应前后物质的摩尔体积计算[80]，如式 (1.25)。表 1.6 给出了化学反应式 (1.1) ~ 式 (1.4) 引起的体积变化系数。

$$\frac{\Delta V_i}{V_i} = \frac{v_{\text{mol-Ett}}}{v_{\text{mol-CA}i} + \gamma_i v_{\text{mol-Gyp}}} - 1 \tag{1.25}$$

式中，$i = 1, 2, 3$ 依次对应化学反应式 (1.2) ~ 式 (1.4)，ΔV_i 和 V_i 分别为化学反应 i 引起的体积变化和反应前物质的总体积，$v_{\text{mol-Ett}}$、$v_{\text{mol-CA}i}$ 和 $v_{\text{mol-Gyp}}$ 分别表示钙矾石、铝酸钙盐和石膏的摩尔体积，$\gamma_i(i = 1, 2, 3)$ 分别为化学反应式 (1.2) ~ 式 (1.4) 的反应系数。

表 1.6　化学反应引起的体积变化系数[79]

化学反应		体积变化 $\Delta V_i/V_i$
式 (1.1)	$Ca^{2+} + SO_4^{2-} + 2H_2O \longrightarrow C\bar{S}H_2$	1.24
式 (1.2)	$C_4AH_{13} + 3C\bar{S}H_2 + 14H_2O \longrightarrow C_6A\bar{S}_3H_{32} + CH$	1.31
式 (1.3)	$C_4A\bar{S}H_{12} + 2C\bar{S}H_2 + 16H_2O \longrightarrow C_6A\bar{S}_3H_{32}$	0.48
式 (1.4)	$C_3A + 3C\bar{S}H_2 + 26H_2O \longrightarrow C_6A\bar{S}_3H_{32}$	0.55

考虑到混凝土中毛细孔隙的存在，化学侵蚀产物首先会填充毛细孔隙，直至孔隙填充到一定程度时，侵蚀产物的继续生成发生才会引起混凝土体积膨胀，该膨胀应变 ε_V 可由下式计算[81]

$$\varepsilon_V = \max\left\{ \frac{1}{q}\sum_{i=1}^{3}\left(\frac{\Delta V_i}{V_i v_{\text{mol-CA}i}} - \frac{\gamma_i}{v_{\text{mol-CA}i}} \right) C_{CA} - f\varphi_0, 0 \right\} \tag{1.26}$$

式中，C_{CA} 为混凝土中铝酸钙盐的消耗浓度，f 为当混凝土体积膨胀产生时孔隙的填充体积分数，φ_0 为孔隙率。

上述硫酸盐侵蚀产物填充毛细孔隙作用，及混凝土膨胀导致的微裂缝开展、延伸效应，均会改变混凝土内部微观结构，如图 1.6 所示，进而影响混凝土内硫酸根离子的扩散性能。一些学者通过改变混凝土的曲折度和毛细孔隙率，来修正硫酸根离子的扩散系数，以反映混凝土微观结构的改变对离子扩散性能的影响。他们利用扩散–反应模型、初始条件和边界条件，迭代计算每一时刻的硫酸根离子浓度及离子扩散系数，从而定量描述混凝土内硫酸盐扩散反应过程。

蒋金洋等[82]揭示了硫酸盐侵蚀下混凝土传输—反应—损伤的全过程，基于结晶压理论、体积膨胀理论以及 Fick 第二定律，建立了考虑孔隙率、曲折度和临界损伤程度的传输模型，并通过交替隐式差分法实现了对硫酸盐传输过程的变系数求解，预测结果精度显著提高。

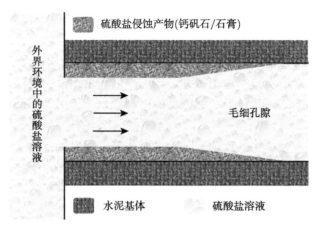

图 1.6 侵蚀产物填充毛细孔隙

1.3.2 硫酸盐侵蚀化学–力学模型

硫酸盐传输–反应模型可获得混凝土内硫酸根离子和侵蚀产物浓度的分布情况，但无法分析硫酸盐侵蚀引起的混凝土膨胀力学响应、力学性能变化和化学损伤程度等。然而，这些正是分析混凝土材料耐久性退化规律、预测结构或构件服役寿命的关键依据。国内外学者在硫酸盐传输–反应模型的基础上，利用连续介质力学、微孔力学、损伤力学及热力学理论等，建立了一系列的化学–力学耦合模型，以描述硫酸盐侵蚀下混凝土膨胀损伤全过程。表 1.7 罗列了近年来关于硫酸盐侵蚀混凝土的化学–力学模型研究方面的部分成果。

表 1.7 硫酸盐侵蚀混凝土的化学–力学模型

作者	时间	膨胀原因	膨胀机理
Tixier 和 Mobasher[80,83]	2003 年	钙矾石	体积增加
Bary[84]	2008 年	钙矾石, 石膏	结晶压
Bary 等[85]	2014 年	钙矾石	结晶压, 体积增加
Basista 和 Weglewski[86]	2009 年	钙矾石	体积增加
Sarkar 等[87]	2010 年	钙矾石	体积增加
Sarkar 等[88]	2012 年	钙矾石, 石膏等	体积增加
Idiart 等[89]	2011 年	钙矾石	体积增加
Ikumi 等[90]	2014 年	钙矾石	体积增加
Ikumi 等[91]	2016 年	钙矾石	体积增加
Cefis 和 Comi[92]	2014 年	钙矾石	体积增加
Cefis 和 Comi[93]	2017 年	钙矾石	体积增加
Zuo 和 Sun[94]	2009 年	钙矾石	体积增加
Zuo 等[81]	2012 年	钙矾石	体积增加
Nie 等[95]	2015 年	钙矾石	体积增加
Yin 等[96]	2017 年	钙矾石, 石膏	体积增加
Yin 等[97]	2019 年	钙矾石	结晶压

由于硫酸盐侵蚀混凝土领域存在两个争议，即膨胀原因 (石膏、钙矾石) 和膨胀机理 (体积增加、结晶压理论)，因此，如表 1.7 所反映的，在膨胀原因与膨胀机理两方面，不同学者所建立的化学–力学模型有不同的选择。然而，无论何种原因或机制，从已有的实验和理论研究，均可得出一个相似的推论：硫酸盐侵蚀产物引起的体积膨胀或溶液过饱和度驱动的结晶压力，作用于毛细孔壁周围的水泥基体，并在基体内产生膨胀应力 [98]；随着硫酸盐侵蚀的不断进行，膨胀应力不断增大，当其超过水泥基体抗拉强度时，水泥基体中会出现微裂纹并不断扩展、延伸，最终导致混凝土产生膨胀开裂、表层剥落等宏观破坏。尽管目前缺乏有效的实验证据证明该推论的准确性，众多学者还是基于该推论建立了上述一系列的化学–力学耦合模型，以研究硫酸盐侵蚀混凝土的全过程。

Tixier 和 Mobasher 将水泥浆体微观结构中钙矾石的生长视为夹杂问题，其引起的体积膨胀在受约束浆体内产生残余应力，从而导致混凝土试件发生宏观膨胀破坏 [80,83]。通过体积增加原理，获得了化学反应引起的微观体积膨胀量；结合简化的单轴拉伸应力应变关系，分析了硫酸盐侵蚀下混凝土试件内宏观力学响应 (膨胀应力和应变)。将混凝土初始开裂时刻其内剩余铝酸钙浓度作为临界阈值浓度，确立了相应的边界移动准则。利用溶液过饱和度驱动的结晶压力，定量描述水泥浆体内微观裂缝的演变规律。混凝土试件表面的微裂缝扩展、延伸，使得硫酸根离子的传输边界向试件内部移动，同时，微裂纹扩展引起的微结构损伤会导致离子扩散性能变化；因此，考虑离子传输边界移动与扩散系数时变效应，建立了硫酸盐侵蚀引起的混凝土损伤破坏的分析模型，并给出了离子传输边界移动问题的数值求解方法。

Bary 研究了钙溶蚀与硫酸盐侵蚀耦合作用下混凝土宏观膨胀开裂行为 [84]，并将混凝土的膨胀开裂归咎于孔隙中侵蚀产物石膏和钙矾石生长产生的结晶压力。利用 Mori-Tanaka(MT) 方法，获得了混凝土宏观等效力学性能，通过多孔弹性类比法引入结晶压力，建立了一个简化的混凝土化学-力学分析模型，其本构关系如式 (1.27) 所示

$$\boldsymbol{\sigma} = (1 - D)\left(\mathbb{C} : \boldsymbol{\varepsilon} - \alpha_{\mathrm{AFm}} P_{\mathrm{c}} \mathbf{1}\right) \tag{1.27}$$

式中，$\boldsymbol{\sigma}$ 为应力张量，$\boldsymbol{\varepsilon}$ 为应变张量，D 为损伤变量，P_{c} 为结晶压力，$\mathbb{C}$ 为等效弹性刚度张量，α_{AFm} 为等效相互作用系数，$\mathbf{1}$ 为单位张量。该模型可较为准确地预测受硫酸盐腐蚀混凝土的开裂状态，然而，在试件总体膨胀应变方面，模型结果与实验数据之间存在较大偏差，这可能是由于该模型忽略了硫酸盐侵蚀产物膨胀生长引起的特征应变 [99]。为解决上述问题，Bary 将结晶压和固体体积增加理论结合，以解释硫酸盐侵蚀引起的混凝土膨胀开裂行为，建立了一个更为合理的化学–传输–力学耦合模型 [85]。该模型的本构模型与式 (1.27) 相似，但是引入了

侵蚀产生生长引起的水泥浆体局部膨胀应变, 如式 (1.28) 所示

$$\boldsymbol{\sigma} = (1 - D)\left[\mathbb{C} : (\boldsymbol{\varepsilon} - \boldsymbol{\varepsilon}_{\mathrm{co}}) - \alpha_{\mathrm{AFm}}P_{\mathrm{c}}\mathbf{1}\right] \tag{1.28}$$

式中, $\boldsymbol{\varepsilon}_{\mathrm{co}}$ 为钙矾石生长引起的微观特征应变, 该应变等于钙矾石生长引起的自由膨胀应变。

Basista 和 Weglewski 认为 [86], 硫酸盐腐蚀混凝土微观局部的总特征应变由钙矾石生长引起的自由膨胀应变 (夹杂特征应变) 以及由于水泥浆体与钙矾石之间力学性能差异导致的等效特征应变这两部分构成, 并通过 Eshelby 理论与等效夹杂方法, 获得了该总特征应变, 如式 (1.29) 所示 [100]

$$\varepsilon_{\mathrm{co}}^{\mathrm{t}} = \varepsilon_{\mathrm{co}} + \varepsilon_{\mathrm{eq}} = f\left(D\right)\varepsilon_{\mathrm{co}}, \quad f\left(D\right) = 3\frac{1 - (1 - D)\,\nu_0}{1 + (1 - D)\,\nu_0 + 2\,(1 - D)\,(1 - 2\nu_{\mathrm{Ett}})\,E_0/E_{\mathrm{Ett}}} \tag{1.29}$$

式中, $\varepsilon_{\mathrm{co}}^{\mathrm{t}}$ 为混凝土微观局部总特征应变, $\varepsilon_{\mathrm{co}}$ 为钙矾石生长引起的微观特征应变, $\varepsilon_{\mathrm{eq}}$ 为钙矾石夹杂物与水泥浆体之间力学性能差异引起的等效特征应变, E_{Ett} 和 ν_{Ett} 分别为钙矾石的弹性模量和泊松比, E_0 和 ν_0 分别为水泥浆体的初始弹性模量和泊松比。需要说明的是, 式 (1.29) 考虑了水泥浆体内由于钙矾石夹杂生长的膨胀作用所产生的损伤, 但未考虑水泥浆体约束作用对钙矾石夹杂物产生的损伤。

在 Tixier 和 Mobasher 的模型基础上, Sarkar 等同时考虑离子由外而内的扩散行为与自内向外的溶蚀效应, 以反映它们对硫酸根离子和水泥水合产物之间化学反应平衡的耦合影响作用, 建立了一套可模拟硫酸盐侵蚀下混凝土损伤退化过程的数学模型 [87]。除了上述离子的双向 (向内/外) 扩散行为, 该模型还可分析化学反应引起的固相溶解/沉淀行为和化学损伤累积效应。其中, 该模型采用的简化应力–应变关系可用式 (1.30) 表示

$$\sigma = (1 - D)E_0\varepsilon, \quad D = \frac{16}{9}k\left(1 - \frac{\varepsilon_{\mathrm{th}}}{\varepsilon}\right)^m \tag{1.30}$$

式中, k 和 m 为损伤模型参数, $\varepsilon_{\mathrm{th}}$ 为损伤产生时的应变阈值。

Ikumi 等提出了一种基于真实的混凝土孔结构及其分布规律的新方法 [90], 以计算钙矾石生长引起的总体积膨胀应变, 如式 (1.31) 所示。该方法可区分不同孔径孔隙的膨胀对混凝土总膨胀应变的贡献。

$$\varepsilon_v = \varepsilon_1 + \varepsilon_2 + \cdots + \varepsilon_n, \quad \varepsilon_i = \mathrm{Max}\left[\frac{Q_i}{V_i} - f_i, 0\right]\frac{V_i}{\sum V_i} \tag{1.31}$$

式中, ε_v 为总体积膨胀应变, ε_i 为各孔径孔隙的膨胀应变, Q_i/V_i 为各孔径孔隙中钙矾石填充的体积比, f_i 为各孔径孔隙体积膨胀时钙矾石填充的体积比。

Cefis 和 Comi 研究了硫酸盐侵蚀下部分或完全饱和混凝土结构的力学响应,并提出了一种弱耦合分析方法 [93]:首先,通过简化的扩散模型,获得了水泥浆体内水分含量;其次,利用扩散–反应模型,计算了混凝土内扩散进入的硫酸根离子浓度,以及硫酸盐与浆体中铝酸盐反应生成的侵蚀产物浓度;最后,建立了耦合化学–力学损伤的多相弹性损伤模型,以分析硫酸盐侵蚀引起的混凝土非线性力学响应。该模型中,腐蚀混凝土的应力应变关系可表示为式 (1.32)

$$\boldsymbol{\sigma} = (1 - d)(1 - D)\left[2Ge + K\mathrm{tr}\varepsilon\mathbf{1}\right] - bp\mathbf{1} \tag{1.32}$$

式中,d 为硫酸盐侵蚀产生的化学损伤程度,G 和 K 为均质水泥浆体的剪切模量和弹性模量,b 为毕奥 (Biot) 系数,e 为偏应变张量,p 表示填充孔隙的水溶液与侵蚀产物混合体内平均应力。

左晓宝和孙伟建立了分析硫酸盐侵蚀下混凝土损伤破坏全过程的数值分析方法 [94]。根据 Fick 第二定律,建立了混凝土内硫酸根离子的非稳态扩散–反应方程,并利用有限差分法进行数值求解;根据化学反应动力学理论,获得了侵蚀产物钙矾石的生成量,给出了钙矾石生长引起的混凝土膨胀应变的计算公式;利用混凝土本构关系,如式 (1.33) 所示,计算了硫酸盐侵蚀下混凝土的膨胀应力,以评估其是否开裂。

$$\sigma = \begin{cases} 1.2f_{\mathrm{t}}\dfrac{\varepsilon}{\varepsilon_{\mathrm{tp}}} - 0.2f_{\mathrm{t}}\left(\dfrac{\varepsilon}{\varepsilon_{\mathrm{tp}}}\right)^6, & \varepsilon \leqslant \varepsilon_{\mathrm{tp}} \\[4mm] \dfrac{f_{\mathrm{t}}\varepsilon}{0.312f_{\mathrm{t}}^2\left(\dfrac{\varepsilon}{\varepsilon_{\mathrm{tp}}} - 1\right)^{1.7}\varepsilon_{\mathrm{tp}} + \varepsilon}, & \varepsilon \geqslant \varepsilon_{\mathrm{tp}} \end{cases} \tag{1.33}$$

式中,f_{t} 为混凝土单轴抗拉强度,$\varepsilon_{\mathrm{tp}}$ 为混凝土极限拉应变。

1.4 冻融环境下的混凝土损伤机理

冻融作用作为混凝土损伤的三大因素之一,在混凝土耐久性研究领域具有举足轻重的地位,自 20 世纪就备受各国学者关注 [101]。在我国西部高海拔地区,具有最低气温 −32℃ 的低温严寒,以及年均 180d 以上的高频次冻融作用,在东北等高纬度地区,水坝、道面、混凝土围栏等建筑物因遭受低温冻融作用与除冰盐作用 [102,103],在华北沿海地区,海洋环境中的混凝土结构由于干湿交替频率高,冬季频繁遭受低温冻融作用和盐结晶作用 [104,105]。蒋金洋课题组根据我国气象资料统计了全国最冷月平均气温和我国各地年平均冻融循环次数。在这些低温环境下,冻融和外界的盐侵蚀会引发混凝土表层剥落,钢筋和骨料外露,降低混凝土结构的服役寿命，最终引起混凝土结构的失效，造成不必要的经济和资源消耗。低温环境引发的这些现象也同样发生在美国、加拿大等寒冷地区，这也证明了该现象是普遍存在的国际性问题，且尚未得到有效的解决。

1.4.1   冻融破坏机理的研究现状

目前，各国学者对混凝土的冻融损伤研究做了大量的工作，但仍未找到一种方法能快速而真实地揭示混凝土冻融损伤侵蚀的机理，主要是目前混凝土的冻融损伤研究主要以试验手段为主，而试验未必能准确地反映现实复杂的自然环境，也难以模拟现实条件下的规模，而且实验需在短时间内达到一定的效果。但目前国内外学者认可度较高的有静水压理论[106,107]、结晶压理论[108,109] 和微冰透镜理论[110,111]。虽然仍没有一个较全面的理论可以解释所有的冻融破坏现象，但这些冻融破坏机理都有助于对冻融破坏问题进行进一步深入研究。

1. 静水压理论

Powers 和 Helmuth[106] 提出静水压理论认为当材料处于饱水状态且不利排水的条件下，水转化为冰时伴随着 9% 的体积膨胀，这样孔隙内未结冰水不能及时排出，导致未结冰的水受挤压从而产生静水压力，静水压力的大小与冰的饱和度密切相关，而冰的成核受过冷度影响，当冰不均匀成核时，大量的冰在毛细孔中生成，导致较高的冰饱和度和静水压力。在静水压力大到一定程度时，混凝土内部产生的拉应力大于其抗拉强度，导致微裂纹、缝隙的产生以致破坏。Sun 和 Scherer[107] 的饱水砂浆试验中在冰成核温度处应变大幅度增加有力地支持了静水压理论。

Powers 和 Helmuth[106] 贴切地描述了水泥浆体中冰冻的作用机理，并解释了引气为什么可以有效减小冰冻引起的膨胀：当毛细孔里的水开始结冰时，体积随之增大，需要扩展孔隙 (扩展量为结冰水体积的 9%)，或者需要把多余的水沿孔隙边界挤压或排出，抑或同时需要两种作用。这个过程会形成水压力，其大小取决于结冰处至 "逃逸边界" 的距离、材料的渗透性以及结冰速率。经验表明，在饱和的水泥浆体中，除非浆体每个毛细空腔离最近的逃逸边界不超过 $75 \sim 100\mu m$，否则就会形成破坏压力。间距如此小的边界可以由适当的引气剂来提供。Powers 还提出，除大孔中水结冰形成水压外，毛细孔溶液部分结冰形成的渗透压也是水泥浆体有害膨胀的来源之一。毛细孔中的水并非纯水，含有多种可溶性物质，如氯化物、碱等。溶液的冰点比纯水要低，通常溶液盐浓度越高，冰点越低。毛细孔间局部盐浓度梯度的存在被认为是渗透压的来源。静水压 (大孔水结冰时比容增大引起) 和渗透压 (孔隙溶液盐浓度梯度引起) 看来还不是水泥浆体在冰冻作用下膨胀的唯一原因。即使用冻结时产生收缩的苯代替水作为孔溶液，仍可观察到水泥浆试件的膨胀。

2. 结晶压理论

结晶压理论在 1.2.2 节第 3 部分已进行详细描述，当水达到过冷度时结冰，冰晶体只有在小孔内生长到一定程度时，与周围孔连通的自由端生长出具有一定曲率的凸起，与孔壁相应的非自由端由于曲率不同于自由端，冰晶体生长受到限制，结晶压力在孔壁中产生环形拉应力，当拉应力大于材料的抗拉强度时导致材料内部产生损伤[108]，这里的小孔径一般是小于 100nm，大尺度的孔隙虽然结冰，但产生的结晶压力相对小，不足以使混凝土产生较大的拉应力。

Beaudoin 和 Macinnis[109] 对饱和苯水泥净浆测量了试件在温度降低过程中的长度变化，因此，理论上饱和试件的长度应随着温度的降低而减小，但是试验中发现在苯的结晶点附近发生膨胀，这证明了结晶压的存在，苯与水的区别在于苯由液态转化为固态时，体积不是增大而是减小。

3. 微冰透镜理论

微冰透镜理论[110,111] 是依据水的 "固–液–气" 三相共存而提出的，该理论不同于静水压理论和结晶压理论中对混凝土材料饱水状态的假设。依据该理论，水的三个物相的热力学平衡过程可以看作一个亚微观结构的水泵，冻结过程中，冰晶体优先在与气相相通的大孔中形成，随着温度降低，小孔中水向大孔迁移时会进一步生长，当材料与外界水相通时即可将外部水吸入材料内部。融化过程中，冰转化为水，未结冰水与冰晶体所受压力差不断减小。但是水从孔隙中出去的速度相比于水迁移进入结冰区的速度较慢，因此水被留存在孔隙中。如此经历若干次冻融循环，材料的含水量随冻融循环次数的增加而逐渐增大，当含水量增加到一定程度时，在结晶压力和静水压力的作用下材料产生冻融破坏。

关于含水量，Fagerlund[112,113] 提出混凝土存在一临界饱水度，当实际饱水度大于临界饱水度时，混凝土内将会产生冻融损伤。Li[114] 等借助声发射技术监测发现临界饱水度值在 86% ~ 88%。若实际饱水度小于临界饱水度，理论上可认为无论混凝土经历多少次冻融循环也不会有损伤产生。

关于微冰透镜理论目前可支撑的试验结果相对少，课题组成型了水灰比为 0.35 和 0.50 的水泥净浆和砂浆，测试冻融循环 10 次、30 次和 50 次后的样品抗压强度、弹性模量、膨胀变形、孔隙率等的变化，分析认为：水分沿着水泥基材料的孔隙结构快速侵入，急剧增大孔隙结构的水饱和度，在水泥基材料降温过程中，孔隙发生冻结现象，产生约 9% 的体积膨胀变形。对于非饱和孔隙而言，水结晶膨胀可以通过排挤未冻结水或气体来释放压力，而对于高饱和度的孔隙而言，水泥基材料会因较高的结晶压和静水压力，引发水泥基材料的微观结构破坏。因此，结晶压和静水压相结合，才能客观描述水在混凝土中传输—低温结冰—填充—膨胀—损伤—剥落全过程。这也是本书冻融作用下混凝土物理–力学效应等效转化的基础。

1.4.2 孔隙尺度大小对冻融的影响

Litvan[115] 理论认为，水泥浆体中被 C-S-H 壁面吸附的水 (包括层间水和凝胶孔吸附水) 在水的正常冰点不会重组结构而结冰，因为处于有序状态的水分可动性有限。通常，水束缚得越牢固，冰点越低。水泥浆体有三种类型的水分受到物理束缚，牢固程度由弱到强依次排序分别为 10 ~ 50nm 的小毛细孔水、凝胶孔里的吸附水和 C-S-H 的层间水。

据估计，凝胶孔中的水在 −78℃ 以上的温度不会结冰。因此，当饱和的水泥浆体处于冰冻环境下时，大孔中的水会结冰，而凝胶孔里的水分还会以过冷的形式以液态水继续存在。这样，毛细孔中低能态的冻结水和凝胶孔中高能态的过冷水之间产生了热力学不平衡。冰和过冷水之间熵的差异，驱使后者迁移到低能态的地方 (大孔)，然后在那里结冰，从凝胶孔向毛细孔新提供的水，使毛细孔的冰冻体积不断增大，一直持续到不再有容纳空间为止。如果此后过冷水还要流向结冰区，就会使系统产生压力并引起膨胀。

李金玉等 [116] 采用压汞法 (MIP) 和 SEM 测试了普通混凝土和引气混凝土试样冻融循环前后孔结构的变化，发现无论普通混凝土还是引气混凝土，微孔的孔隙含量增加，其孔径范围为 25 ~ 150nm，冻融前后最概然孔径逐步扩大，使普通混凝土最概然孔径由 39.8nm 增大至 72.4nm。采用同样的试验测试手段，王学成、汪在芹等发现在各尺度孔隙中 25 ~ 75nm 的孔隙占据增加的比例最大 [117]，当然王学成 [118] 发现冻融循环作用粗化了水泥净浆的孔结构，200nm 以上的孔大量增多。

Wang 等 [119] 采用 MIP 测试若干次冻融循环后混凝土的孔径分布，发现冻融循环作用改变了孔结构，且冻融循环后较直径大于 100nm 的大孔的比例增加，小于 100nm 的比例下降。

通过以上研究成果发现，冻融循环作用影响的孔隙尺度范围主要集中在 20 ~ 200nm。该尺度孔隙也是本书重点研究的范围。

1.4.3 冻融损伤模拟的研究现状

基于静水压理论或结晶压理论，国内外学者建立了混凝土的冻融损伤模型，研究冰冻作用下水泥基材料的微结构演变和力学退化行为。

Scherer[120] 基于静水压理论，采用多孔介质力学方法模拟了饱水水泥净浆在冰冻过程中的力学应变和热应变。同样，Zeng 等 [121] 运用多孔介质力学，模拟了在不排水的冰冻条件下，水泥基材料中孔内充满水和氯化钠盐溶液时的弹性力学行为，量化了材料孔隙压力的累积，孔隙压力的释放以及冰冻过程中的变形问题，发现水泥基材料的应变取决于孔内盐溶液的初始浓度和孔的微观结构。Zuber 和 Marchand [122] 结合多孔介质力学方法和有限元方法，模拟了孔结构中冰的形成，并预测了水泥基材料在冰冻过程中的体积变化。

Liu[123] 基于水泥净浆的三维微观结构，结合三维格构断裂分析方法，以静水压力为破坏来源和以结晶压力为破坏来源，建立损伤模型模拟了温度降低过程中饱水水泥净浆的线性应变和微裂纹的产生，得到不同结核温度下微裂纹的分布。Koniorczyk 等 [124] 同样考虑由相变引起的结晶压力作为破坏来源，模拟研究了饱水混凝土在冰冻作用下的损伤过程。

Coussy[125] 从多孔介质力学出发，提出了考虑结晶压、静水压和渗透压共同影响的冻融模型，可以有效地解释混凝土冻融损伤过程，并预测了孔隙变形。相对而言，Coussy 提出的模型相对先进，诠释了混凝土在冻融作用下的损伤劣化过程，但该模型假定混凝土是均值的，骨料形貌、级配和含量对孔隙的影响未充分考虑，导致预测的误差与实际工程冻融损伤差异较大。

本书根据混凝土的多孔、多相、多尺度特征，以及静水压和结晶压理论更好地反映水在混凝土不同尺度孔隙结冰–填充–膨胀–损伤–剥落全过程这一特点，结合 Coussy 所提出的模型，考虑混凝土非均匀性，结合细观力学等效夹杂原理和弹塑性力学方法来建立冻融作用下混凝土损伤的物理–力学效应等效关系。

1.5　混凝土耐久性设计的国内外研究现状

混凝土结构耐久性设计是混凝土结构长期安全服役的基础。我国自 20 世纪 60 年代就开始混凝土的耐久性研究，当时研究的核心是混凝土的碳化和钢筋锈蚀研究 [126]，到 20 世纪 80 年代初，混凝土的耐久性研究取得了系列成就，特别是中国土木学会于 1982 年和 1983 年连续两次召开全国耐久性学术会议，为随后混凝土结构设计方面的规范制定奠定了基础。然而现行的混凝土结构设计与施工规范，主要考虑荷载作用下结构承载力安全性与适用性的需要，较少顾及结构长期使用过程中由于环境作用引起材料性能劣化而对结构适用性与安全性的影响。

2000 年，中国工程院土木、水利与建筑工程学部提出了一个名为 "工程结构安全性与耐久性研究" 的咨询项目，在此背景下较早形成了一部《混凝土结构耐久性设计与施工指南》协会标准 [127]，为全国混凝土耐久性设计奠定了基础。2009 年，我国实施了首部《混凝土结构耐久性设计规范》(GB/T50476—2008)，随着 10 年的工程实践，进行了修订并于 2019 年颁布，该规范提出了混凝土结构耐久性设计与施工的基本法则和详细的方法，以及维修和定期检测要求，为建造高质量高耐久性混凝土工程提供了科学依据。

国外耐久性设计方法的典型代表是 1989 年日本土木工程师协会混凝土结构委员会制定的《混凝土结构物耐久性设计准则 (试行)》、1992 年欧洲混凝土委员会颁布的《耐久性混凝土结构设计指南》、美国混凝土学会 365 委员会开发的 Life-365 计算程序和 2001 亚洲混凝土模式规范委员会公布的《亚洲混凝土模式规范》(ACMC2001)，该规范提出了基于性能的设计方法。

然而，随着我国基建工程不断向严酷环境拓展，特别是引起混凝土结构保护层剥落的超规范浓度的硫酸盐侵蚀、低温冻融交替频繁环境，现有的设计方法存在空白，此外，现有的设计方法均假定侵蚀介质的传输系数是恒定的，事实上侵蚀介质与混凝土的水化产物不断发生交互作用，传输的孔缝通道在改变，侵蚀传输系数以及混凝土结构的侵蚀边界条件也在变化，导致混凝土结构耐久性设计寿命与实际服役年限有较大差异，为解决这种设计理论不足的难题，设计人员往往凭经验通过提高混凝土的强度等级、采用耐蚀钢筋、增加保护层厚度和其他各种附加防护措施，来保障混凝土的耐久性，使混凝土结构的建造成本攀升，碳排量也巨大。

本书基于硫酸盐/冻融作用下化学/物理–力学效应等效转化方法以及现有的耐久性设计方法，提出了考虑混凝土保护层剥落以及变系数的耐久性设计新方法，以期为混凝土结构工程的长期安全服役提供理论依据。

参 考 文 献

[1] 王海龙, 董宜森, 孙晓燕, 等. 干湿交替环境下混凝土受硫酸盐侵蚀劣化机理 [J]. 浙江大学学报: 工学版, 2012, 46(7): 1255-1261.

[2] 殷光吉, 左晓宝, 孙伟, 等. 硫酸盐侵蚀下水泥净浆膨胀应变计算 [J]. 工程力学, 2015, 32(9): 119-125.

[3] 冯乃谦, 邢锋. 混凝土与混凝土结构的耐久性 [M]. 北京: 机械工业出版社, 2009.

[4] 孙伟. 荷载与环境因素耦合作用下结构混凝土的耐久性与服役寿命 [J]. 东南大学学报 (自然科学版), 2006, 36 增刊 (II): 7-14.

[5] 刘志勇. 基于环境的海工混凝土耐久性试验与寿命预测方法研究 [D]. 南京: 东南大学, 2006.

[6] 王起才. 南疆铁路桥梁工程混凝土抗侵蚀试验研究 [J]. 兰州交通大学学报, 1997, 16(4): 28-31.

[7] 王铠, 庞锦娟. 论水、土中硫酸盐对混凝土结晶腐蚀的气候与评价 [J]. 勘察科学技术, 2007, (1): 34-38.

[8] 周纲, 李少荣, 王掌军, 等. 盐渍土地区混凝土腐蚀状况调查分析 [J]. 建筑科学与工程学报, 2011, 4(28): 121-126.

[9] 金伟良, 赵羽习. 混凝土结构耐久性 [M]. 北京: 科学出版社, 2002.

[10] 牛荻涛. 混凝土结构耐久性与寿命预测 [M]. 北京: 科学出版社, 2003.

[11] 吉林, 缪昌文, 孙伟. 结构混凝土耐久性及其提升技术 [M]. 北京: 人民交通出版社, 2011.

[12] Neville A. The confused world of sulfate attack on concrete [J]. Cement and Concrete Research, 2004, 34(8): 1275-1296.

[13] Bensted J. Thaumasite—direct, woodfordite and other possible formation routes [J]. Cement and Concrete Composites, 2003, 25(8): 873-877.

[14] Harrison W H, Cooke R W. Informal discussion resistance of buried concrete [J]. Pro-ceedings of the Institution of Civil Engineers-Forensic Engineering, 1981, 70(4): 871-874.

[15] Brown P W, Doerr A. Chemical changes in concrete due to the ingress of aggressive species [J]. Cement and Concrete Research, 2000, 30(3): 411-418.

[16] 刘赞群. 混凝土硫酸盐侵蚀基本机理研究 [D]. 长沙: 中南大学, 2009.

[17] Biczók I. Concrete Corrosion and Concrete Protection [M]. New York: Chemical Pub-lishing Company, 1967.

[18] Bellmann F, Möser B, Stark J. Influence of sulfate solution concentration on the forma-tion of gypsum in sulfate resistance test specimen [J]. Cement and Concrete Research, 2006, 36(2): 358-363.

[19] 韩宇栋, 张君, 高原. 混凝土抗硫酸盐侵蚀研究评述 [J]. 混凝土, 2011,(1): 52-56, 61.

[20] Mehta P K. Sulfate attack on concrete: Materials science of concrete Ⅲ [C]. American Ceramic Society, 1993.

[21] Mehta P K. Sulfate attack on concrete: Separating myths from reality [J]. Concrete International, 2000: 22.

[22] Santhanam M, Cohen M D, Olek J. Sulfate attack research—whither now? [J]. Cement and Concrete Research, 2001, 31(6): 845-851.

[23] Skalny J, Marchand J, Odler I. Sulfate Attack on Concrete [M]. London: Spon Press, 2002.

[24] Damidot D, Glasser F P. Thermodynamic investigation of the CaO-Al$_2$O$_3$-CaSO$_4$-K$_2$O-H$_2$O system at 25℃ [J]. Cement and Concrete Research, 1993, 23(5): 1195-1204.

[25] 龙世宗, 刘晨, 邬燕蓉. NaOH 和 Ca(OH)$_2$ 对 C$_3$A-CaSO$_4$.2H$_2$O-H$_2$O 系统早期水化影响的研究 [J]. 硅酸盐学报, 1997, 25(6): 635-642.

[26] 彭家惠, 楼宗汉. 钙矾石形成机理的研究 [J]. 硅酸盐学报, 2000, 28(6): 511-515.

[27] Cohen M D. Modeling of expansive cements [J]. Cement and Concrete Research, 1983, 13(4): 519-528.

[28] Evju C, Hansen S. The kinetics of ettringite formation and dilatation in a blended cement with β-hemihydrate and anhydrite as calcium sulfate [J]. Cement and Concrete Research, 2005, 35(12): 2310-2321.

[29] Odler I, Colán-Subauste J. Investigations on cement expansion associated with ettringite formation [J]. Cement and Concrete Research, 1999, 29(5): 731-735.

[30] Silva D A, Monteiro P J M. Early formation of ettringite in tricalcium aluminate–calcium hydroxide–gypsum dispersions [J]. Journal of the American Ceramic Society, 2007, 90(2): 614-617.

[31] 刘开伟, 王爱国, 孙道胜, 等. 硫酸盐侵蚀下钙矾石的形成和膨胀机理研究现状 [J]. 硅酸盐通报, 2016, 35(12): 4014-4019.

[32] 邓德华, 尹健. 试论钙矾石型硫酸盐侵蚀与混凝土劣化的机理 [C]. 中国土木工程学会 2006 混凝土工程耐久性研究和应用研讨会, 2006.

[33] Aude C. Mechanisms of degradation of concrete by external sulfate ions under laboratory and field conditions [D]. Lausanne: EPFL, Switzerland, 2010.

[34] Bizzozero J, Gosselin C, Scrivener K L. Expansion mechanisms in calcium aluminate and sulfoaluminate systems with calcium sulfate [J]. Cement and Concrete Research, 2014, 56: 190-202.

[35] Yu C, Sun W, Scrivener K. Mechanism of expansion of mortars immersed in sodium sulfate solutions [J]. Cement and Concrete Research, 2013, 43: 105-111.

[36] 邓德华, 肖佳, 元强, 等. 水泥基材料中的碳硫硅钙石 [J]. 建筑材料学报, 2005, 8(4): 400-409.

[37] 马保国, 罗忠涛, 李相国, 等. 含碳硫硅酸钙腐蚀产物的微观结构与生成机理 [J]. 硅酸盐学报, 2006, 34(12): 1503-1507.

[38] Crammond N J, Halliwell M A. The thaumasite form of sulfate attack in concretes containing a source of carbonate ions - a microstructural overview [J]. ACI Special Publication, 1995, 153: 357-380.

[39] Bassuoni M T, Nehdi M L. Durability of self-consolidating concrete to different exposure regimes of sodium sulfate attack [J]. Materials and Structures, 2009, 42(8): 1039-1057.

[40] Collepardi M. Thaumasite formation and deterioration in historic buildings [J]. Cement and Concrete Composites, 1999, 21(2): 147-154.

[41] Schmidt T. Sulfate attack and the role of internal carbonate on the formation of thaumasite [D]. EPFL, Lausanne, Switzerland, 2007.

[42] Barnett S J, MacPhee D E, Lachowski E E, et al. XRD, EDX and IR analysis of solid solutions between thaumasite and ettringite [J]. Cement and Concrete Research, 2002, 32(5): 719-730.

[43] Barnett S J, Halliwell M A, Crammond N J, et al. Study of thaumasite and ettringite phases formed in sulfate/blast furnace slag slurries using XRD full pattern fitting [J]. Cement and Concrete Composites, 2002, 2 (3-4): 339-346.

[44] Higgins D D, Crammond N J. Resistance of concrete containing ggbs to the thaumasite form of sulfate attack [J]. Cement and Concrete Composites, 2003, 25(8): 921-929.

[45] Sersale R, Cioffi R, de Vito B, et al. Sulphate attack of carbonated and uncarbonated Portland and blended cement mortars [C]. 10th International Congress on Chemistry of Cement, 1997.

[46] Folliard K J, Sandberg P. Mechanisms of concrete deterioration by sodium sulfate crystallization durability of concrete [J]. Aci Special Publication, 1994: 933-945.

[47] William G, Hime B M. "Sulfate attack" or is it? [J]. Cement and Concrete Research, 1999, 29: 789-791.

[48] 于诚. 水泥基材料在硫酸盐侵蚀作用下的劣化过程和机理 [D]. 南京: 东南大学, 2013.

[49] Mehta P K. Mechanism of expansion associated with ettringite formation [J]. Cement and Concrete Research, 1973, 3(1): 1-6.

[50] Cohen M D. Theories of expansion in sulfoaluminate - type expansive cements: Schools of thought [J]. Cement and Concrete Research, 1983, 13(6): 809-818.

[51] Collepardi M. A state-of-the-art rveiew on delayed ettringite attack on concrete [J]. Cement and Concrete Composites, 2003, 25(4-5): 401-407.

[52] Mehta P K, Pirtz D, Polivka M. Properties of alite cements [J]. Cement and Concrete Research, 1979, 9(4): 439-450.

[53] Polivka M. Factors influencing expansion of expansive cement concretes [J]. International Concrete Abstracts Portal, 1973, 38: 239-250.

[54] Scherer G W. Crystallization in pores [J]. Cement and Concrete Research, 1999, 29(8): 1347-1358.

[55] Scherer G W. Stress from crystallization of salt [J]. Cement and Concrete Research, 2004, 34(9): 1613-1624.

[56] Clifton J R. Sulfate attack of cementitious materials: volumetric relations and expansions [R]. Gaithersburg (MD): Building and Fire Research Laboratory, National Institute of Standards and Technology, 1994.

[57] Lothenbach B, Bary B, Le Bescop P, et al. Sulfate ingress in Portland cement [J]. Cement and Concrete Research, 2010, 40(8): 1211-1225.

[58] Kunther W, Lothenbach B, Scrivener K L. On the relevance of volume increase for the length changes of mortar bars in sulfate solutions [J]. Cement and Concrete Research, 2013, 46: 23-29.

[59] Taylor H F W, Famy C, Scrivener K L. Delayed ettringite formation [J]. Cement and Concrete Research, 2001, 31: 683-693.

[60] Saetta A V, Vitaliani R V. Experimental investigation and numerical modeling of carbonation process in reinforced concrete structures: Part I: Theoretical formulation [J]. Cement and Concrete Research, 2004, 34(4): 571-579.

[61] Oh B H, Jang S Y. Effects of material and environmental parameters on chloride penetration profiles in concrete structures [J]. Cement and Concrete Research, 2007, 37(1): 47-53.

[62] Gospodinov P, Kazandjiev R, Mironova M. The effect of sulfate ion diffusion on the structure of cement stone [J]. Cement and Concrete Composites, 1996, 18(6): 401-407.

[63] Shazali M A, Baluch M H, Al-Gadhib A H. Predicting residual strength in unsaturated concrete exposed to sulfate attack [J]. Journal of Materials in Civil Engineering, 2006, 18(3): 343-354.

[64] Gospodinov P N, Kazandjiev R F, Partalin T A, et al. Diffusion of sulfate ions into cement stone regarding simultaneous chemical reactions and resulting effects [J]. Cement and Concrete Research, 1999, 29(10): 1591-1596.

[65] Glasser F P, Marchand J, Samson E. Durability of concrete — Degradation phenomena involving detrimental chemical reactions [J]. Cement and Concrete Research, 2008, 38(2): 226-246.

[66] Gospodinov P N. Numerical simulation of 3D sulfate ion diffusion and liquid push out of the material capillaries in cement composites [J]. Cement and Concrete Research, 2005, 35(3): 520-526.

[67] Samson E, Marchand J, Beaudoin J J. Describing ion diffusion mechanisms in cement-based materials using the homogenization technique [J]. Cement and Concrete Research,

1999, 29(8): 1341-1345.

[68] Zuo X B, Wang J L, Sun W, et al. Numerical investigation on gypsum and ettringite formation in cement pastes subjected to sulfate attack [J]. Computers and Concrete, 2017, 19(1): 19-31.

[69] Samson E, Marchand J, Robert J L, et al. Modelling ion diffusion mechanisms in porous media [J]. International Journal for Numerical Methods in Engineering, 1999, 46: 2043-2060.

[70] 赵顺波, 杨晓明. 受侵蚀混凝土内硫酸根离子扩散及分布规律试验研究 [J]. 中国港湾建设, 2009, (3): 26-29, 56.

[71] Samson E, Marchand J, Beaudoin J J. Modeling the influence of chemical reactions on the mechanisms of ionic transport in porous materials: An overview [J]. Cement and Concrete Research, 2000, 30(12): 1895-1902.

[72] Zuo X B, Sun W, Li H, et al. Modeling of diffusion-reaction behavior of sulfate ion in concrete under sulfate environments [J]. Computers and Concrete, 2012, 10(1): 79-93.

[73] Samson E, Marchand J, Snyder K A, et al. Modeling ion and fluid transport in unsaturated cement systems in isothermal conditions [J]. Cement and Concrete Research, 2005, 35(1): 141-153.

[74] Sun W, Zuo X B. Numerical simulation of sulfate diffusivity in concrete under combination of mechanical loading and sulfate environments [J]. Journal of Sustainable Cement-Based Materials, 2012, 1(1-2): 46-55.

[75] Samson E, Marchand J. Modeling the transport of ions in unsaturated cement-based materials [J]. Computers and Structures, 2007, 85(23-24): 1740-1756.

[76] Sun C, Chen J, Zhu J, et al. A new diffusion model of sulfate ions in concrete [J]. Construction and Building Materials, 2013, 39: 39-45.

[77] Marchand J, Samson E, Maltais Y, et al. Theoretical analysis of the effect of weak sodium sulfate solutions on the durability of concrete [J]. Cement and Concrete Composites, 2002, 24(3-4): 317-329.

[78] Atkinson A, Hearne J A. Mechanistic model for the durability of concrete barriers exposed to sulphate-bearing groundwaters [J]. MRS Online Proceedings Library, 1989, 176: 149.

[79] Clifton J R, Pommersheim J M. Sulfate attack of cementitious materials: volumetric relations and expansions [R]. Gaithersburg: Building and Fire Research, National Institute of Standards and Technology, 1994.

[80] Tixier R, Mobasher B. Modeling of damage in cement-based materials subjected to external sulfate attack. I: formulation [J]. Journal of Materials in Civil Engineering, 2003, 15(4): 305-313.

[81] Zuo X B, Sun W, Yu C. Numerical investigation on expansive volume strain in concrete subjected to sulfate attack [J]. Construction and Building Materials, 2012, 36(4): 404-410.

[82] 蒋金洋, 郑皓睿, 孙国文, 等. 硫酸盐侵蚀混凝土的数值模拟 [J]. 建筑材料学报, 2023,

26(10): 1047-1053.

[83] Tixier R, Mobasher B. Modeling of damage in cement-based materials subjected to external sulfate attack. II: comparison with experiments [J]. Journal of Materials in Civil Engineering, 2003, 15(4): 314-322.

[84] Bary B. Simplified coupled chemo-mechanical modeling of cement pastes behavior subjected to combined leaching and external sulfate attack [J]. International Journal for Numerical and Analytical Methods in Geomechanics, 2008, 32(14): 1791-1816.

[85] Bary B, Leterrier N, Deville E, et al. Coupled chemo-transport-mechanical modelling and numerical simulation of external sulfate attack in mortar [J]. Cement and Concrete Composites, 2014, 49: 70-83.

[86] Basista M, Weglewski W. Chemically assisted damage of concrete: A model of expansion under external sulfate attack [J]. International Journal of Damage Mechanics, 2009, 18(2): 155-175.

[87] Sarkar S, Mahadevan S, Meeussen J C L, et al. Numerical simulation of cementitious materials degradation under external sulfate attack[J]. Cement and Concrete Composites, 2010, 32: 241-252.

[88] Sarkar S, Mahadevan S, Meeussen J C L, et al. Sensitivity analysis of damage in cement materials under sulfate attack and calcium leaching [J]. Journal of Materials in Civil Engineering, 2012, 24: 430-440.

[89] Idiart A E, López C M, Carol I. Chemo-mechanical analysis of concrete cracking and degradation due to external sulfate attack: A meso-scale model [J]. Cement and Concrete Composites, 2011, 33(3): 411-423.

[90] Ikumi T, Cavalaro S H P, Segura I, et al. Alternative methodology to consider damage and expansions in external sulfate attack modeling [J]. Cement and Concrete Research, 2014, 63: 105-116.

[91] Ikumi T, Cavalaro S H P, Segura I, et al. Simplified methodology to evaluate the external sulfate attack in concrete structures [J]. Materials and Design, 2016, 89: 1147-1160.

[92] Cefis N, Comi C. Damage modelling in concrete subject to sulfate attack [J]. Frattura Ed Integrità Strutturale, 2014, 8(29): 222-229.

[93] Cefis N, Comi C. Chemo-mechanical modelling of the external sulfate attack in concrete [J]. Cement and Concrete Research, 2017, 93: 57-70.

[94] 左晓宝, 孙伟. 硫酸盐侵蚀下的混凝土损伤破坏全过程 [J]. 硅酸盐学报, 2009, 37(7): 1063-1067.

[95] Nie Q, Zhou C, Li H, et al. Numerical simulation of fly ash concrete under sulfate attack [J]. Construction & Building Materials, 2015, 84: 261-268.

[96] Yin G J, Zuo X B, Tang Y J, et al. Numerical simulation on time-dependent mechanical behavior of concrete under coupled axial loading and sulfate attack [J]. Ocean Engineering, 2017, 142: 115-124.

[97] Yin G J, Zuo X B, Sun X H, et al. Numerical investigation on ESA-induced expansion

response of cement paste by using crystallization pressure [J]. Modelling and Simulation in Materials Science and Engineering, 2019, 27: 25006.

[98] Song H, Chen J, Jiang J. An internal expansive stress model of concrete under sulfate attack [J]. Acta Mechanica Solida Sinica, 2016, 29(6): 610-619.

[99] Zhang M, Chen J, Lv Y, et al. Study on the expansion of concrete under attack of sulfate and sulfate-chloride ions [J]. Construction and Building Materials, 2013, 39: 26-32.

[100] Mura T. Micromechanics of Defects in Solids [M]. Lancaster: Martinus Nijhoff Publ., 1987.

[101] Mehta P K. Durability of concrete-fifty years of progress [J]. Special Publication, 1991, 126: 1-32.

[102] Rong X L, Zheng S S, Zhang Y X, et al. Experimental study on the seismic behavior of RC shear walls after freeze-thaw damage [J]. Engineering Structures, 2020, 206: 110101.

[103] Asphaug S K, Kvande T, Time B, et al. Moisture control strategies of habitable basements in cold climates [J]. Building and Environment, 2020, 169: 106572.

[104] 余红发. 盐湖地区高性能混凝土的耐久性、机理与使用寿命预测方法 [D]. 南京: 东南大学, 2004.

[105] 高扬. 西部混凝土在盐冻作用下的损伤研究 [D]. 兰州: 兰州理工大学, 2009.

[106] Powers T C, Helmuth R A. Theory of volume changes in hardened portland cement paste during freezing [J]. Highway Research Board Proceedings, 1953, 32: 285-297.

[107] Sun Z, Scherer G W. Effect of air voids on salt scaling and internal freezing [J]. Cement & Concrete Research, 2010, 40(2): 260-270.

[108] Scherer G W. Crystallization in pores [J]. Cement & Concrete Research, 1999, 29(8): 1347-1358.

[109] Beaudoin J J, Macinnis C. The mechanism of frost damage in hardened cement paste [J]. Cement & Concrete Research, 1974, 4(2): 139-147.

[110] Setzer M J. Micro-ice-lens formation in porous solid [J]. Journal of Colloid and Interface Science, 2001, 243 (1): 193-201.

[111] Setzer M J. Mechanical stability criterion, triple-phase condition, and pressure differences of matter condensed in a porous matrix [J]. Journal of Colloid and Interface Science, 2001, 235(1): 170-182.

[112] Fagerlund G. Frost destruction of concrete-a study of the validity of different mechanisms[J]. Nordic Concrete Research, 2018, 58(1): 35-54.

[113] Fagerlund G. The international cooperative test of the critical degree of saturation method of assessing the freeze/thaw resistance of concrete [J]. Materials and Structures, 1977, 10(4): 231-253.

[114] Li W, Pour-Ghaz M, Castro J, et al. Water absorption and critical degree of saturation relating to freeze-thaw damage in concrete pavement joints [J]. Journal of Materials in Civil Engineering, 2012, 24(3): 299-307.

[115] Litvan G G. Frost action in cement paste [J]. Mater. Struct., 1973, 6(4): 293-298.

[116] 李金玉, 曹建国, 徐文雨, 等. 混凝土冻融破坏机理的研究 [J]. 水利学报, 1999, 30(1): 41-49.

[117] 汪在芹, 李家正, 周世华, 等. 冻融循环过程中混凝土内部微观结构的演变 [J]. 混凝土, 2012(1): 13-14.

[118] 王学成. 溶蚀与冻融耦合作用对水泥净浆结构及力学性能影响的研究 [D]. 南京: 河海大学, 2017.

[119] Wang Z, Zeng Q, Wu Y, et al. Relative humidity and deterioration of concrete under freeze—thaw load [J]. Construction and Building Materials, 2014, 62(7): 18-27.

[120] Scherer G W. Characterization of saturated porous bodies [J]. Materials & Structures, 2004, 37(1): 21-30.

[121] Zeng Q, Fen Chong T, Li K F. Elastic behavior of saturated porous materials under undrained freezing [J]. Acta Mechanica Sinica, 2013, 29(6): 827-835.

[122] Zuber B, Marchand J. Predicting the volume instability of hydrated cement systems upon freezing using poro-mechanics and local phase equilibria [J]. Materials & Structures, 2004, 37(4): 257-270.

[123] 刘琳. 静荷载和冰冻耦合因素作用下水泥基材料的劣化研究 [D]. 南京: 东南大学, 2012.

[124] Koniorczyk M, Gawin D, Schrefler B A. Modeling evolution of frost damage in fully saturated porous materials exposed to variable hygro-thermal conditions [J]. Computer Methods in Applied Mechanics & Engineering, 2015, 297: 38-61.

[125] Coussy O. Mechanics and Physics of Porous Solids [M]. New York: John Wiley & Sons, Ltd. 2010.

[126] 张云升, 刘志勇, 余红发, 等. 现代混凝土的传输行为与耐久性 [M]. 北京: 科学出版社, 2018.

[127] 中国工程院土木水利与建筑学部工程结构安全性与耐久性研究咨询项目组. 混凝土结构耐久性设计与施工指南 [M]. 北京: 中国建筑工业出版社, 2004.

第 2 章　混凝土内硫酸盐的传输行为

2.1　引　　言

硫酸盐环境中侵蚀离子扩散进入混凝土内与水泥水化产物发生化学反应，生成石膏、钙矾石等侵蚀产物，在混凝土孔隙、微裂纹中膨胀性生长，使混凝土产生损伤破坏，主要呈现出三种不同的劣化形式 (体积膨胀引起的开裂剥落、软化和黏结强度降低)[1]。因此，为定量表征硫酸盐侵蚀引起的混凝土材料损伤破坏程度，首先需建立描述混凝土内硫酸根离子扩散反应行为的理论模型。

硫酸盐侵蚀混凝土后经历传输—反应—损伤—逐层剥落，剥落后新裸露的混凝土再一次与硫酸盐直接接触，为了客观描述这一过程，引入化学损伤程度，来反映硫酸盐侵蚀对混凝土内硫酸根离子传输性能的影响，并通过移动边界来反映混凝土内硫酸根离子的扩散行为，最终基于 Fick 定律和硫酸盐与水泥水化产物的化学反应动力学理论，建立了边界移动的硫酸根离子在混凝土中的扩散–反应变系数模型。采用三层隐式 C-N (Crank-Nicolson) 格式和三层隐式 ADI (Alternating Direction Implicit) 格式的有限差分法，对硫酸盐土侵蚀混凝土在一维和二维情况下的变系数方程进行了数值求解。

2.2　扩散–反应模型

2.2.1　扩散模型

在宏观尺度上，混凝土在饱和状态下可视为均质材料。对长期暴露于硫酸盐环境下的混凝土，外部环境中的硫酸根离子在浓度梯度差的驱动作用下扩散进入混凝土内部，该过程为离子宏观扩散行为 [2]。而扩散进入混凝土内部的硫酸根离子可分为两部分，一部分以游离态自由分布于混凝土内，另一部分会与水泥水化产物发生化学反应而被消散。因此，饱和混凝土中硫酸根离子的扩散行为是一个非稳态过程，根据 Fick 定律和质量守恒定律，上述硫酸根离子的宏观扩散模型可表达为 [3]

$$\frac{\partial c^{\mathrm{M}}}{\partial t} = \mathrm{div}\left(D_{\mathrm{c}}^{\mathrm{M}} \cdot \nabla c_{\mathrm{d}}^{\mathrm{M}}\right) + \frac{\partial c_{\mathrm{d}}^{\mathrm{M}}}{\partial t}, \quad \text{在 } \Omega^{\mathrm{M}} \text{ 中} \qquad (2.1)$$

式中，c^{M} 为混凝土内硫酸根离子浓度，$\mathrm{mol/m^3}$；$c_{\mathrm{d}}^{\mathrm{M}}$ 为混凝土内化学反应消耗的硫酸根离子浓度，$\mathrm{mol/m^3}$；Ω^{M} 为混凝土试件的横截面区域；$D_{\mathrm{c}}^{\mathrm{M}}$ 为饱和混凝土

中硫酸根离子的扩散系数，$\mathrm{m^2/s}$；t 为扩散时间，s。

硫酸根离子在混凝土中的扩散性能，主要与混凝土孔隙结构特征 (包括孔隙率与曲折度) 和孔溶液中离子的扩散特性有关。硫酸盐侵蚀下混凝土的损伤破坏会导致其孔隙率增大、曲折度降低，进而改变混凝土内硫酸根离子的传输扩散进程。因此，通过引入化学损伤程度 d_c，来反映硫酸盐侵蚀对混凝土内硫酸根离子扩散系数 D_c^M 的综合影响[4]

$$D_\mathrm{c}^\mathrm{M} = \frac{1}{(1-d_\mathrm{c})} \frac{\varphi^\mathrm{M}}{\tau^\mathrm{M}} D_\mathrm{c0} \tag{2.2}$$

式中，d_c 为硫酸盐侵蚀引起的混凝土化学损伤程度；φ^M 为混凝土试件的时变孔隙率，$\%$；τ^M 为混凝土试件的几何曲折度，反映混凝土内复杂的离子传输路径；D_c0 为溶液中硫酸盐离子的扩散系数，$\mathrm{m^2/s}$。

此外，在硫酸盐侵蚀混凝土过程中，侵蚀产物在混凝土孔缝中不断生长，使其膨胀开裂、逐层剥落；在混凝土的开裂区，硫酸根离子无须再通过扩散行为，而是随溶液 (水分) 直接进入混凝土内。因此，硫酸盐侵蚀会导致混凝土截面区域 Ω^M 不断减小，以混凝土试件为例，边界 Γ^M 向试件内部移动 (图 2.1)，故硫酸根离子在腐蚀混凝土试件内的扩散行为是一个移动边界问题[5]，其边界条件可表示为

$$\left. c^\mathrm{M} \right|_{\Omega^\mathrm{M}-\Gamma^\mathrm{M},\, t=0} = 0, \quad \left. c^\mathrm{M} \right|_{\Gamma^\mathrm{M}} = \varphi^\mathrm{M} c_0^\mathrm{M} \tag{2.3}$$

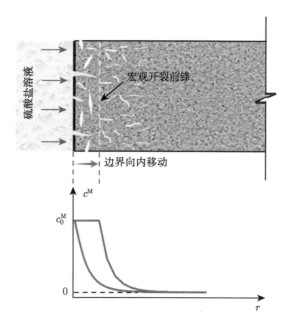

图 2.1 混凝土内硫酸盐传输的移动边界问题

式中，Γ^{M} 为混凝土试件的移动边界，c_0^{M} 为外界环境中硫酸盐溶液浓度，$\mathrm{mol/m^3}$。

1. 混凝土微结构参数

1) 孔隙率

硫酸盐侵蚀过程中，由于水泥水化作用以及石膏、钙矾石等硫酸盐侵蚀产物的填充效应，混凝土孔隙率 φ^{M} 随腐蚀时间而变化。假设侵蚀产物填充效应引起的孔隙率变化量为 $\varphi_{\mathrm{fi}}^{\mathrm{M}}$，混凝土时变孔隙率 φ^{M} 可表示为 [6]

$$\varphi^{\mathrm{M}} = f_{V_{\mathrm{c}}} \frac{\gamma_{\mathrm{w/c}} - 0.39\alpha}{\gamma_{\mathrm{w/c}} + 0.32} + \varphi_{\mathrm{fi}}^{\mathrm{M}} \tag{2.4}$$

式中，$\varphi_{\mathrm{fi}}^{\mathrm{M}}(<0)$ 为硫酸盐侵蚀产物填充效应引起的混凝土孔隙率变化量；$\gamma_{\mathrm{w/c}}$ 为混凝土的水灰比；α 为混凝土内水泥的水化程度；$f_{V_{\mathrm{c}}}$ 为混凝土试件中水泥的体积分数，可表示为

$$f_{V_{\mathrm{c}}} = \left(1 + \frac{\rho_{\mathrm{c}}}{\rho_{\mathrm{s}}} \frac{m_{\mathrm{s}}}{m_{\mathrm{c}}} + \frac{\rho_{\mathrm{c}}}{\rho_{\mathrm{w}}} \gamma_{\mathrm{w/c}} \right)^{-1} \tag{2.5}$$

ρ_{c} 为水泥堆积密度，$\mathrm{g/m^3}$；ρ_{s} 和 ρ_{w} 分别为骨料 (石子与砂粒) 和水的密度，$\mathrm{g/m^3}$；m_{s} 和 m_{c} 分别为骨料和水泥的质量，g。

表 2.1 为不同学者 [7-13] 研究的普硅水泥在不同龄期与不同水灰比条件下的水化程度，并结合课题组的研究成果，给出了普硅水泥、矿渣和粉煤灰的水化程度统计模型，如方程 (2.6) 所示，试验拟合结果分布如图 2.2 和图 2.3 所示。

$$\begin{cases} \alpha_{\text{水泥}} = 0.716t^{0.0901} \exp\left(-\left(0.103t^{0.0719} \right)/\gamma_{\mathrm{w/c}} \right) \\ \alpha_{\text{矿渣}} = 0.00012t + 24.99t^{-0.1681} \exp\left(-\left(2.464t^{-0.1043} \right)/\gamma_{\mathrm{w/b}} \right) \\ \alpha_{\text{粉煤灰}} = 0.0011t + 5.112t^{0.5234} \exp\left(-\left(6.418t^{0.117}/7.032\gamma_{\mathrm{w/b}} \right) - 5.789\gamma_{\mathrm{w/b}} \right) \end{cases} \tag{2.6}$$

式中，t 为水泥水化时间，s。

表 2.1　水泥净浆水化程度的研究结果

龄期	$\gamma_{\mathrm{w/c}}$				
	0.24	0.28	0.32	0.36	
14d	0.46	0.50	0.53	0.56	文献 [7]
28d	0.54	0.60	0.64	0.68	
56d	0.60	0.67	0.71	0.76	
90d	0.63	0.72	0.77	0.83	

龄期	$\gamma w/c$				
	0.24	0.28	0.32	0.36	
120d	0.64	0.74	0.80	0.87	文献 [7]
180d	0.66	0.76	0.82	0.90	
360d	0.68	0.79	0.85	0.94	
龄期	$\gamma w/c$				
	0.30	0.40	0.50		
7d	0.6150	0.6413	0.6769		
14d	0.6199	0.6517	0.7065		
28d	0.6326	0.7021	0.7434		文献 [8]
60d	0.6335	0.7108	0.7747		
90d	0.6347	0.7195	0.8108		
龄期	$\gamma w/c$				
	0.13	0.15	0.17	0.19	0.21
28d	0.3152	0.38	0.398	0.439	0.489
龄期	$\gamma w/c$				
	0.19	0.24	0.30	0.50	
7d	0.45	0.52	0.62	0.65	
28d	0.48	0.54	0.64	0.73	文献 [10]
90d	0.51	0.60	0.68	0.81	

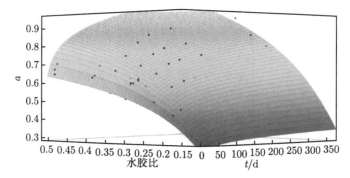

图 2.2　水泥水化程度拟合曲面

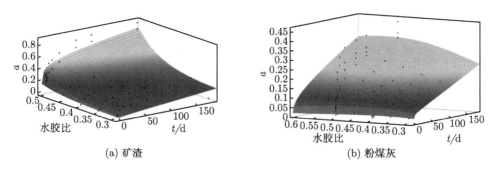

(a) 矿渣　　　　　　　　　　　　　　　　(b) 粉煤灰

图 2.3　含矿物掺合料的水泥水化程度拟合曲面

2) 孔隙的几何曲折度

孔隙的几何曲折度是多孔介质传输特性的关键参数，但与其他微观结构特性不同，几何曲折度的概念在不同的背景下给出了多种定义和各种评估方法[14]。对结构混凝土而言，孔隙的几何曲折度既反映了混凝土中孔的弯曲程度，也控制着侵蚀介质在混凝土中传输过程和传输的速率，对其进行准确评估是分析侵蚀介质在结构混凝中传输特性和预测服役寿命的基础。

孔隙的几何曲折度 (τ) 通常被定义为流体流动路径的有效长度与沿着宏观通量梯度方向的直线距离之比[15]，本书也沿用这一定义。混凝土的孔隙几何曲折度不仅受到水泥浆体自身孔隙的影响，还受到砂石骨料形貌、级配分布以及在混凝土中的体积分数分布的影响。为反映砂石的形貌以及体积含量，混凝土几何曲折度分两步计算，首先以水泥为基体，砂子为夹杂，计算出砂浆的几何曲折度，然后再以砂浆为基体，石子为夹杂来计算混凝土孔隙的几何曲折度。单位体积混凝土中砂、石的粒径不同，从理论上来讲对混凝土的孔隙几何曲折度有一定的影响，但从统计学角度来讲，取砂的平均粒径为研究对象，对几何曲折度预测结果影响不大[16]，故本书给出混凝土的几何曲折度是所有骨料取其平均粒径。

根据混凝土的微结构几何特征，提出了一种计算多孔介质曲折度的几何模型，以表征混凝土内离子的传输路径。其中，混凝土曲折度的计算公式为

$$\tau^{\mathrm{M}} = \frac{1}{2}\left(\tau_{\mathrm{c}}^{\mathrm{L}} + \tau_{\mathrm{c}}^{\mathrm{U}}\right) \tag{2.7}$$

式中，$\tau_{\mathrm{c}}^{\mathrm{U}}$ 和 $\tau_{\mathrm{c}}^{\mathrm{L}}$ 分别为考虑骨料形貌下的混凝土曲折度上、下限。

水泥浆体通常由未水化水泥颗粒、水化产物颗粒、孔隙以及孔隙中的水组成。水化程度不同，孔隙的数量、尺度大小、分布也受未水泥颗粒和水化产物颗粒相对比例、形貌的影响，因此，水泥浆体的几何曲折度可通过对未水化的水泥颗粒和完全水化的水泥颗粒几何曲折度的平均值表示为

$$\tau_{\mathrm{w}}' = (1 - \alpha)\,\tau_{\mathrm{u}} + \alpha\tau_{\mathrm{h}} \tag{2.8}$$

式中，τ_{w}' 是水泥颗粒在硬化水泥浆体中传输路径的理想曲折度；τ_{u} 和 τ_{h} 分别是未水化和完全水化水泥颗粒的曲折度。

未水化水泥颗粒平均粒径大多在 $50\mu\mathrm{m}$ 以下，颗粒形貌基本呈球形且均匀分布[16]，为便于建模，假设随机堆积的未水化水泥颗粒以等边三角形的形式排列，如图 2.4(a) 所示，需要强调的是这种分布并不影响几何曲折度的预测结果，只是颗粒间的孔隙率理论计算有差异。假设颗粒间的距离均为 d，其取其中一代表性

单元作为研究对象,如图 2.4(b) 所示。根据化学势规律,扩散离子在化学势的作用下沿最大浓度梯度方向运动,即离子的传输路径是由 A 至 B 再沿 1/4 弧形至 C,考虑到孔尺度大小不同,按照 Dijkstra 算法[17],介质在尺度小孔隙管道中传输时最短的有效长度可视为管道的中心线 (central axis),而在尺度大的孔隙通道中传输时最短的有效长度视为沿着管道的边壁线 (图 2.5),因此,在图 2.4(b) 中传输路径的有效长路径为 $L_e = AB + \overset{\frown}{BC}$,有效短路径长度 $L_s = AE$,两种路径相应的最短直线长度 $L = AO$,这样未水化水泥颗粒的几何曲折度存在上限和下限两种情况,根据 Barrande 等[18] 对曲折度的定义,上、下限几何曲折度可表达为

$$
\begin{cases}
\tau_u^U = \dfrac{L_e}{L} = \dfrac{\dfrac{\sqrt{3}}{2}(D+d) + \dfrac{\pi-2}{4}D}{\dfrac{\sqrt{3}}{2}(D+d)} = 1 + \dfrac{\sqrt{3}(\pi-2)}{6\left(1+\dfrac{d}{D}\right)} \\[4em]
\tau_u^L = \dfrac{L_s}{L} = \dfrac{\sqrt{\dfrac{(D-d)^2}{2} + \dfrac{\sqrt{3}}{2}(D+d)^2}}{\dfrac{\sqrt{3}}{2}(D+d)} = \sqrt{1 - \dfrac{\dfrac{d}{D}}{\left(1+\dfrac{d}{D}\right)^2}}
\end{cases}
\tag{2.9}
$$

式中,τ_u^U 和 τ_u^L 是未水化水泥颗粒的上、下限曲折度;D 是未水化水泥颗粒的平均直径;d 是未水化水泥颗粒之间的平均间隙。

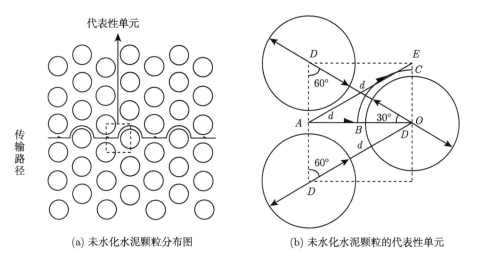

(a) 未水化水泥颗粒分布图　　　　　　(b) 未水化水泥颗粒的代表性单元

图 2.4　未水化水泥颗粒的排列与传输路径

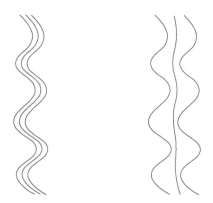

图 2.5　Dijkstra 算法在狭窄孔隙中确定的最短路径

通过图 2.4(b) 中的几何关系，可以得到未水化水泥的孔隙率

$$\varphi_{\mathrm{u}} = \frac{S_{\mathrm{p}}}{S_{\mathrm{c}}} = \frac{\frac{\sqrt{3}}{2}(D+d)^2 - \pi\left(\frac{D}{2}\right)^2}{\frac{\sqrt{3}}{2}(D+d)^2} = 1 - \frac{\pi}{2\sqrt{3}\left(1 + \dfrac{d}{D}\right)^2} \tag{2.10}$$

式中，φ_{u} 为未水化水泥的孔隙率，一般情况下取 58%[19]；S_{p} 为代表性单元中的路径面积；S_{c} 为代表性单元总面积。由此可得未水化水泥颗粒之间的平均间隙与颗粒平均直径的比值为

$$\frac{d}{D} = \sqrt{\frac{\pi}{2\sqrt{3}\left(1 - \varphi_{\mathrm{u}}\right)}} - 1 \tag{2.11}$$

将公式 (2.11) 的比值代入公式 (2.9)，可得未水化水泥颗粒的几何曲折度 τ_{u} 与孔隙率 φ_{u} 之间的关系式

$$\begin{cases} \tau_{\mathrm{u}}^{\mathrm{U}} = \dfrac{(\pi - 2)\sqrt{1 - \varphi_{\mathrm{u}}}}{\sqrt{2\sqrt{3}\pi}} + 1 \\[4mm] \tau_{\mathrm{u}}^{\mathrm{L}} = \sqrt{1 - \sqrt{\dfrac{2\sqrt{3}\left(1 - \varphi_{\mathrm{u}}\right)}{\pi}} + \dfrac{2\sqrt{3}\left(1 - \varphi_{\mathrm{u}}\right)}{\pi}} \end{cases} \tag{2.12}$$

随着水泥水化反应的不断进行，水化后产物逐渐增多令水泥颗粒间的孔隙不断减少，硬化水泥体的几何曲折度随之改变。通过对水化水泥颗粒的形貌分析，大多数粒子形貌呈球形、正十二面体、立方体以及其他非规则形貌[20]，这样根据完全水泥水化粒子的几何曲折度又分两种情况，下面具体给出。

当完全水化的水泥粒子呈球形、正十二面体和立方体规则形状时，其形貌如图 2.6 所示。

图 2.6　水泥颗粒理想形貌

根据体视学原理知，单位体积内粒子的体积比等于其面积之比，故水泥水化产物颗粒之间的体分布与面积分布也是相同的，假定水化产物颗粒间的距离均为 d'，颗粒的粒径为 D'，传输路径应贴近颗粒并选取最短路径，当完全水化水泥颗粒形貌呈正十二面体和立方体的平面分布时，其传输的路径如图 2.7 所示，呈球形颗粒时传输路径如图 2.4 所示。

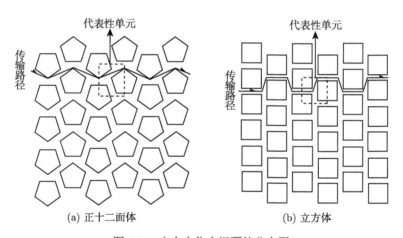

(a) 正十二面体　　　　　　　　　(b) 立方体

图 2.7　完全水化水泥颗粒分布图

以正十二面体为例，取其中一代表性单元进行曲折度计算，如图 2.8 所示，按照 Dijkstra 算法 [17]，传输路径在不同尺度孔隙中是不同的，这样传输路径是由 B 至 C，有效长路径长度 $L'_e = AE$，有效短路径长度 $L'_s = BC$，两种路径相应的最短直线长度 $L' = AO$。同理在立方体的传输路径是由 A 经 B、C 至 E，因此传输路径的有效长路径长度 $L'_e = AB + BC + CE$，有效短路径长度 $L'_s = A'B' + B'C' + C'E'$，相应的直线最短长度 $L' = AO$。根据图 2.8 的几何关系，可以推导出颗粒形貌为球形、正十二面体和立方体的完全水化水泥浆体的曲折度上、下限分别为

$$\tau_{\rm h}^{\rm U} = \frac{L'_{\rm e}}{L'} = \begin{cases} \dfrac{\dfrac{\sqrt{3}}{2}(D'+d') + \dfrac{\pi-2}{4}D'}{\dfrac{\sqrt{3}}{2}(D'+d')} = 1 + \dfrac{\sqrt{3}(\pi-2)}{6\left(1+\dfrac{d'}{D'}\right)} & \text{球形} \\[6mm] \dfrac{\sqrt{\left(\dfrac{D'}{2}+d'\right)^2 + \left(\dfrac{\sqrt{3}}{2}(D'+d')\right)^2}}{\dfrac{\sqrt{3}}{2}(D'+d')} \\[4mm] \quad = \dfrac{2\sqrt{3}}{3}\sqrt{\dfrac{7}{4} - \dfrac{1}{1+\dfrac{d'}{D'}} + \dfrac{1}{4\left(1+\dfrac{d'}{D'}\right)^2}} & \text{正十二面体} \\[6mm] \dfrac{\sqrt{\left(\dfrac{D'+d'}{2}\right)^2 + (d')^2} + D'}{d'+D'} = 1 + \dfrac{\sqrt{\dfrac{1}{4}+\dfrac{d'}{D'}\left(\dfrac{1}{2}+\dfrac{5}{4}\dfrac{d'}{D'}\right)}+1}{1+\dfrac{d'}{D'}} & \text{立方体} \end{cases}$$

$$\tau_{\rm h}^{\rm L} = \frac{L'_{\rm s}}{L'} = \begin{cases} \dfrac{\sqrt{\dfrac{(D'-d')^2}{2} + \dfrac{\sqrt{3}}{2}(D'+d')^2}}{\dfrac{\sqrt{3}}{2}(D'+d')} = \sqrt{1 - \dfrac{\dfrac{d'}{D'}}{\left(1+\dfrac{d'}{D'}\right)^2}} & \text{球形} \\[6mm] \dfrac{\sqrt{\left(\dfrac{1}{2}(D'-d')\right)^2 + \left(\dfrac{\sqrt{3}}{2}(D'+d')\right)^2}}{\dfrac{\sqrt{3}}{2}(D'+d')} \\[4mm] \quad = \dfrac{2\sqrt{3}}{3}\sqrt{1 - \dfrac{1}{1+\dfrac{d'}{D'}}\left(1 - \dfrac{1}{1+\dfrac{d'}{D'}}\right)} & \text{正十二面体} \\[6mm] \dfrac{\sqrt{\left(\dfrac{D'-d'}{2}\right)^2 + (d')^2} + D'}{d'+D'} = 1 + \dfrac{\sqrt{\dfrac{1}{4}+\dfrac{d'}{D'}\left(\dfrac{5}{4}\dfrac{d'}{D'}-\dfrac{1}{2}\right)}+1}{1+\dfrac{d'}{D'}} & \text{立方体} \end{cases}$$

$$(2.13)$$

式中，$\tau_{\rm h}^{\rm U}$ 和 $\tau_{\rm h}^{\rm L}$ 分别是完全水化水泥颗粒的上限和下限几何曲折度；D' 是完全水化水泥颗粒的粒径；d' 是完全水化水泥颗粒之间的平均间隙。

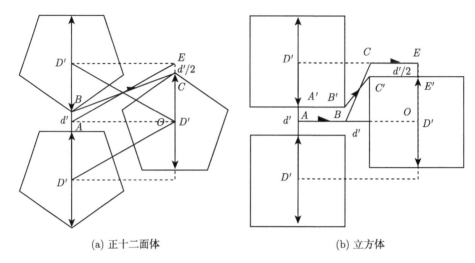

(a) 正十二面体　　　　　　　　　　　(b) 立方体

图 2.8　完全水化水泥颗粒代表性单元

相应的完全水化水泥的孔隙率为

$$
\varphi_{h} = \frac{S'_{p}}{S'_{c}} =
\begin{cases}
\dfrac{\dfrac{\sqrt{3}}{2}\left(D'+d'\right)^{2}-\pi\left(\dfrac{D'}{2}\right)^{2}}{\dfrac{\sqrt{3}}{2}\left(D'+d'\right)^{2}} = 1 - \dfrac{\pi}{2\sqrt{3}\left(1+\dfrac{d'}{D'}\right)^{2}} & \text{球形} \\[6mm]
\dfrac{\dfrac{\sqrt{3}}{2}\left(D'+d'\right)^{2}-\dfrac{40}{\left(10+2\sqrt{5}\right)^{\frac{3}{2}}}D'^{2}}{\dfrac{\sqrt{3}}{2}\left(D'+d'\right)^{2}} & \\[2mm]
\quad = 1 - \dfrac{80}{\sqrt{3}\left(10+2\sqrt{5}\right)^{\frac{3}{2}}\left(1+\dfrac{d'}{D'}\right)^{2}} & \text{正十二面体} \\[6mm]
\dfrac{\left(D'+d'\right)^{2}-D'^{2}}{\left(D'+d'\right)^{2}} = 1 - \dfrac{1}{\left(1+\dfrac{d'}{D'}\right)^{2}} & \text{立方体}
\end{cases}
$$

(2.14)

式中，φ_{h} 为完全水化水泥的孔隙率；S'_{p} 为代表性单元中的路径面积；S'_{c} 为代表性单元总面积。

完全水化水泥颗粒之间的平均间隙与颗粒平均直径的比值为

$$\frac{d'}{D'} = \begin{cases} \sqrt{\dfrac{\pi}{2\sqrt{3}\left(1-\varphi_{\mathrm{h}}\right)} - 1} & \text{球形} \\[3ex] 4\sqrt{\dfrac{5}{\sqrt{3}\left(10+2\sqrt{5}\right)^{\frac{3}{2}}\left(1-\varphi_{\mathrm{h}}\right)} - 1} & \text{正十二面体} \\[3ex] \sqrt{\dfrac{1}{1-\varphi_{\mathrm{h}}} - 1} & \text{立方体} \end{cases} \tag{2.15}$$

将公式 (2.15) 的比值代入公式 (2.13)，可得完全水化水泥颗粒的上、下限曲折度 $\tau_{\mathrm{h}}^{\mathrm{U}}$ 和 $\tau_{\mathrm{h}}^{\mathrm{L}}$ 与孔隙率 φ_{h} 之间的关系式

$$\begin{cases} \tau_{\mathrm{h}}^{\mathrm{U}} = \begin{cases} \dfrac{(\pi-2)\sqrt{1-\varphi_{\mathrm{h}}}}{\sqrt{2\sqrt{3}\pi}} + 1 & \text{球形} \\[3ex] \dfrac{2\sqrt{3}}{3}\sqrt{\dfrac{7}{4} - \dfrac{1}{4}\sqrt{\dfrac{\sqrt{3}\left(10+2\sqrt{5}\right)^{\frac{3}{2}}\left(1-\varphi_{\mathrm{h}}\right)}{5}} + \dfrac{\sqrt{3}\left(10+2\sqrt{5}\right)^{\frac{3}{2}}\left(1-\varphi_{\mathrm{h}}\right)}{320}} & \text{正十二面体} \\[3ex] 1 + \sqrt{\dfrac{9}{4} - \varphi_{\mathrm{h}} - 2\sqrt{1-\varphi_{\mathrm{h}}}} + \sqrt{1-\varphi_{\mathrm{h}}} & \text{立方体} \end{cases} \\[12ex] \tau_{\mathrm{h}}^{\mathrm{L}} = \begin{cases} \sqrt{1 - \sqrt{\dfrac{2\sqrt{3}\left(1-\varphi_{\mathrm{h}}\right)}{\pi}} + \dfrac{2\sqrt{3}\left(1-\varphi_{\mathrm{h}}\right)}{\pi}} & \text{球形} \\[3ex] \dfrac{2\sqrt{3}}{3}\sqrt{1 - \dfrac{1}{4}\sqrt{\dfrac{\sqrt{3}\left(10+2\sqrt{5}\right)^{\frac{3}{2}}\left(1-\varphi_{\mathrm{h}}\right)}{5}} + \dfrac{\sqrt{3}\left(10+2\sqrt{5}\right)^{\frac{3}{2}}\left(1-\varphi_{\mathrm{h}}\right)}{80}} & \text{正十二面体} \\[3ex] 1 + \sqrt{\dfrac{13}{4} - 2\varphi_{\mathrm{h}} - 3\sqrt{1-\varphi_{\mathrm{h}}}} + \sqrt{1-\varphi_{\mathrm{h}}} & \text{立方体} \end{cases} \end{cases} \tag{2.16}$$

砂子骨料形貌多变，根据其粒径的大小不同，可近似为球形、正十二面体或立方体，在砂浆中其分布可视为三角形的形式排列 (图 2.9(a))，以正十二面体为例，取其中一代表性单元作为研究对象 (图 2.9(b))，由于砂粒的平均直径远大于水泥颗粒的平均直径，图 2.9(b) 中的砂浆几何曲折度传输路径可近似选择为沿 A 至 E，由于水泥颗粒在砂浆中的障碍，需要考虑砂粒之间填充水泥浆体对传输路径的影响，同样，考虑到传输的孔尺度大小不同，按照 Dijkstra 算法 [17]，介质在尺度小孔隙管道中传输时最短的有效长度可视为管道的中心线，而在尺度大的孔隙通道中最短有效长度沿管道的边壁线传输，这样存在两种可能的传输路径，即有效长路径长度 $L_{\mathrm{e}} = AE$，有效短路径长度 $L_{\mathrm{s}} = BC$，两种情况相应的最短直线长度 $L = AO$。同样球形和立方体的代表性单元如图 2.10 所示。此时砂浆中的

传输路径存在上下限，经过理论推导，可以将砂浆的几何曲折度表示为

$$
\tau_{s0}^{U}=\begin{cases}
\dfrac{\dfrac{\sqrt{3}}{2}(D_s+d_s)+\dfrac{\pi-2}{4}D_s}{\dfrac{\sqrt{3}}{2}(D_s+d_s)}\tau_w=\left[1+\dfrac{\sqrt{3}(\pi-2)}{6\left(1+\dfrac{d_s}{D_s}\right)}\right]\tau_w & \text{球形}\\[4ex]
\dfrac{\sqrt{\left(\dfrac{D_s}{2}+d_s\right)^2+\left(\dfrac{\sqrt{3}}{2}(D_s+d_s)\right)^2}}{\dfrac{\sqrt{3}}{2}(D_s+d_s)}\tau_w \\[4ex]
=\dfrac{2\sqrt{3}}{3}\sqrt{\dfrac{7}{4}-\dfrac{1}{1+\dfrac{d_s}{D_s}}+\dfrac{1}{4\left(1+\dfrac{d_s}{D_s}\right)^2}}\tau_w & \text{正十二面体}\\[4ex]
\dfrac{\sqrt{\left(\dfrac{D_s+d_s}{2}\right)^2+(d_s)^2}+D_s}{d_s+D_s}\tau_w=\left[1+\dfrac{\sqrt{\dfrac{1}{4}+\dfrac{d_s}{D_s}\left(\dfrac{1}{2}+\dfrac{5}{4}\dfrac{d_s}{D_s}\right)}+1}{1+\dfrac{d_s}{D_s}}\right]\tau_w & \text{立方体}
\end{cases}
$$

$$
\tau_{s0}^{L}=\begin{cases}
\dfrac{\sqrt{\dfrac{(D_s-d_s)^2}{2}+\dfrac{\sqrt{3}}{2}(D_s+d_s)^2}}{\dfrac{\sqrt{3}}{2}(D_s+d_s)}\tau_w=\sqrt{1-\dfrac{\dfrac{d_s}{D_s}}{\left(1+\dfrac{d_s}{D_s}\right)^2}}\tau_w & \text{球形}\\[4ex]
\dfrac{\sqrt{\left(\dfrac{1}{2}(D_s-d_s)\right)^2+\left(\dfrac{\sqrt{3}}{2}(D_s+d_s)\right)^2}}{\dfrac{\sqrt{3}}{2}(D_s+d_s)}\tau_w \\[4ex]
=\dfrac{2\sqrt{3}}{3}\sqrt{1-\dfrac{1}{1+\dfrac{d_s}{D_s}}\left(1-\dfrac{1}{1+\dfrac{d_s}{D_s}}\right)}\tau_w & \text{正十二面体}\\[4ex]
\dfrac{\sqrt{\left(\dfrac{D_s-d_s}{2}\right)^2+(d_s)^2}+D_s}{d_s+D_s}\tau_w=\left[1+\dfrac{\sqrt{\dfrac{1}{4}+\dfrac{d_s}{D_s}\left(\dfrac{5}{4}\dfrac{d_s}{D_s}-\dfrac{1}{2}\right)}+1}{1+\dfrac{d_s}{D_s}}\right]\tau_w & \text{立方体}
\end{cases}
$$

$$(2.17)$$

式中，τ_w 是硬化水泥浆体的曲折度，τ_{s0}^U 和 τ_{s0}^L 分别是砂浆的上、下限曲折度；D_s 是砂粒的平均直径；d_s 是砂粒之间的平均间隙。

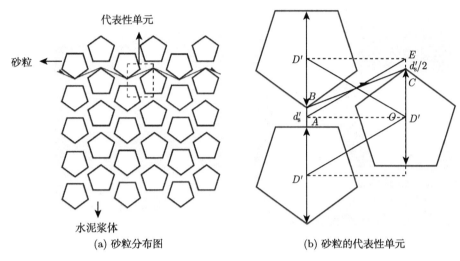

(a) 砂粒分布图   (b) 砂粒的代表性单元

图 2.9   正十二面体砂粒的排列与传输路径

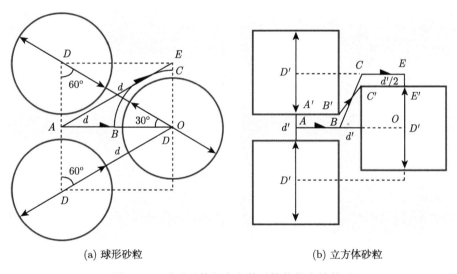

(a) 球形砂粒   (b) 立方体砂粒

图 2.10   球形砂粒与立方体砂粒的代表性单元

方程 (2.17) 中的砂粒之间的平均间隙与砂粒颗粒平均直径的比值，可通过砂粒的代表性单元中砂粒的体积分数得出

$$\frac{d_{\mathrm{s}}}{D_{\mathrm{s}}} = \begin{cases} \sqrt{\dfrac{\pi}{2\sqrt{3} f_{\mathrm{sa}}} - 1} & \text{球形} \\[4mm] 4\sqrt{\dfrac{5}{\sqrt{3}\left(10 + 2\sqrt{5}\right)^{\frac{3}{2}} f_{\mathrm{sa}}} - 1} & \text{正十二面体} \\[4mm] \sqrt{\dfrac{1}{f_{\mathrm{sa}}} - 1} & \text{立方体} \end{cases} \tag{2.18}$$

式中，f_{sa} 为代表性单元中砂粒的体积分数。

混凝土的几何曲折度由砂浆中嵌入平均直径为 D_{c} 和平均间隙为 d_{c} 的规则石子颗粒组成，石子的形貌同样可近似为球形、正十二面体或者立方体，类似于砂浆曲折度的建模过程，混凝土孔隙的几何曲折度可表达为

$$\begin{cases} \tau_{\mathrm{c0}}^{\mathrm{U}} = \begin{cases} \left[\dfrac{(\pi - 2)\sqrt{f_{\mathrm{st}}}}{\sqrt{2\sqrt{3}\pi}} + 1 \right] \tau_{\mathrm{s}} & \text{球形} \\[4mm] \dfrac{2\sqrt{3}}{3} \sqrt{\dfrac{7}{4} - \dfrac{1}{4}\sqrt{\dfrac{\sqrt{3}\left(10+2\sqrt{5}\right)^{\frac{3}{2}} f_{\mathrm{st}}}{5}} + \dfrac{\sqrt{3}\left(10+2\sqrt{5}\right)^{\frac{3}{2}} f_{\mathrm{st}}}{320}}\, \tau_{\mathrm{s}} & \text{正十二面体} \\[4mm] \left[1 + \sqrt{\dfrac{5}{4} + f_{\mathrm{st}} - 2\sqrt{f_{\mathrm{st}}}} + \sqrt{f_{\mathrm{st}}} \right] \tau_{\mathrm{s}} & \text{立方体} \end{cases} \\[20mm] \tau_{\mathrm{c0}}^{\mathrm{L}} = \begin{cases} \sqrt{1 - \sqrt{\dfrac{2\sqrt{3} f_{\mathrm{st}}}{\pi}} + \dfrac{2\sqrt{3} f_{\mathrm{st}}}{\pi}}\, \tau_{\mathrm{s}} & \text{球形} \\[4mm] \dfrac{2\sqrt{3}}{3} \sqrt{1 - \dfrac{1}{4}\sqrt{\dfrac{\sqrt{3}\left(10+2\sqrt{5}\right)^{\frac{3}{2}} f_{\mathrm{st}}}{5}} + \dfrac{\sqrt{3}\left(10+2\sqrt{5}\right)^{\frac{3}{2}} f_{\mathrm{st}}}{80}}\, \tau_{\mathrm{s}} & \text{正十二面体} \\[4mm] \left[1 + \sqrt{\dfrac{5}{4} + 2f_{\mathrm{st}} - 3\sqrt{f_{\mathrm{st}}}} + \sqrt{f_{\mathrm{st}}} \right] \tau_{\mathrm{s}} & \text{立方体} \end{cases} \end{cases} \tag{2.19}$$

式中，$\tau_{\mathrm{c0}}^{\mathrm{U}}$ 和 $\tau_{\mathrm{c0}}^{\mathrm{L}}$ 分别是混凝土的上、下限曲折度；f_{st} 为代表性单元中石子颗粒的体积分数。

需要强调的是，在实际计算时，砂浆或者混凝土孔隙的几何曲折度取其上、下限的算术平均值。

公式 (2.12) 和公式 (2.16) 是根据由规则的水泥颗粒形状推导出来的，实际颗

粒形状还可能呈现多种形貌特征，为提高硬化浆体的几何曲折度预测模型，对水泥颗粒水化前和水化后的形貌做出不同假设：水泥水化前水泥颗粒呈松散状态堆积，可假设水泥颗粒为体积相同的球形颗粒；水泥水化后水泥颗粒相互黏附，可假设水化水泥颗粒为体积相同的立方体颗粒，如图 2.11 所示。

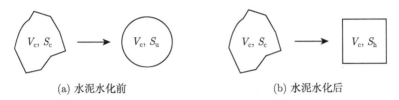

(a) 水泥水化前   (b) 水泥水化后

图 2.11 水泥颗粒等效关系

利用不规则水泥颗粒与理想水泥颗粒的体积等效原理，根据球形度和立方度的定义引入形状系数来修正水泥颗粒的理想形状和真实形状之间的差异[16]。此外，水化粒子的形貌特征还受到水化空间，即水灰比的影响。因此，综合考虑水泥颗粒形貌和水灰比的影响，修正后的硬化水泥浆体的曲折度为

$$\begin{cases} \tau_{\mathrm{w}}^{\mathrm{U}} = \eta_{\mathrm{u}}(1-\alpha)\tau_{\mathrm{u}}^{\mathrm{U}} + \eta_{\mathrm{h}}\omega_{\mathrm{wc}}\alpha\tau_{\mathrm{h}}^{\mathrm{U}} \\ \tau_{\mathrm{w}}^{\mathrm{L}} = \eta_{\mathrm{u}}(1-\alpha)\tau_{\mathrm{u}}^{\mathrm{L}} + \eta_{\mathrm{h}}\omega_{\mathrm{wc}}\alpha\tau_{\mathrm{h}}^{\mathrm{L}} \end{cases} \tag{2.20}$$

式中，$\tau_{\mathrm{w}}^{\mathrm{U}}$ 和 $\tau_{\mathrm{w}}^{\mathrm{L}}$ 分别是硬化水泥浆体的上、下限曲折度；η_{u} 和 η_{h} 分别是未水化和完全水化水泥颗粒的形状系数；ω_{wc} 是与水灰比有关的影响修正系数，可根据硬化水泥浆体弯曲变形的 MIP 试验结果的拟合度表示[19]

$$\omega_{\mathrm{wc}} = (1+7\alpha)^{w_{\mathrm{c}}-0.35} \tag{2.21}$$

式中，形状系数可表示为[16]

$$\eta_{\mathrm{u}} = \sqrt{\frac{S_{\mathrm{c}}}{S_{\mathrm{u}}}} \tag{2.22}$$

$$\eta_{\mathrm{h}} = \sqrt{\frac{S_{\mathrm{c}}}{S_{\mathrm{h}}}} \tag{2.23}$$

式中，S_{c} 为水泥颗粒的表面积；S_{u} 为理想状态下未水化水泥颗粒的表面积；S_{h} 为理想状态下完全水化水泥颗粒的表面积。

在式 (2.22) ～ 式 (2.23) 中，水泥颗粒的表面积可以通过水泥的比表面积来获得，可表示为

$$S_{\mathrm{c}} = \rho_{\mathrm{c}}V_{\mathrm{c}}S_{\mathrm{a}} \tag{2.24}$$

式中，ρ_c 为水泥密度，取 3150kg/m^3；V_c 为单位水泥颗粒的体积，取 $4.0\times10^{-15}\text{m}^3$；$S_a$ 为水泥颗粒的比表面积，取 $369\text{m}^2/\text{kg}$，则 $S_c = 4.6494 \times 10^{-9}\text{m}^2$。

对于图 2.6 中的几种规则完全水化颗粒也可以用形状系数表达，方程 (2.22) ~ 方程 (2.23) 表面积可根据体积等效用单位水泥颗粒的体积表示为

$$S_u = 4\pi \left(\frac{3V_c}{4\pi}\right)^{\frac{2}{3}} \tag{2.25}$$

$$S_h = 6V_c^{\frac{2}{3}} \tag{2.26}$$

将公式 (2.24) ~ 公式 (2.26) 代入公式 (2.22)、公式 (2.23) 中，可得

$$\eta_u = \frac{\sqrt{\rho_c V_c S_a}}{\sqrt[3]{6}\sqrt{\pi}V_c} \tag{2.27}$$

$$\eta_h = \frac{\sqrt{\rho_c V_c S_a}}{\sqrt{6}\sqrt[3]{V_c}} \tag{2.28}$$

则未水化水泥颗粒平均形状系数 $\eta_u = 1.95$，完全水化水泥颗粒平均形状系数 $\eta_h = 1.75$。

对于不同形貌下的水泥颗粒引用形状系数进行表示

$$\begin{cases} \tau_{ws} = \eta_{sp}\tau_w & \text{球形} \\ \tau_{wd} = \eta_{do}\tau_w & \text{正十二面体} \\ \tau_{wc} = \eta_{cu}\tau_w & \text{立方体} \end{cases} \tag{2.29}$$

式中，τ_{ws}、τ_{wd} 和 τ_{wc} 分别是水泥颗粒形貌视为球形、正十二面体和立方体的硬化水泥浆体的修正曲折度，η_{sp}、η_{do} 和 η_{cu} 分别是水泥颗粒形貌视为球形、正十二面体和立方体的形状系数。

形状系数可表示为

$$\begin{cases} \eta_{sp} = \sqrt{\dfrac{S_{sp}}{S_{sp}}} & \text{球形} \\[3mm] \eta_{do} = \sqrt{\dfrac{S_{do}}{S_{sp}}} & \text{正十二面体} \\[3mm] \eta_{cu} = \sqrt{\dfrac{S_{cu}}{S_{sp}}} & \text{立方体} \end{cases} \tag{2.30}$$

式中，S_{sp}、S_{do} 和 S_{cu} 分别为水泥颗粒形貌视为球形、正十二面体和立方体的表面积。

$$\begin{cases} S_{sp} = 4\pi \left(\dfrac{3V_c}{4\pi} \right)^{\frac{2}{3}} & 球形 \\[4mm] S_{do} = 3\sqrt{25 + 10\sqrt{5}} \left(\dfrac{4V_c}{15 + 7\sqrt{5}} \right)^{\frac{2}{3}} & 正十二面体 \\[4mm] S_{cu} = 6V_c^{\frac{2}{3}} & 立方体 \end{cases} \tag{2.31}$$

则水泥颗粒形貌视为球形、正十二面体和立方体的形状系数分别为 $\eta_{sp} = 1$、$\eta_{do} = 1.06$ 和 $\eta_{cu} = 1.11$。

实际骨料除了球形、十二面体和立方体外，还存在其他骨料形貌，非规则骨料粒子表面越粗糙，对孔隙的几何曲折度值影响越显著，针对该情况，引入形状系数反映骨料颗粒形貌混凝土孔隙几何曲折度的影响，为便于计算，根据方程 (2.17) 和方程 (2.19)，将不同形貌下骨料粒子的几何曲折度用由理想球形骨料表面积计算得到的形状系数进行修正，可得到非规则骨料下砂浆和混凝土的曲折度关系式为

$$\begin{cases} \tau_s^U = \eta_{sa}\tau_{s0}^U \\ \tau_s^L = \eta_{sa}\tau_{s0}^L \end{cases} \tag{2.32}$$

$$\begin{cases} \tau_c^U = \eta_{st}\tau_{c0}^U \\ \tau_c^L = \eta_{st}\tau_{c0}^L \end{cases} \tag{2.33}$$

砂石的形状系数可表示为

$$\eta_{sa} = \sqrt{\frac{S_{sa}}{S_a}} \tag{2.34}$$

$$\eta_{st} = \sqrt{\frac{S_{st}}{S_t}} \tag{2.35}$$

式中，S_{sa} 和 S_{st} 分别为实际形貌砂粒、石粒的表面积；S_a 和 S_t 分别为等体积球形砂粒、石粒的表面积。

取工程中不同尺度粒径的砂石骨料，通过 Matlab 图像处理技术，统计其形状系数。骨料粒径范围分别是 $1.18 \sim 2.36$mm、$2.36 \sim 4.75$mm、$5 \sim 10$mm、$10 \sim 20$mm，其中代表性的实际砂石骨料形貌如图 2.12 所示。Matlab 图像处理过程是：对骨料进行拍照，使骨料与背景能明显区分开，且各骨料之间完全分隔开，以避免黏连物体分割产生的误差，拍摄一定数量的砂石骨料图像，利用 Matlab 将

图像转换成灰度图像，如图 2.13(a) 所示，然后对灰度图像进行二值化处理，形成二值图像，如图 2.13(b) 所示。经过二值化处理获得骨料粒子的投影面积以及长轴与短轴的长度，进而计算出骨料外接圆的面积，根据投影面积与外接圆面积确定该骨料的形状系数，不同粒径骨料统计的形状系数结果如表 2.2 所示。

图 2.12   实际骨料粒子

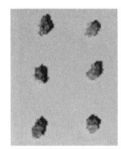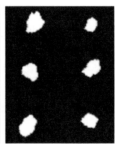

(a) 灰度图   (b) 二值图

图 2.13   骨料图像处理

表 2.2   形状系数计算结果

粒径/mm	形状系数 η_{sa1}	粒径/mm	形状系数 η_{sa2}	粒径/mm	形状系数 η_{st1}	粒径/mm	形状系数 η_{st2}
	1.12		1.12		1.26		1.36
	1.11		1.13		1.28		1.38
$1.18 \sim 2.36$	1.12	$2.36 \sim 4.75$	1.14	$5 \sim 10$	1.24	$10 \sim 20$	1.40
	1.09		1.16		1.22		1.28
	1.09		1.13		1.19		1.29
	1.11		1.12		1.24		1.33
平均值	1.11	平均值	1.13	平均值	1.24	平均值	1.34

由表 2.2 知，骨料粒径范围在 $1.18 \sim 2.36$mm、$2.36 \sim 4.75$mm、$5 \sim 10$mm、$10 \sim 20$mm 砂、石骨料粒子的形状系数，将骨料粒径范围 $1.18 \sim 2.36$mm、$2.36 \sim 4.75$mm 的统计结果平均值作为砂粒的形状系数，骨料粒径范围 $5 \sim 10$mm、10

$\sim 20\text{mm}$ 的统计结果平均值作为石粒的形状系数, 即 $\eta_{\text{sa}} = (\eta_{\text{sa1}} + \eta_{\text{sa1}})/2 = 1.12$, $\eta_{\text{st}} = (\eta_{\text{st1}} + \eta_{\text{st1}})/2 = 1.29$。

多孔介质的曲折度测试除了常用的电导率和扩散试验外, MIP 是表征水泥基材料孔结构特征最广泛采用的方法, 可以测量和评估硬化水泥浆体、砂浆和混凝土的孔隙率和几何曲折度。

为避免试验误差和确保试验结果的可靠性, 本书水泥选用 P·I 42.5 硅酸盐水泥。分别成型了不同水灰比为 0.25、0.35、0.45 和 0.55 的水泥净浆与砂浆。搅拌好后倒入 500mL 的塑料烧杯中, 震动 3min, 再注入直径为 16mm 的聚氯乙烯 (PVC) 管中, 再震动 2min (0.55 水灰比浆体除外)。震动的目的是将拌和时产生的气泡尽量排出, 降低试验误差。在实验室静置 24h 后, 将试件放入标准养护室 (温度 (20±3)℃、相对湿度 90% 以上) 养护 3d 后将试样从 PVC 管取出除去两端, 取中间样品高度约为 18mm, 再标养至 28d。测试前将样品破碎后浸泡于无水乙醇中, 阻止水化, 在 60℃ 的烘箱中烘干样品至恒重。

0.35 和 0.5 的硬化水泥浆体和砂浆的 MIP 结果如图 2.14 所示, 由图 2.14 知, 硬化水泥浆体中存在不同尺度孔隙, 水灰比为 0.5 的硬化水泥浆体中的孔主要以 20nm 为主, 而相应水灰比的砂浆中的孔主要以 100nm 孔为主, 水灰比为 0.35 的硬化水泥浆体和砂浆孔尺度相对小。

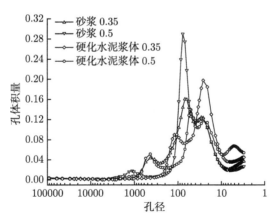

图 2.14 不同样品的孔径分布

根据图像处理技术, 砂浆中砂粒的平均形状因子 $\eta_{\text{sa}} = 1.12$, 不同形貌下水泥粒子的模拟结果取上下限的算术平均值, 可得硬化水泥浆体和硬化砂浆在 28d 时的模拟与试验结果进行对比, 结果如图 2.15 所示。从图 2.15(a) 中可以直观看出, 完全水化水泥颗粒的三种形貌下硬化水泥浆体的模拟结果与试验结果有一定差异, 相对而言完全水化的水泥粒子为正十二面体时模拟结果最接近试验结果,其最大误差为 11.60%。对图 2.15(b) 的硬化砂浆而言，模拟结果与试验结果也基本吻合，最大误差为 12.22%。从图 2.15(b) 还可以发现三种砂粒子形状的模拟结果也十分接近，主要是砂子粒径相对小，近似呈球形，形状因子差异小，对结果的影响也小。

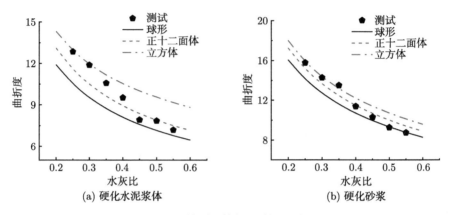

图 2.15 模型计算与试验测试结果

2. 孔溶液中硫酸根离子扩散系数

混凝土孔溶液中通常包含 Na^+、K^+、OH^-、Ca^{2+}、Cl^- 和 SO_4^{2-} 等离子，即混凝土孔溶液为多组分的电解质溶液。根据电解质溶液理论，溶液中离子的传输性能不仅与离子活度有关，还与离子导电性相关。考虑高离子浓度条件下的离子活度效应，并结合 Nernst-Einstein 方程，混凝土孔溶液中各离子的扩散系数可表达为 [19,21]

$$D_i = \frac{RT}{z_i^2 F^2} \left(1 + \frac{\partial \ln f_i}{\partial \ln c_i} \right) \Lambda_i \tag{2.36}$$

式中，D_i 为混凝土孔溶液中离子 i 的扩散系数，m^2/s；T 为开尔文温度，K；R 为理想气体常数，$R = 8.3145 J/(mol \cdot K)$；$F$ 为法拉第常数，$F = 9.64853 \times 10^4 C/mol$；$z_i$ 为离子 i 的价态；f_i 为孔溶液中离子 i 的活度系数，由 Davies 改进模型可得

$$\ln f_i = -\frac{A z_i^2 \sqrt{I}}{1 + a_i B \sqrt{I}} + \frac{(0.2 - 4.17 \times 10^{-5} I) A z_i^2 I}{\sqrt{1000}}, \quad I = \frac{1}{2} \sum_{i=1}^{N} z_i^2 c_i \tag{2.37}$$

式中，I 为离子强度，mol/m^3；a_i 为离子 i 的半径 (表 2.3)，m；A 和 B 为温度相关参数，可表示为

$$A = \frac{\sqrt{2} e F^2}{8\pi (\varepsilon_0 \varepsilon_r RT)^{1.5}}, \quad B = \sqrt{\frac{2F^2}{\varepsilon_0 \varepsilon_r RT}} \tag{2.38}$$

式中，e 为基本电荷，$e = 1.602 \times 10^{-19}$C；$\varepsilon_0$ 为真空介电常量，$\varepsilon_0 = 8.854 \times 10^{-12}$C^2/(J·m)；$\varepsilon_r$ 为水溶液的相对介电常量，$\varepsilon_r = 78.54$；$\varLambda_i$ 为孔溶液中离子 i 的导电性，Sm^2/mol，由 Onsager 改进模型可得

$$\varLambda_i = \varLambda_i^0 - \left[Cz_i^2 + Dz_i^3 \left(2 - \sqrt{2 \sum_{j=1, i \neq j}^{N} \frac{\varLambda_i^0}{\varLambda_i^0 + \varLambda_j^0}} \right) \varLambda_i^0 \right] \sqrt{c_i} \tag{2.39}$$

$\varLambda_i^0$ 为稀溶液中的离子导电性，Sm^2/mol；C 和 D 均为由温度、离子种类及溶剂介质决定的系数，可表示为

$$C = \frac{\sqrt{2\pi} e F^2}{3\pi \eta_w \sqrt{1000 \varepsilon_0 \varepsilon_r RT}}, \quad D = \frac{\sqrt{2\pi} e F^2}{3 \sqrt{1000} \left(\varepsilon_0 \varepsilon_r RT \right)^{1.5}} \tag{2.40}$$

由式 (2.37) 和式 (2.40) 可得

$$\frac{\partial \ln f_i}{\partial \ln c_i} = - \left[\frac{1}{4\sqrt{I} \left(1 + a_i B \sqrt{I} \right)^2} - \frac{0.1 - 4.17 \times 10^{-5} I}{\sqrt{1000}} \right] A c_i z_i^4 \tag{2.41}$$

因此，将式 (2.41) 代入式 (2.36)，可得离子 i 在混凝土孔溶液中的扩散系数。

表 2.3 离子的半径及导电性

离子种类	Na$^+$	K$^+$	Ca^{2+}	SO$_4^{2-}$	OH$^-$	Cl$^-$
离子价 z_i	1	1	2	2	1	1
导电性 $\varLambda_0^i / \left(\times 10^{-3} \text{Sm}^2/\text{mol} \right)$	5.01	7.60	5.95	8.00	19.92	7.64
离子半径 $a_i / \left(\times 10^{-10} \text{m} \right)$	0.95	1.33	0.99	2.58	1.33	1.81

3. 考虑界面过渡区的硫酸根离子扩散系数

与惰性多孔介质中的简单扩散不同，离子在混凝土中的扩散系数取决于与水化、化学反应产物和膨胀引起的裂缝有关的孔效应。虽然水泥的持续水化以及钙矾石和石膏的生成会提高混凝土的密度，但膨胀性产物同时会导致裂缝的出现，最终增加混凝土的孔隙率。在细观尺度上，水泥基复合材料可以看作由骨料、基体和界面过渡区组成的三相复合材料，骨料周围存在的界面过渡区 (ITZ) 会对混凝土的传输性能造成显著影响，因此需充分考虑界面过渡区。

首先考虑两相复合材料，假设两相复合材料边界条件为

$$C(S) = -H_i^0 x_i \tag{2.42}$$

式中，S 为夹杂表面积，H_i^0 为浓度梯度常数。浓度矢量的法向分量和扩散通量场可表达为

$$C_i^{\mathrm{m}}(S)n_i = C_i^{\mathrm{r}}(S)n_i \tag{2.43}$$

$$J^{\mathrm{m}}(S) = J^{\mathrm{r}}(S) \quad \text{或} \quad D_i^{\mathrm{m}}\frac{\partial C}{\partial x_i}(S) = D_i^{\mathrm{r}}\frac{\partial C}{\partial x_i}(S) \tag{2.44}$$

式中，n_i 表示法向量，方向为从夹杂指向基体。

内部浓度场和体积平均扩散矢量满足

$$C(x) = -H_i^0 x_i \tag{2.45}$$

$$\langle J \rangle = \overline{J_i} = D_{ij}^{\mathrm{eff}}\overline{H_j} \tag{2.46}$$

式中，D_{ij}^{eff} 为有效扩散系数，$\langle \cdot \rangle$ 表示某物理量在代表性体积单元内的体积平均，$\overline{J_i}$ 和 $\overline{H_i}$ 是局部扩散通量 J_i 和局部浓度梯度 H_i 的体积平均，为

$$\langle J \rangle = \overline{J_i} = \frac{1}{V}\int_{\Omega} J_i \mathrm{d}\Omega \tag{2.47}$$

$$\langle H \rangle = \overline{H_i} = \frac{1}{V}\int_{\Omega} H_i \mathrm{d}\Omega \tag{2.48}$$

式中，Ω 为代表性体积单位所占的区域，V 为代表性体积单位的体积。

由于在界面上浓度矢量的法向分量和扩散通量场是连续的，所以 D_{ij}^{eff} 与相的几何形状有关。根据平均场理论，复合材料的平均扩散通量为各组分通量之和，有如下表达式

$$\langle J_i \rangle = f_{\mathrm{m}}\langle J_i^{\mathrm{m}} \rangle + f_{\mathrm{r}}\langle J_i^{\mathrm{r}} \rangle \tag{2.49}$$

$$\langle J_i^{\mathrm{m}} \rangle = D_{\mathrm{m},i}\langle H_i^{\mathrm{m}} \rangle \tag{2.50}$$

$$\langle J_i^{\mathrm{r}} \rangle = D_{\mathrm{r},i}\langle H_i^{\mathrm{r}} \rangle \tag{2.51}$$

$$\langle J \rangle = D^{\mathrm{eff}}\langle H \rangle = D^{\mathrm{eff}}\overline{H} \tag{2.52}$$

式中，D_{m} 和 D_{r} 分别为基体相和夹杂相的扩散数。则对于各向同性的均匀复合材料，有效扩散系数的表达式为

$$D^{\mathrm{eff}} = D_{\mathrm{m}} + (D_{\mathrm{r}} - D_{\mathrm{m}})\frac{\langle H^{\mathrm{r}} \rangle}{H^0}V_{\mathrm{r}} \tag{2.53}$$

三相复合材料在建立局部化关系时，将每类夹杂放置于一无限大基体中，并且远处作用的浓度梯度与作用在复合材料代表单元上的浓度梯度相同，即复合材

料的宏观浓度梯度。Mori-Tanaka 法认为对于复合材料代表单元，由于存在其他夹杂，作用在某个夹杂周围的浓度梯度与作用在远处的浓度梯度有所区别，将多夹杂转化为单夹杂问题，在单夹杂问题中的远场作用的浓度梯度为复合材料基体的平均浓度梯度 $\langle H \rangle$，如图 2.16 所示。

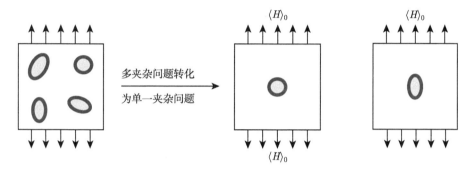

图 2.16   Mori-Tanaka 法多夹杂问题转化

引入浓度集中因子 $\boldsymbol{A}$ 来表达局部浓度梯度与宏观浓度梯度的关系，则

$$\boldsymbol{H}_{(r)} = \boldsymbol{A}_{(r)} \overline{\boldsymbol{H}} \tag{2.54}$$

式中，$\overline{\boldsymbol{H}}$ 为复合材料的平均浓度梯度，下标 r 表示第 r 相 $(r = 0, 1, \cdots, N)$，$r = 0$ 表示基体材料。浓度集中因子在夹杂内的表达式为

$$\boldsymbol{A}_{(r)} = \left[\boldsymbol{I} - \boldsymbol{S} \left(\boldsymbol{D}_{\mathrm{m}} \right)^{-1} \left(\boldsymbol{D}_{\mathrm{m}} - \boldsymbol{D}_{\mathrm{i}} \right) \right]^{-1}, \quad x \in \varOmega^{\mathrm{i}} \tag{2.55}$$

式中，$\boldsymbol{I}$ 表示二阶单位张量，$\boldsymbol{S}$ 是 Eshelby 张量。

假设具有 N 相夹杂的 $N+1$ 元复合材料系统，每一相的扩散通量与浓度梯度的关系表达为

$$\boldsymbol{J}_{(r)} = \boldsymbol{D}_r \boldsymbol{H}_{(r)} \tag{2.56}$$

夹杂相之间的相互作用在基体中各夹杂相近似认为与基体平均浓度梯度 $(\langle \boldsymbol{H} \rangle_{\mathrm{m}} = \langle \boldsymbol{H} \rangle_0)$ 的作用是相互独立的，因此，第 r 相夹杂的平均浓度梯度可以写成

$$\langle \boldsymbol{H} \rangle_r = \boldsymbol{T}_r \langle \boldsymbol{H} \rangle_{\mathrm{m}} \tag{2.57}$$

$\boldsymbol{T}_r$ 是第 r 相局部浓度梯度集中因子，为

$$\boldsymbol{T}_r = \begin{cases} \boldsymbol{I}, & r = 0 \\ \boldsymbol{R}_r \boldsymbol{S} \left(\boldsymbol{R}_r \right)^{\mathrm{T}}, & r = 1, 2, \cdots, N \end{cases} \tag{2.58}$$

式中，$\boldsymbol{R}_r$ 为以夹杂为对称轴在宏观坐标系与局部坐标系下的差。

根据 Mori-Tanaka 在有限体分比下的均匀化方法，复合材料的平均浓度梯度等于各组分浓度梯度之和，即

$$\overline{\boldsymbol{H}} = \sum_{r=0}^{N} f_r \langle \boldsymbol{H} \rangle_r = \left(\sum_{r=0}^{N} f_r \boldsymbol{T}_r \right) \langle \boldsymbol{H} \rangle_{\mathrm{m}} = f_{\mathrm{m}} \langle \boldsymbol{H} \rangle_{\mathrm{m}} + \sum_{r=1}^{N-1} f_r \langle \boldsymbol{H} \rangle_r \tag{2.59}$$

通过对上面的矩阵求逆，得到基体的平均浓度梯度为

$$\langle \boldsymbol{H} \rangle_{\mathrm{m}} = \left(\sum_{r=0}^{N} f_r \boldsymbol{T}_r \right)^{-1} \overline{\boldsymbol{H}} = \left(f_{\mathrm{m}} \boldsymbol{I} + \sum_{r=1}^{N-1} f_r \boldsymbol{T}_r \right) = \boldsymbol{A}_{\mathrm{m}} \overline{\boldsymbol{H}} \tag{2.60}$$

将方程 (2.60) 代入方程 (2.57)，从而利用 Mori-Tanaka 方法得到的局部化关系为

$$\langle \boldsymbol{H} \rangle_r = \boldsymbol{T}_r \left(\sum_{r=0}^{N} f_r \boldsymbol{T}_r \right)^{-1} \overline{\boldsymbol{H}} = \boldsymbol{T}_r \left(f_{\mathrm{m}} \boldsymbol{I} + \sum_{r=1}^{N-1} f_r \boldsymbol{T}_r \right) = \boldsymbol{A}_r \overline{\boldsymbol{H}} \tag{2.61}$$

其中，$\boldsymbol{A}_{\mathrm{m}}$ 和 $\boldsymbol{A}_r$ 分别是基体和第 r 相夹杂的浓度梯度集中因子。

假定每一相看作是各相同性的，在第 r 相中的平均扩散通量为

$$\langle \boldsymbol{J} \rangle_r = -\boldsymbol{D}_r \langle \boldsymbol{H} \rangle_r \tag{2.62}$$

复合材料平均扩散通量为各组分扩散量的和，即

$$\overline{\boldsymbol{J}} = \sum_{r=0}^{N} f_r \langle \boldsymbol{J} \rangle_r = - \left(\sum_{r=0}^{N} f_r \boldsymbol{D}_r \boldsymbol{T}_r \right) \left(\sum_{r=0}^{N} f_r \boldsymbol{T}_r \right)^{-1} \overline{\boldsymbol{H}} \tag{2.63}$$

从上式可以得到有效扩散系数为

$$\boldsymbol{D}^{\mathrm{eff}} = \left(f_{\mathrm{m}} \boldsymbol{D}_{\mathrm{m}} + \sum_{r=1}^{N} f_r \boldsymbol{D}_r \boldsymbol{T}_r \right) \left(f_{\mathrm{m}} \boldsymbol{I} + \sum_{r=1}^{N} f_r \boldsymbol{T}_r \right)^{-1} \tag{2.64}$$

若复合材料是由各相同性的基体和在空间任意随机分布单一球形夹杂组成的 $N+1$ 元复合材料，则有效扩散系数简化为

$$D^{\mathrm{eff}} = \frac{f_{\mathrm{m}} D_{\mathrm{m}} + \displaystyle\sum_{r=1}^{N} f_r D_r \frac{3D_{\mathrm{m}}}{2D_{\mathrm{m}} + D_r}}{f_{\mathrm{m}} + \displaystyle\sum_{r=1}^{N} f_r \frac{3D_{\mathrm{m}}}{2D_{\mathrm{m}} + D_r}} \tag{2.65}$$

以往考虑界面过渡区的研究大多是将界面视为完全包裹在夹杂表面的一层均匀的相, 忽视了界面处的种种对宏观力学性能产生影响的可能。由于实际情况中界面过渡区的形成并不是理想化的, 基体、夹杂与界面过渡区之间也不是完全接触的, 因此考虑界面的缺陷进行建模更加切合实际, 针对非均匀界面进行研究是十分必要的。

当基体与夹杂之间的界面存在不完全接触时, 离子传输会因界面的缺陷而产生影响, 将这种无规律的浓度梯度用 $[\![\theta]\!]$ 表示, 可以借助牛顿定律的思路将其表示出

$$n^{\mathrm{T}}(x) c(x) = k(x) [\![\theta]\!](x) \tag{2.66}$$

式中, n 表示由界面指向夹杂外部的法向量, k 表示界面不均匀程度的参数 ($k \to 0$ 时界面极不均匀, $k \to \infty$ 时界面极均匀)。

首先考虑一维弹性问题, 嵌入到无限大基体中的单一夹杂与基体之间的均匀界面的局部浓度梯度为

$$H^{\mathrm{i}} = A^{\mathrm{i}} H = \frac{D_{\mathrm{m}}}{D_{\mathrm{i}}} H \tag{2.67}$$

由于实际情况的界面并不均匀, 存在不均匀的接触点, 对于这类接触点可以视作界面内离子的浓度在夹杂上跳跃分布。而依赖于宏观浓度梯度 H 的扩散通量 J 在整个复合材料内是恒定的, 因此可以得到复合材料的总浓度梯度变化

$$\Delta \hat{\theta}_{\mathrm{i}} = \Delta \theta_{\mathrm{i}} + 2 [\![\theta]\!] = J \left(\frac{L}{D_{\mathrm{i}}} + \frac{2}{k} \right) \tag{2.68}$$

式中, L 表示一维问题下夹杂的长度。

接下来给出一维问题下夹杂的局部浓度梯度定义 $H_i = \Delta \hat{\theta}_{\mathrm{i}} / L$, 替换掉局部浓度梯度, 可以得到下列关系式

$$J = \hat{D}_{\mathrm{i}} H_i = \hat{D}_{\mathrm{i}} \frac{\Delta \hat{\theta}_{\mathrm{i}}}{L} = \frac{\hat{D}_{\mathrm{i}}}{L} \left[J \left(\frac{L}{D_{\mathrm{i}}} + \frac{2}{k} \right) \right] \tag{2.69}$$

$$\hat{D}_{\mathrm{i}} = D_{\mathrm{i}} \frac{Lk}{Lk + 2D_{\mathrm{i}}} \tag{2.70}$$

$$H_i = \hat{A}_{\mathrm{i}} H = \frac{D_{\mathrm{m}}}{\hat{D}_{\mathrm{i}}} H \tag{2.71}$$

对于二维问题下无限大基体的单一夹杂的问题可以进行类似的推导。假设夹杂内的浓度梯度恒定, 与一维问题的解决方法类似, 将二维夹杂划分成无数

平行的纤维，其长度 $L = 2a\cos\varphi$，将单位向量定义为在夹杂表面的向量 $\boldsymbol{n} = (\cos\varphi, \sin\varphi)^{\mathrm{T}}$，每个纤维的扩散分量 $\boldsymbol{q}_{\mathrm{i}} = (q_{\mathrm{i}}, 0)^{\mathrm{T}}$，则浓度梯度变化为

$$\Delta\hat{\theta}_{\mathrm{i}} = \Delta\theta_{\mathrm{i}} + 2\,[\![\theta]\!] = q_{\mathrm{i}}\left(\frac{2a\cos\varphi}{D_{\mathrm{i}}} + \frac{2\cos\varphi}{k}\right) \tag{2.72}$$

式中，a 为夹杂物的半径。

扩散分量需满足条件

$$q_{\mathrm{i}} = \hat{D}_{\mathrm{i}}\frac{\Delta\hat{\theta}_{\mathrm{i}}}{2a\cos\varphi} = \frac{\hat{D}_{\mathrm{i}}}{2a\cos\varphi}\left[q_{\mathrm{i}}\left(\frac{2a\cos\varphi}{D_{\mathrm{i}}} + \frac{2\cos\varphi}{k}\right)\right] \tag{2.73}$$

$$\hat{D}_{\mathrm{i}} = D_{\mathrm{i}}\frac{ak}{ak + D_{\mathrm{i}}} \tag{2.74}$$

$$\hat{A}_{\mathrm{i}} = \frac{2D_{\mathrm{m}}}{D_{\mathrm{m}} + \hat{D}_{\mathrm{i}}} \tag{2.75}$$

对于三维问题可以遵循相同的步骤。每个纤维的扩散分量 $\boldsymbol{q}_{\mathrm{i}} = (q_{\mathrm{i}}, 0, 0)^{\mathrm{T}}$，形同二维状态下的圆形夹杂，则浓度梯度集中因子为

$$\hat{A}_{\mathrm{i}} = \frac{3D_{\mathrm{m}}}{2D_{\mathrm{m}} + \hat{D}_{\mathrm{i}}} \tag{2.76}$$

于是考虑非均匀界面的有效扩散系数为

$$D_{\mathrm{ITZ}}^{\mathrm{eff}} = \frac{f_{\mathrm{m}}D_{\mathrm{m}} + f_{\mathrm{r}}\tilde{D}_{\mathrm{r}}\hat{A}_{\mathrm{r}} + f_{\mathrm{i}}\tilde{D}_{\mathrm{i}}\hat{A}_{\mathrm{i}}}{f_{\mathrm{m}} + f_{\mathrm{r}}\hat{A}_{\mathrm{r}} + f_{\mathrm{i}}\hat{A}_{\mathrm{i}}} \tag{2.77}$$

2.2.2　反应模型

1. 化学反应

由第 1 章分析知，导致混凝土膨胀的硫酸盐产物主要为钙矾石和石膏。根据水泥的水化机理 [22]，水泥熟料中的铝酸三钙 C_3A 在充分水化情况下可完全转化为单硫型硫铝酸钙 ($C_4A\bar{S}H_{12}$，简称 CA)，它是硫酸盐侵蚀作用下混凝土中钙矾石形成和生长的必要反应物。大多数的实验研究也表明，混凝土在受硫酸盐侵蚀作用时，由于水泥水化产物中单硫型硫铝酸钙 CA 的存在，钙矾石会优先于石膏生成。当外部环境中硫酸根离子 (SO_4^{2-}) 通过扩散作用进入混凝土内时，首先与孔溶液中 CA 的铝相结合生成钙矾石 ($C_6A\bar{S}_3H_{32}$)[1]；当 CA 被完全消耗时，硫酸根离子才会进一步与水泥中氢氧化钙 CH 溶解出的钙离子 (Ca^{2+}) 发生反应，生成石

膏 ($C\bar{S}H_2$)。上述硫酸盐侵蚀混凝土的化学反应过程可通过式 (2.78) 和式 (2.79) 表达。

$$2Ca^{2+} + 2SO_4^{2-} + C_4A\bar{S}H_{12} + 20H_2O \longrightarrow C_6A\bar{S}_3H_{32} \qquad (2.78)$$

$$Ca^{2+} + SO_4^{2-} + 2H_2O \longrightarrow C\bar{S}H_2 \qquad (2.79)$$

式中，$C\bar{S}H_2$、$C_4A\bar{S}H_{12}$ 和 $C_6A\bar{S}_3H_{32}$ 分别为石膏、单硫型硫铝酸钙和钙矾石。

2. 反应动力学

上述发生于混凝土孔隙溶液中的化学反应 (式 (2.78) 和式 (2.79)) 可视为微观反应过程。根据式 (2.78) 可知，混凝土孔隙中钙矾石的生成量等于单硫型硫铝酸钙的消耗量，等于钙离子 (氢氧化钙) 或硫酸根离子消耗量的一半，即

$$c_{\text{AFt}}^{\text{p}} = c_{\text{AFmd}}^{\text{p}} = \frac{1}{2}c_{\text{CHd1}}^{\text{p}} = \frac{1}{2}c_{\text{d1}}^{\text{p}} \qquad (2.80)$$

式中，$c_{\text{AFt}}^{\text{p}}$ 为孔隙中钙矾石的生成浓度，mol/m^3；$c_{\text{AFmd}}^{\text{p}}$ 为孔隙中由化学反应式 (2.78) 所消耗的单硫型硫铝酸钙浓度，mol/m^3；$c_{\text{CHd1}}^{\text{p}}$ 为孔隙中由化学反应式 (2.78) 所消耗的氢氧化钙浓度，mol/m^3；c_{d1}^{p} 为孔隙中由化学反应式 (2.78) 所消耗的硫酸根离子浓度，mol/m^3。

同样地，由式 (2.79) 可知

$$c_{\text{Gyp}}^{\text{p}} = c_{\text{CHd2}}^{\text{p}} = c_{\text{d2}}^{\text{p}} \qquad (2.81)$$

式中，$c_{\text{Gyp}}^{\text{p}}$ 为孔隙中石膏的生成浓度，mol/m^3；$c_{\text{CHd2}}^{\text{p}}$ 为孔隙中由化学反应式 (2.79) 所消耗的氢氧化钙浓度，mol/m^3；c_{d2}^{p} 为孔隙中由化学反应式 (2.79) 所消耗的硫酸根离子浓度，mol/m^3。

假设生成钙矾石和石膏的化学反应式 (2.78) 和式 (2.79) 均为二级反应，则基于化学动力学理论[23] 可知，由化学反应式 (2.78) 和式 (2.79) 引起的硫酸根离子消耗速率可分别表示为

$$\frac{\partial c_{\text{d1}}^{\text{p}}}{\partial t} = -\kappa_{\text{v1}}c_{\text{Al}}^{\text{p}}c^{\text{p}} \qquad (2.82)$$

$$\frac{\partial c_{\text{d2}}^{\text{p}}}{\partial t} = -\kappa_{\text{v2}}c_{\text{Ca}}^{\text{p}}c^{\text{p}} \qquad (2.83)$$

式中，κ_{v1} 和 κ_{v2} 分别为化学反应式 (2.78) 和式 (2.79) 的反应速率，$\text{m}^3/(\text{mol·s})$；$c_{\text{Al}}^{\text{p}}$ 为孔溶液中单硫型硫铝酸钙溶解出的铝离子 (Al^{3+}) 浓度，mol/m^3；c_{Ca}^{p} 为孔溶液中钙离子的浓度，mol/m^3。其中，钙离子浓度随环境温度而变化，当环境温度从 0°C 增长到 100°C 时，孔溶液中的钙离子浓度则线性地从 25mol/m^3 降低至 10mol/m^3。

3. 反应物与生成物浓度的变化

硫酸盐侵蚀过程中，孔溶液中硫酸根离子因化学反应式 (2.78) 而累积消耗的浓度可通过对式 (2.82) 在硫酸盐腐蚀时间 t 上积分获得，进而根据式 (2.80) 获得钙矾石的生成浓度，如式 (2.84) 和式 (2.85) 所表示。

$$c_{d1}^p = \begin{cases} \displaystyle\int_0^t (-\kappa_{v1} c_{Al}^p c^p) \mathrm{d}t, & c_{AFm}^p > 0 \\ 2c_{AFm0}^p, & c_{AFm}^p = 0 \end{cases} \tag{2.84}$$

$$c_{AFt}^p = \begin{cases} \dfrac{1}{2}\displaystyle\int_0^t (-\kappa_{v1} c_{Al}^p c^p) \mathrm{d}t, & c_{AFm}^p > 0 \\ c_{AFm0}^p, & c_{AFm}^p = 0 \end{cases} \tag{2.85}$$

式中，t 为混凝土浸泡于硫酸盐溶液中的腐蚀时间，s；c_{AFm}^p 为混凝土内剩余单硫型硫铝酸钙在孔隙中的等效浓度，$\mathrm{mol/m^3}$；c_{AFm0}^p 为单硫型硫铝酸钙在孔溶液中的初始等效浓度，$\mathrm{mol/m^3}$。

同样地，孔溶液中硫酸根离子因化学反应式 (2.79) 而累积消耗的浓度以及石膏的生成浓度可表示为

$$c_{Gyp}^p = c_{d2}^p = \begin{cases} 0, & c_{AFm}^p > 0 \\ \displaystyle\int_0^t (-\kappa_{v2} c_{Ca}^p c^p) \mathrm{d}t, & c_{AFm}^p = 0 \end{cases} \tag{2.86}$$

因此，混凝土孔溶液中硫酸根离子的总消耗量为

$$c_d^p = \begin{cases} \displaystyle\int_0^t (-\kappa_{v1} c_{Al}^p c^p) \mathrm{d}t, & c_{AFm}^p > 0 \\ -2c_{AFm0}^p + \displaystyle\int_0^t (-\kappa_{v2} c_{Ca}^p c^p) \mathrm{d}t, & c_{AFm}^p = 0 \end{cases} \tag{2.87}$$

而由式 (2.80) 和式 (2.81) 可知，孔溶液中氢氧化钙的总消耗浓度为

$$c_{CHd}^p = c_d^p = \begin{cases} \displaystyle\int_0^t (-\kappa_{v1} c_{Al}^p c^p) \mathrm{d}t, & c_{AFm}^p > 0 \\ -2c_{AFm0}^p + \displaystyle\int_0^t (-\kappa_{v2} c_{Ca}^p c^p) \mathrm{d}t, & c_{AFm}^p = 0 \end{cases} \tag{2.88}$$

根据初始条件 $\left. c_{CH}^p \right|_{t=0} = c_{CH0}^p$ 可知，经腐蚀时间 t 后，化学反应消耗所剩余的氢氧化钙在孔溶液中的等效浓度为

$$c_{\mathrm{CH}}^{\mathrm{p}} = c_{\mathrm{CH0}}^{\mathrm{p}} + c_{\mathrm{CHd}}^{\mathrm{p}} \tag{2.89}$$

式中，$c_{\mathrm{CH0}}^{\mathrm{p}}$ 为混凝土内氢氧化钙在孔溶液中的初始等效浓度，$\mathrm{mol/m^3}$。

同样地，经腐蚀时间 t 后，化学反应消耗所剩余的单硫型硫铝酸钙在孔溶液中的等效浓度为

$$c_{\mathrm{AFm}}^{\mathrm{p}} = c_{\mathrm{AFm0}}^{\mathrm{p}} + \frac{1}{2}\int_0^t \left(-\kappa_{\mathrm{v1}} c_{\mathrm{Al}}^{\mathrm{p}} c^{\mathrm{p}}\right)\mathrm{d}t \tag{2.90}$$

式中，$c_{\mathrm{AFm0}}^{\mathrm{p}}$ 为混凝土内单硫型硫铝酸钙在孔溶液中的初始等效浓度，$\mathrm{mol/m^3}$。

2.3　数值求解方法

2.3.1　一维传输问题

对于浸泡在浓度为 c_0^{M} 的硫酸钠溶液中的混凝土圆柱试件，如图 2.17 所示，试件两端 (顶面) 由环氧树脂密封，以保证硫酸根离子从圆柱试件侧表面沿径向由外而内进行平面扩散。因此，硫酸根离子在混凝土圆柱试件内的平面扩散过程可视为一维传输问题，对应的离子扩散模型式 (2.1) 可转换为

$$\frac{\partial c^{\mathrm{M}}}{\partial t} = \frac{\partial}{\partial r}\left(D_{\mathrm{c}}^{\mathrm{M}}\frac{\partial c^{\mathrm{M}}}{\partial r}\right) + \frac{1}{r}\left(D_{\mathrm{c}}^{\mathrm{M}}\frac{\partial c^{\mathrm{M}}}{\partial r}\right) + \frac{\partial c_{\mathrm{d}}^{\mathrm{M}}}{\partial t} \tag{2.91}$$

式中，混凝土内硫酸根离子的扩散系数随位置与时间而变化，即 $D_{\mathrm{s}} = D_{\mathrm{s}}(r,t)$；混凝土中硫酸根离子的消耗浓度 $c_{\mathrm{d}}^{\mathrm{M}}$ 可通过孔隙中硫酸根离子的消耗浓度 $c_{\mathrm{d}}^{\mathrm{p}}$ 获得，两者之间的关系可表示为 $c_{\mathrm{d}}^{\mathrm{M}} = \varphi^{\mathrm{M}} c_{\mathrm{d}}^{\mathrm{p}}$。

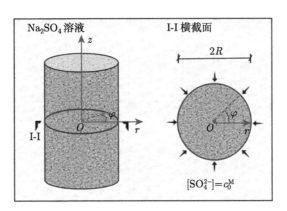

图 2.17　浸泡于硫酸钠溶液中的混凝土圆柱试件

式 (2.91) 为一维非线性非齐次的偏微分方程，其初始条件与边界条件可分别

表示为

$$\begin{cases} 初始条件: & c^{\mathrm{M}}\big|_{\Omega^{\mathrm{M}}-\Gamma^{\mathrm{M}},\,t=0} = 0 \\ 边界条件: & c^{\mathrm{M}}\big|_{\Gamma^{\mathrm{M}}} = \varphi^{\mathrm{M}} c_0^{\mathrm{M}} \end{cases} \tag{2.92}$$

本书采用三层隐式 Crank-Nicolson(C-N) 格式的有限差分法对该偏微分方程进行数值求解, 以提高分析精度和数值计算的稳定性; 为便于表达, 2.3.1 节中将省略 c^{M}(混凝土中硫酸根离子浓度) 的上标 M。

1. 网格划分

在式 (2.91) 数值求解前, 应将式中的连续变量进行离散化处理, 即将求解区域按等间距进行网格划分。考虑到离子在圆柱内传输的对称性, 取试件半径 R, 将其划分为 M 等分, 腐蚀时间 t 划分为 K 等分, 如图 2.18 所示, 则空间步长和时间步长分别为 $\Delta r = R/M$ 和 $\Delta t = t/K$, 相应的平行直线簇为

$$r_i = (i-1)\cdot\Delta r \quad (i = 1, 2, \cdots, M+1) \tag{2.93}$$

$$t_k = (k-1)\cdot\Delta t \quad (k = 1, 2, \cdots, K+1) \tag{2.94}$$

式中, Δr 为圆柱体试件沿径向方向的步长, m; Δt 为腐蚀时间步长, s。图 2.18 中各直线的交点称为节点, 其坐标为 (r_i, t_k); 为便于表达, 浸泡过程中该节点 (r_i, t_k) 处的硫酸根离子浓度表示为 c_i^k。需要指出的是, 在硫酸盐侵蚀过程中, 混凝土不断开裂剥落, 离子传输边界 Γ^{M} 不断向试件内部移动; 混凝土试件截面未开裂区域由空间步长 Δr 划分, 其等分数 M 不断减小, 但是不影响扩散方程式 (2.91) 的数值求解。

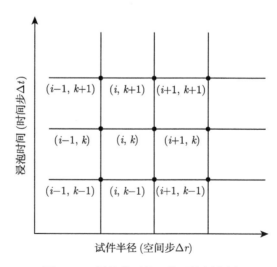

图 2.18　圆柱截面的一维网格划分图

2. C-N 有限差分格式 [4]

节点 (r_i, t_k) 处的偏微分项 $\partial c/\partial t$、$\partial c/\partial r$、$\partial^2 c/\partial r^2$ 和 $\partial c_d/\partial r$ 采用有限差分法的 C-N 格式进行离散化处理，即式 (2.91) 中的偏微分项可以用以下差分项表示

$$\frac{\partial c_i^k}{\partial t} = \frac{c_i^{k+1} - c_i^k}{\Delta t} \tag{2.95}$$

$$\frac{\partial c_i^k}{\partial r} = \frac{c_{i+1}^k - c_i^k}{\Delta r} \tag{2.96}$$

$$\frac{\partial}{\partial r}\left(D_{ci}^k \frac{\partial c_i^k}{\partial r}\right) = \frac{1}{2\Delta r^2}\left[\begin{array}{l} D_{ci+1/2}^k\left(c_{i+1}^k - c_i^k\right) - D_{ci-1/2}^k\left(c_i^k - c_{i-1}^k\right) \\ +D_{ci+1/2}^{k+1}\left(c_{i+1}^{k+1} - c_i^{k+1}\right) - D_{ci-1/2}^{k+1}\left(c_i^{k+1} - c_{i-1}^{k+1}\right) \end{array}\right] \tag{2.97}$$

$$\frac{\partial c_d}{\partial t} = \varphi^M \frac{\partial c_d^P}{\partial t} = -\varphi^M k_{v1} c_{Al}^P c^P = -\varphi^M k_{v1} c_{Al}^P \frac{c^M}{\varphi^M} = -\frac{1}{2} k_{v1} c_{Al}^P \left(c_i^k + c_i^{k+1}\right) \tag{2.98}$$

(注：以混凝土中单硫型硫铝酸钙存在的情况为例，进行数值求解。)

式 (2.97) 中，硫酸根离子扩散系数 D_c 可表示为

$$\begin{cases} D_{ci-1/2}^k = \frac{1}{2}\left(D_{ci-1}^k + D_{ci}^k\right) \\ D_{ci+1/2}^k = \frac{1}{2}\left(D_{ci}^k + D_{ci+1}^k\right) \\ D_{ci-1/2}^{k+1} = \frac{1}{2}\left(D_{ci-1}^{k+1} + D_{ci}^{k+1}\right) \\ D_{ci+1/2}^{k+1} = \frac{1}{2}\left(D_{ci}^{k+1} + D_{ci+1}^{k+1}\right) \end{cases} \tag{2.99}$$

将式 (2.95) ∼ 式 (2.99) 代入式 (2.91) 内，并使参数 $J = -k_{v1} c_{Al}^P$ 和 $\gamma = \Delta t/\Delta r^2$，则硫酸根离子扩散模型式 (2.1) 的 C-N 有限差分格式可表示为

$$\begin{aligned} &-\frac{\gamma}{4}\left(D_{ci-1}^{k+1} + D_{ci}^{k+1}\right) c_{i-1}^{k+1} \\ &+\left(1 + \frac{\gamma}{4}D_{ci+1}^{k+1} + \frac{\gamma}{4}D_{ci-1}^{k+1} + \frac{\gamma}{2}D_{ci}^{k+1} - \frac{\gamma}{2}\Delta r^2 J\right) c_i^{k+1} \\ &-\frac{\gamma}{4}\left(D_{ci}^{k+1} + D_{ci+1}^{k+1}\right) c_{i+1}^{k+1} \\ =&\frac{\gamma}{4}\left(D_{ci}^k + D_{ci-1}^k\right) c_{i-1}^k \\ &+\left[1 + 2\frac{\gamma}{4}h^2 J - \frac{\gamma}{4}D_{ci-1}^k - \frac{\gamma}{4}\left(2 + \frac{2}{i}\right)D_{ci}^k - \frac{\gamma}{4}\left(1 + \frac{2}{i}\right)D_{ci+1}^k\right] c_i^k \\ &+\frac{\gamma}{4}\left[\left(1 + \frac{2}{i}\right)D_{ci}^k + \left(1 + \frac{2}{i}\right)D_{ci+1}^k\right] c_{i+1}^k \end{aligned} \tag{2.100}$$

3. 迭代求解

为便于获得硫酸根离子扩散模型的离散数值迭代解, 将该模型 C-N 有限差分格式的方程式 (2.100) 转化为矩阵的迭代求解形式

$$[A] \left\{ c_i^{k+1} \right\} = [B] \left\{ c_i^k \right\} + \{e\} \tag{2.101}$$

式中, $\left\{ c_i^{k+1} \right\}$ 为 $M \times 1$ 阶矢量, 表示腐蚀时间为 t_{k+1} 时混凝土内 r_i $(i=1, 2, \cdots, M+1)$ 处的硫酸根离子浓度。其他的矩阵与矢量分别表示为

$$[A]_{(M \times M)} = \begin{bmatrix} a_1 & 2b_2 & & & & \\ b_2 & a_2 & b_3 & & & \\ & \cdots & \cdots & \cdots & & \\ & & b_i & a_i & b_{i-1} & \\ & & & \cdots & \cdots & \cdots \\ & & & & b_{M-1} & a_{M-1} & b_M \\ & & & & & b_M & a_M \end{bmatrix} \tag{2.102}$$

$$[B]_{(M \times M)} = \begin{bmatrix} h_1 & f_1 & & & & \\ g_2 & h_2 & f_2 & & & \\ & \cdots & \cdots & \cdots & & \\ & & g_i & h_i & f_i & \\ & & & \cdots & \cdots & \cdots \\ & & & & g_{M-1} & h_{M-1} & f_{M-1} \\ & & & & & g_M & h_M \end{bmatrix} \tag{2.103}$$

$$\begin{cases} a(1) = 1 - \dfrac{\Delta t}{2} J + \dfrac{\gamma}{2} \left(D_{c1}^{k+1} + D_{c2}^{k+1} \right) & (n=1) \\[3mm] a(n) = 1 - \dfrac{\Delta t}{2} J + \dfrac{\gamma}{4} \left(D_{cn-1}^{k+1} + 2D_{cn}^{k+1} + D_{cn+1}^{k+1} \right) & (n=2, 3, \cdots, M) \end{cases} \tag{2.104}$$

$$b(n) = -\dfrac{\gamma}{4} \left(D_{cn}^{k+1} + D_{cn+1}^{k+1} \right) \quad (n=2, \cdots, M) \tag{2.105}$$

$$\begin{cases} h(1) = 1 + \dfrac{\Delta t}{2} J - \gamma \left(D_{c1}^k + D_{c2}^k \right) & (n=1) \\[3mm] h(n) = 1 + \dfrac{\Delta t}{2} J - \dfrac{\gamma}{4} \left[D_{cn-1}^k + \left(2 + \dfrac{2}{n} \right) D_{cn}^k + \left(1 + \dfrac{2}{n} \right) D_{cn+1}^k \right] & (n=2, 3, \cdots, M) \end{cases} \tag{2.106}$$

$$\begin{cases} f(1) = \gamma \left(D_{c1}^k + D_{c2}^k \right) & (n=1) \\[3mm] f(n) = \dfrac{\gamma}{4} \left[\left(1 + \dfrac{2}{n} \right) D_{cn}^k + \left(1 + \dfrac{2}{n} \right) D_{cn+1}^k \right] & (n=2, \cdots, M-1) \end{cases} \tag{2.107}$$

$$g(n) = \frac{\gamma}{4} \left(D_{cn-1}^k + D_{cn}^k \right) \quad (n = 2, \cdots, M) \tag{2.108}$$

$$\{e\}_{(M \times 1)} = \left\{ 0, 0, \cdots, \frac{\gamma}{4} \left(D_{cM}^{k+1} + D_{cM+1}^{k+1} \right) c_{M+1}^{k+1} \right.$$

$$\left. + \frac{\gamma}{4} \left[\left(1 + \frac{2}{M} \right) D_{cM}^k + \left(1 + \frac{2}{M} \right) D_{cM+1}^k \right] c_{M+1}^k \right\}^{\mathrm{T}} \tag{2.109}$$

上述矩阵构造过程如下所述:

(1) 当 $i = 1$(圆柱试件中心处) 时，由于圆柱体内硫酸根离子传输的对称性，$D_{c2}^{k+1} = D_{c0}^{k+1}$, $c_2^{k+1} = c_0^{k+1}$, 因此, 式 (2.100) 可表示为

$$\left(1 + \frac{\gamma}{2} D_{c1}^{k+1} + \frac{\gamma}{2} D_{c2}^{k+1} - \frac{\gamma}{2} \Delta r^2 J \right) c_1^{k+1} - \frac{\gamma}{2} \left(D_{c1}^{k+1} + D_{c2}^{k+1} \right) c_2^{k+1}$$

$$= \left(1 - \gamma D_{c1}^k - \gamma D_{c2}^k + \frac{\gamma}{2} \Delta r^2 J \right) c_1^k + \gamma \left(D_{c1}^k + D_{c2}^k \right) c_2^k \tag{2.110}$$

(2) 当 $i = 2, 3, \cdots, M - 1$ 时, 则有

$$-\frac{\gamma}{4} \left(D_{ci-1}^{k+1} + D_{ci}^{k+1} \right) c_{i-1}^{k+1}$$

$$+ \left(1 + \frac{\gamma}{4} D_{ci-1}^{k+1} + \frac{\gamma}{2} D_{ci}^{k+1} + \frac{\gamma}{4} D_{ci+1}^{k+1} - \frac{\gamma}{2} \Delta r^2 J \right) c_i^{k+1}$$

$$- \frac{\gamma}{4} \left(D_{ci}^{k+1} + D_{ci+1}^{k+1} \right) c_{i+1}^{k+1}$$

$$= \frac{\gamma}{4} \left(D_{ci-1}^k + D_{ci}^k \right) c_{i-1}^k \tag{2.111}$$

$$+ \left[1 - \frac{\gamma}{4} D_{ci-1}^k - \frac{\gamma}{4} \left(2 + \frac{2}{i} \right) D_{ci}^k - \frac{\gamma}{4} \left(1 + \frac{2}{i} \right) D_{ci+1}^k + \frac{\gamma}{2} \Delta r^2 J \right] c_i^k$$

$$+ \frac{\gamma}{4} \left[\left(1 + \frac{2}{i} \right) D_{ci}^k + \left(1 + \frac{2}{i} \right) D_{ci+1}^k \right] c_{i+1}^k$$

(3) 当 $i = M$ 时, 由初始条件可知 $c_{M+1}^{k+1} = c_{M+1}^k = c_0$, 则式 (2.100) 可表示为

$$-\frac{\gamma}{4} \left(D_{cM-1}^{k+1} + D_{cM}^{k+1} \right) c_{M-1}^{k+1}$$

$$+ \left(1 + \frac{\gamma}{4} D_{cM-1}^{k+1} + \frac{\gamma}{2} D_{cM}^{k+1} + \frac{\gamma}{4} D_{cM+1}^{k+1} - \frac{\gamma}{2} \Delta r^2 J \right) c_M^{k+1}$$

$$= \frac{\gamma}{4} \left(D_{cM}^k + D_{cM-1}^k \right) c_{M-1}^k$$

$$+ \left[1 - \frac{\gamma}{4} D_{cM-1}^k - \frac{\gamma}{4} \left(2 + \frac{2}{M} \right) D_{cM}^k - \frac{\gamma}{4} \left(1 + \frac{2}{i} \right) D_{cM+1}^k + \frac{\gamma}{2} \Delta r^2 J \right] c_M^k$$

$$+ \frac{\gamma}{4} \left[D_{cM}^{k+1} + D_{cM+1}^{k+1} + \left(1 + \frac{2}{M} \right) D_{cM}^k + \left(1 + \frac{2}{M} \right) D_{cM+1}^k \right] c_0$$

$$\tag{2.112}$$

因此，综合式 (2.110) ~ 式 (2.112) 即为混凝土圆柱内硫酸根离子一维扩散模型的矩阵迭代求解方程式 (2.101) 的具体展开。

2.3.2　二维传输问题

对于浸泡在浓度为 c_0^M 的硫酸钠溶液中的混凝土棱柱试件，如图 2.19 所示，试件两端两面由环氧树脂密封，以保证溶液只与试件侧边四面接触。假设硫酸根离子从棱柱试件表面由外而内分别沿 x 轴和 y 轴方向进行平面传输，则上述离子的扩散过程可视为二维传输问题。因此，对应的硫酸根离子扩散模型可转换为

$$\frac{\partial c^M}{\partial t} = \frac{\partial}{\partial x}\left(D_c^M \frac{\partial c^M}{\partial x}\right) + \frac{\partial}{\partial y}\left(D_c^M \frac{\partial c^M}{\partial y}\right) + \frac{\partial c_d^M}{\partial t} \qquad (2.113)$$

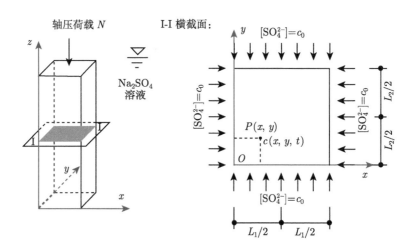

图 2.19　浸泡于硫酸钠溶液中的混凝土棱柱试件

由图 2.19 可知，式 (2.113) 的初始条件与边界条件为

$$\begin{cases} \text{初始条件:} & c^M(x, y, 0) = 0, \quad (x, y) \in \Omega \\ \text{边界条件:} & c^M(x, 0, t) = c_0^M, c^M(0, y, t) = c_0^M, c^M(L_1, y, t) = c_0^M, c^M(x, L_2, t) = c_0^M \end{cases}$$
$$(2.114)$$

式中，L_1 和 L_2 分别为混凝土棱柱试件的边长，m。

为了提高该偏微分方程的分析精度和数值计算的稳定性，本书采用三层隐式 ADI 格式的有限差分法数值求解二维扩散问题。同样地，为便于表达，2.3.2 节中将省略 c^M 的上标 M。

1. 网格划分

在式 (2.113) 数值求解前, 将式中的连续变量进行离散化处理, 即将求解区域按等间距进行网格划分。具体的网格划分方法为: 沿着 x 轴与 y 轴方向, 将棱柱边长 L_1 和 L_2 以等间距 h 分别划分为 $M\,(M = L_1/h)$ 和 $N\,(N = L_2/h)$ 等份, 即棱柱截面被划分为 $M \times N$ 网格, 如图 2.20 所示, 则相应的两组平行直线簇为

$$x_i = (i-1) \cdot h, \quad (i = 1, 2, \cdots, M+1) \tag{2.115}$$

$$y_j = (j-1) \cdot h, \quad (j = 1, 2, \cdots, N+1) \tag{2.116}$$

图 2.20 中直线的交点称为节点, 其坐标可表示为 (x_i, y_i)。时间间隔为 Δt, 混凝土浸泡于硫酸盐溶液中总时间被划分为 $K\,(K = t/\Delta t)$ 等份, 则硫酸盐侵蚀过程中任意时间点可表示为

$$t_k = (k-1) \cdot \Delta t, \quad (k = 1, 2, \cdots, K+1) \tag{2.117}$$

因此, 腐蚀时间为 t_k 时节点 (x_i, y_i) 处混凝土内的硫酸根离子浓度用 $c_{i,j}^k$ 表示。

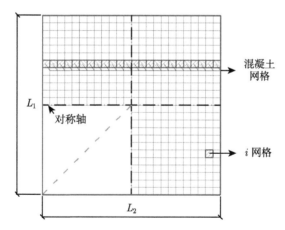

图 2.20 棱柱截面二维网格划分图

2. ADI 有限差分格式

采用 ADI 格式有限差分法求解扩散方程式 (2.113) 时, 需引入过渡时间步 $t_{k+1/2}$, 将时间区间 (t_k, t_{k+1}) 划分为 $(t_k, t_{k+1/2})$ 和 $(t_{k+1/2}, t_{k+1})$ 两个区间, 通过两步迭代求解获得式 (2.113) 的离散数值解。首先, 对偏微分项 $\partial^2 c/\partial x^2$ 在过渡时间步 $t_{k+1/2}$ 上采用二阶中心差商替代, 而对 $\partial^2 c/\partial y^2$ 在已知时间步 t_k 上采用二阶中心差商替代; 然后, 将偏微分项 $\partial^2 c/\partial y^2$ 在未知时间步 t_{k+1} 上用二阶中心

差商替代，同时，对 $\partial^2 c/\partial x^2$ 仍在过渡时间步 $t_{k+1/2}$ 上用二阶中心差商替代；上述每一步的替代都是一维形式的隐式格式，即对一个空间方向 (x 轴方向或 y 轴方向) 采取隐式，从而可利用二次追赶法完成一个时间步上的求解，具体求解过程如下。

第一步，从时间步 t_k 到 $t_{k+1/2}$，在 x 轴方向采用隐式，在 y 轴方向采用显式，即 $\partial^2 c/\partial x^2$ 用第 $t_{k+1/2}$ 步上的差商来代替，而 $\partial^2 c/\partial y^2$ 用第 t_k 步上的差商来代替，如下式 (2.118) ~ 式 (2.120) 所示：

$$\frac{\partial c_{i,j}^k}{\partial t} = \frac{c_{i,j}^{k+1/2} - c_{i,j}^k}{\Delta t/2} \tag{2.118}$$

$$\frac{\partial}{\partial x}\left(D_{\rm c}\frac{\partial c_{i,j}^{k+1/2}}{\partial x}\right) = \frac{1}{h^2}\left[D_{ci+1/2,j}^{k+1/2}\left(c_{i+1,j}^{k+1/2}-c_{i,j}^{k+1/2}\right)-D_{ci-1/2,j}^{k+1/2}\left(c_{i,j}^{k+1/2}-c_{i-1,j}^{k+1/2}\right)\right] \tag{2.119}$$

$$\frac{\partial}{\partial y}\left(D_{\rm c}\frac{\partial c_{i,j}^k}{\partial y}\right) = \frac{1}{h^2}\left[D_{ci,j+1/2}^{k}\left(c_{i,j+1}^{k}-c_{i,j}^{k}\right)-D_{ci,j-1/2}^{k}\left(c_{i,j}^{k}-c_{i,j-1}^{k}\right)\right] \tag{2.120}$$

并对式 (2.119) 和式 (2.120) 中扩散系数 $D_{\rm c}$ 做如下处理：

$$\begin{cases} D_{ci+1/2,j}^{k+1/2} = \dfrac{1}{2}\left(D_{ci,j}^{k+1/2}+D_{ci+1,j}^{k+1/2}\right) \\[2mm] D_{ci-1/2,j}^{k+1/2} = \dfrac{1}{2}\left(D_{ci,j}^{k+1/2}+D_{ci-1,j}^{k+1/2}\right) \\[2mm] D_{ci,j+1/2}^{k} = \dfrac{1}{2}\left(D_{ci,j}^{k}+D_{ci,j+1}^{k}\right) \\[2mm] D_{ci,j-1/2}^{k} = \dfrac{1}{2}\left(D_{ci,j}^{k}+D_{ci,j-1}^{k}\right) \end{cases} \tag{2.121}$$

将式 (2.118) ~ 式 (2.121) 代入式 (2.113) 内，则有

$$\frac{c_{i,j}^{k+1/2}-c_{i,j}^k}{\Delta t/2} = \frac{1}{h^2}\left[\begin{array}{l} D_{ci+1/2,j}^{k+1/2}\left(c_{i+1,j}^{k+1/2}-c_{i,j}^{k+1/2}\right)-D_{ci-1/2,j}^{k+1/2}\left(c_{i,j}^{k+1/2}-c_{i-1,j}^{k+1/2}\right) \\ +D_{ci,j+1/2}^{k}\left(c_{i,j+1}^{k}-c_{i,j}^{k}\right)-D_{ci,j-1/2}^{k}\left(c_{i,j}^{k}-c_{i,j-1}^{k}\right) \end{array}\right]$$

$$+\left(-k_{\rm v1}c_{\rm Al}^{\rm p}c_{i,j}^k\right) \tag{2.122}$$

使参数 $J = -k_{v1}c_{Al}^p$ 和 $\gamma = \Delta t/h^2$，并整理式 (2.122) 可得

$$
\begin{aligned}
&- \frac{\gamma}{4}\left(D_{ci,j}^k + D_{ci-1,j}^k\right)c_{i-1,j}^{k+1/2} \\
&+ \left[1 + \frac{\gamma}{4}\left(D_{ci-1,j}^k + 2D_{ci,j}^k + D_{ci+1,j}^k\right)\right]c_{i,j}^{k+1/2} \\
&- \frac{\gamma}{4}\left(D_{ci,j}^k + D_{ci+1,j}^k\right)c_{i+1,j}^{k+1/2} \\
=&\frac{\gamma}{4}\left(D_{ci,j}^k + D_{ci,j-1}^k\right)c_{i,j-1}^k \\
&+ \left[1 - \frac{\gamma}{4}\left(D_{ci,j-1}^k + 2D_{ci,j}^k + D_{ci,j+1}^k\right) + \frac{\gamma}{2}h^2J\right]c_{i,j}^k \\
&+ \frac{\gamma}{4}\left(D_{ci,j}^k + D_{ci,j+1}^k\right)c_{i,j+1}^k
\end{aligned}
\tag{2.123}
$$

第二步，从时间步 $t_{k+1/2}$ 到 t_{k+1}，在 x 轴方向采用显式，在 y 轴方向采用隐式，即 $\partial^2 c/\partial x^2$ 用第 $t_{k+1/2}$ 步上的差商代替，而 $\partial^2 c/\partial y^2$ 用第 t_{k+1} 步上的差商来代替，如下式 (2.124) ~ 式 (2.126) 所示

$$
\frac{\partial c_{i,j}^{k+1/2}}{\partial t} = \frac{c_{i,j}^{k+1} - c_{i,j}^{k+1/2}}{\Delta t/2}
\tag{2.124}
$$

$$
\frac{\partial}{\partial x}\left(D_c\frac{\partial c_{i,j}^{k+1/2}}{\partial x}\right) = \frac{1}{h^2}\left[D_{ci+1/2,j}^{k+1/2}\left(c_{i+1,j}^{k+1/2} - c_{i,j}^{k+1/2}\right) - D_{ci-1/2,j}^{k+1/2}\left(c_{i,j}^{k+1/2} - c_{i-1,j}^{k+1/2}\right)\right]
\tag{2.125}
$$

$$
\frac{\partial}{\partial y}\left(D_c\frac{\partial c_{i,j}^{k+1}}{\partial y}\right) = \frac{1}{h^2}\left[D_{ci,j+1/2}^{k+1}\left(c_{i,j+1}^{k+1} - c_{i,j}^{k+1}\right) - D_{ci,j-1/2}^{k+1}\left(c_{i,j}^{k+1} - c_{i,j-1}^{k+1}\right)\right]
\tag{2.126}
$$

并对式 (2.125) 和式 (2.126) 中扩散系数 D_c 做如下处理：

$$
\begin{cases}
D_{ci+1/2,j}^{k+1/2} = \dfrac{1}{2}\left(D_{ci,j}^{k+1/2} + D_{ci+1,j}^{k+1/2}\right) \\[2mm]
D_{ci-1/2,j}^{k+1/2} = \dfrac{1}{2}\left(D_{ci,j}^{k+1/2} + D_{ci-1,j}^{k+1/2}\right) \\[2mm]
D_{ci,j+1/2}^{k+1} = \dfrac{1}{2}\left(D_{ci,j}^{k+1} + D_{ci,j+1}^{k+1}\right) \\[2mm]
D_{ci,j-1/2}^{k+1} = \dfrac{1}{2}\left(D_{ci,j}^{k+1} + D_{ci,j-1}^{k+1}\right)
\end{cases}
\tag{2.127}
$$

将式 (2.124) ～ 式 (2.127) 代入式 (2.113) 内，整理可得

$$-\frac{r}{4}\left(D_{ci,j}^{k+1}+D_{ci,j-1}^{k+1}\right)c_{i,j-1}^{k+1}$$

$$+\left[1+\frac{r}{4}\left(D_{ci,j+1}^{k+1}+2D_{ci,j}^{k+1}+D_{ci,j-1}^{k+1}\right)\right]c_{i,j}^{k+1}$$

$$-\frac{r}{4}\left(D_{ci,j}^{k+1}+D_{ci,j+1}^{k+1}\right)c_{i,j+1}^{k+1}$$

$$=\frac{r}{4}\left(D_{ci,j}^{k+1/2}+D_{ci-1,j}^{k+1/2}\right)c_{i-1,j}^{k+1/2}$$

$$+\left[1-\frac{r}{4}\left(D_{ci+1,j}^{k+1/2}+2D_{ci,j}^{k+1/2}+D_{ci-1,j}^{k+1/2}\right)+\frac{\gamma}{2}h^2J\right]c_{i,j}^{k+1/2}$$

$$+\frac{r}{4}\left(D_{ci,j}^{k+1/2}+D_{ci+1,j}^{k+1/2}\right)c_{i+1,j}^{k+1/2} \tag{2.128}$$

3. 迭代求解

为获得硫酸根离子扩散模型的离散数值迭代解，将该模型 ADI 有限差分格式的方程式 (2.123) 与式 (2.128) 转化为矩阵迭代求解方程组

$$\begin{cases} \left\{c_j^{k+1/2}\right\}=[A']^{-1}\left([B']\left\{c_{j-1}^k\right\}+[C']\left\{c_{j+1}^k\right\}+[D']\left\{c_j^k\right\}+\{e'\}\right) \\ \\ \left\{c_i^{k+1}\right\}=[A'']^{-1}\left([B'']\left\{c_{i-1}^{k+1/2}\right\}+[C'']\left\{c_{i+1}^{k+1/2}\right\}+[D'']\left\{c_i^{k+1/2}\right\}+\{e''\}\right) \end{cases} \tag{2.129}$$

式中，$\left\{c_j^{k+1}\right\}$ 为 $M\times 1$ 阶矢量，表示腐蚀时间 t_{k+1} 时混凝土内 $(x_i,y_j)_{i=1,2,\cdots,M}$ 处硫酸根离子浓度；$\left\{c_i^{k+1}\right\}$ 为 $N\times 1$ 阶矢量，表示腐蚀时间 t_{k+1} 时混凝土内 $(x_i,y_j)_{j=1,2,\cdots,N}$ 处硫酸根离子浓度；B'、C' 和 D' 为 $M\times M$ 阶对角矩阵；B''、C'' 和 D'' 为 $N\times N$ 阶对角矩阵；$\{e'\}$ 和 $\{e''\}$ 分别为 $M\times 1$ 和 $N\times 1$ 阶矢量。上述矩阵与矢量分别表示为

$$[A']_{(M\times M)}=\begin{bmatrix} a_1 & b_1 & & & & & \\ b_1 & a_2 & b_2 & & & & \\ & \cdots & \cdots & \cdots & & & \\ & & b_{i-1} & a_i & b_i & & \\ & & & \cdots & \cdots & \cdots & \\ & & & & b_{M-2} & a_{M-1} & b_{M-1} \\ & & & & & 2b_{M-1} & a_M \end{bmatrix} \tag{2.130}$$

$$\begin{cases} a_i = 1 + \dfrac{r}{4}\left(D_{ci,j}^k + 2D_{ci+1,j}^k + D_{ci+2,j}^k\right) & (i = 1, 2, \cdots, M-1) \\[2mm] a_M = 1 + \dfrac{r}{2}\left(D_{cM,j}^k + D_{xM+1,j}^k\right) & (i = M) \\[2mm] b_i = -\dfrac{r}{4}\left(D_{ci+1,j}^k + D_{ci+2,j}^k\right) & (i = 1, 2, \cdots, M-1) \end{cases} \tag{2.131}$$

$$[B']_{(M \times M)} = \begin{bmatrix} B_1' & & & & & & \\ & B_2' & & & & & \\ & & \cdots & & & & \\ & & & B_i' & & & \\ & & & & \cdots & & \\ & & & & & B_{M-1}' & \\ & & & & & & B_M' \end{bmatrix} \tag{2.132}$$

$$B_i' = \frac{r}{4}\left(D_{ci+1,j}^k + D_{ci+1,j-1}^k\right) \quad (i = 1, 2, \cdots, M) \tag{2.133}$$

$$[C']_{(M \times M)} = \begin{bmatrix} C_1' & & & & & & \\ & C_2' & & & & & \\ & & \cdots & & & & \\ & & & C_i' & & & \\ & & & & \cdots & & \\ & & & & & C_{M-1}' & \\ & & & & & & C_M' \end{bmatrix} \tag{2.134}$$

$$C_1' = \frac{r}{4}\left(D_{ci+1,j}^k + D_{ci+1,j+1}^k\right) \quad (i = 1, 2, \cdots, M) \tag{2.135}$$

$$[D']_{(M \times M)} = \begin{bmatrix} D_1' & & & & & & \\ & D_2' & & & & & \\ & & \cdots & & & & \\ & & & D_i' & & & \\ & & & & \cdots & & \\ & & & & & D_{M-1}' & \\ & & & & & & D_M' \end{bmatrix} \tag{2.136}$$

$$D_i' = 1 - \frac{r}{4}\left(D_{ci+1,j-1}^k + 2D_{ci+1,j}^k + D_{ci+1,j+1}^k\right) + \frac{\gamma}{2}h^2 J \quad (i = 1, 2, \cdots, M) \tag{2.137}$$

$$\{e'\}_{(M \times 1)} = \left\{\frac{\gamma}{4}\left(D_{c1,j}^k(1, j, k) + D_{c2,j}^k\right) \cdot c_0, 0, \cdots, 0, 0\right\}^{\mathrm{T}} \tag{2.138}$$

$$
[A'']_{(N \times N)} = \begin{bmatrix}
h_1 & f_1 & & & & & \\
f_1 & h_2 & f_2 & & & & \\
& \cdots & \cdots & \cdots & & & \\
& & f_{i-1} & h_i & f_i & & \\
& & & \cdots & \cdots & \cdots & \\
& & & & f_{N-2} & h_{N-1} & f_{N-1} \\
& & & & & 2f_{N-1} & h_N
\end{bmatrix} \tag{2.139}
$$

$$
\begin{cases}
h_j = 1 + \dfrac{\gamma}{4}\left(D_{ci,j}^{k+1/2} + 2D_{ci,j+1}^{k+1/2} + D_{ci,j+2}^{k+1/2}\right) & (j = 1, 2, \cdots, N-1) \\[2mm]
h_N = 1 + \dfrac{\gamma}{2}\left(D_{ci,N}^{k+1/2} + D_{ci,N+1}^{k+1/2}\right) & (j = N) \\[2mm]
f_j = -\dfrac{\gamma}{4}\left(D_{ci,j+1}^{k+1/2} + D_{ci,j+2}^{k+1/2}\right) & (j = 1, 2, \cdots, N-1)
\end{cases} \tag{2.140}
$$

$$
[B'']_{(N \times N)} = \begin{bmatrix}
B_1'' & & & & & & \\
& B_2'' & & & & & \\
& & \cdots & & & & \\
& & & B_j'' & & & \\
& & & & \cdots & & \\
& & & & & B_{N-1}'' & \\
& & & & & & B_N''
\end{bmatrix} \tag{2.141}
$$

$$
B_j'' = \frac{\gamma}{4}\left(D_{ci,j+1}^{k+1/2} + D_{ci-1,j+1}^{k+1/2}\right) \quad (j = 1, 2, \cdots, N-1) \tag{2.142}
$$

$$
[C'']_{(N \times N)} = \begin{bmatrix}
C_1'' & & & & & & \\
& C_2'' & & & & & \\
& & \cdots & & & & \\
& & & C_j'' & & & \\
& & & & \cdots & & \\
& & & & & C_{N-1}'' & \\
& & & & & & C_N''
\end{bmatrix} \tag{2.143}
$$

$$
C_j'' = \frac{\gamma}{4}\left(D_{ci,j+1}^{k+1/2} + D_{ci+1,j+1}^{k+1/2}\right) \quad (j = 1, 2, \cdots, N-1) \tag{2.144}
$$

$$
[D'']_{(N \times N)} = \begin{bmatrix}
D_1'' & & & & & & \\
& D_2'' & & & & & \\
& & \cdots & & & & \\
& & & D_j'' & & & \\
& & & & \cdots & & \\
& & & & & D_{N-1}'' & \\
& & & & & & D_N''
\end{bmatrix} \tag{2.145}
$$

$$D''_j = 1 + \frac{\gamma}{2}h^2 J - \frac{\gamma}{4}\left(D_{ci-1,j+1}^{k+1/2} + 2D_{ci,j+1}^{k+1/2} + D_{ci+1,j+1}^{k+1/2}\right) \quad (j = 1, 2, \cdots, N-1)$$

$$\tag{2.146}$$

$$\{e''\}_{(N\times 1)} = \left\{\frac{\gamma}{4}\left(D_{ci,1}^{k+1/2} + D_{c2,j}^{k+1/2}\right)\cdot c_0, 0, \cdots, 0, 0\right\}^{\mathrm{T}} \tag{2.147}$$

求解流程如图 2.21 所示

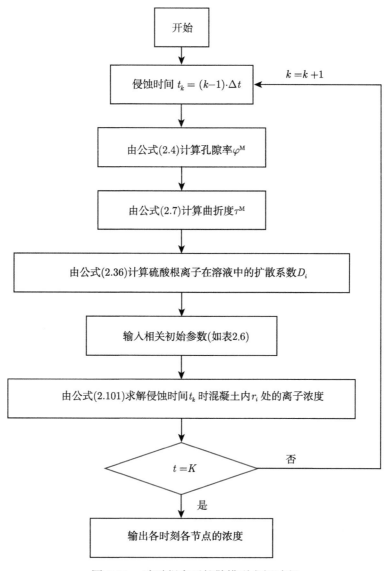

图 2.21　硫酸根离子扩散模型求解过程

2.4　模型验证

2.4.1　原材料及样品

试验采用尺寸为 Ø70mm × 46mm 的水泥砂浆圆柱试件，其中，试件水灰比为 0.45，砂灰比为 2.75。为保证试验过程中硫酸根离子沿试件径向传输，用环氧树脂密封试件端部，只让圆柱侧面与腐蚀溶液接触。表 2.4 给出了试验采用的浸泡方案及编号。为避免试验过程中外界离子浓度、pH 等条件变化对离子传输的影响，试验箱内试件与浸泡溶液的体积比采用 1:50，如图 2.22 所示。

表 2.4　试验的方案及编号

样品	尺寸	水灰比	砂灰比	溶液
水泥砂浆	Ø70mm×46mm	0.45	2.75	2.5%Na$_2$SO$_4$

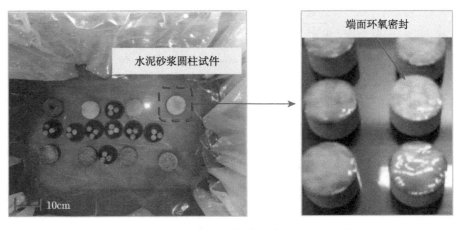

图 2.22　硫酸根离子扩散模型验证用腐蚀试验

2.4.2　测试方法

采用带刻度的台式钻机对浸泡于硫酸钠溶液中的水泥砂浆试件钻孔取粉，并按相关规范对样品粉末进行处理，再运用化学滴定法分别测定试件各层的硫酸根离子浓度，如图 2.23 所示，具体过程如下。

1. 取样

定期从腐蚀溶液中取出水泥砂浆试件，放入 50℃ 烘箱中干燥 24h；待试件冷却后，采用台式钻机沿径向取粉，取样层间隔为 2mm，每层取 2 ~ 3g 粉末。接

 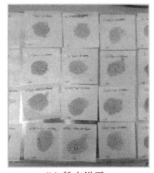 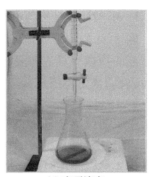

(a) 分层取粉   (b) 粉末烘干   (c) 离子滴定

图 2.23   硫酸根离子浓度测定过程

着，将取得的粉末样品放入 50℃ 烘箱中，完全烘干样品。然后，待粉末样品冷却后，采用 FA2004 型高精度电子天平称取 2g 粉末。最后，将 2g 粉末样品在 40g 去离子水 (粉末与水的质量比为 1:20) 中浸泡 24h，取滤液进行硫酸根离子浓度测试。

2. 硫酸根离子浓度测定

按《土工试验方法标准》(GB1T50123—2019) 中的 EDTA 络合滴定法测定硫酸根离子含量。为了提高测试精度，本书结合实际测试条件，对上述试验测试步骤进行了相应的修改，如表 2.5 所示，而砂浆试件中硫酸根离子含量可按下式计算

$$b_{SO_4^{2-}} = \frac{96\left(V_2 + V_3 - V_1\right)c_{EDTA}}{m_s}\frac{V_w}{V_s} \times 10^{-3} \qquad (2.148)$$

式中，$b_{SO_4^{2-}}$ 为水泥砂浆样品中硫酸根离子的含量，%；c_{EDTA} 为离子测定用 EDTA 标准溶液的浓度，mol/L；V_w 为浸泡粉末用去离子水体积，mL；V_s 为滴定用去离子水体积，mL；m_s 为砂浆试件各层粉末质量，g。

表 2.5   络合滴定法测定硫酸根离子浓度步骤

步骤 1	5mL 滤液 + 纯水 10mL	5mL 纯水	5mL 滤液 + 纯水 5mL
步骤 2	投入刚果红试纸一片，滴加 1:4 盐酸至试纸呈蓝色，再过量 2 ∼ 3 滴		
步骤 3	煮沸并趁热加入 5mL 钡镁合剂，继续微沸 5min 后冷却静置 2h	加入 5mL 钡镁合剂	静置待滴定
步骤 4	加入氨缓冲溶液 10mL，铬黑 T 少许，95% 的乙醇 5mL，摇匀后用 EDTA 滴定至溶液由红变亮蓝色		
EDTA 消耗量	V_1	V_2	V_3

2.4.3　模型计算结果与试验测试结果对比

图 2.24 给出了水泥砂浆试件内不同深度处 (2mm、4mm 和 6mm) 硫酸根离子浓度的模型计算值随浸泡时间的变化规律，以及与试件表层 2 ~ 4mm 和 4 ~ 6mm 处的离子浓度试验测试值的对比情况。图 2.25 给出了不同浸泡时间 (10d、60d 和 180d) 水泥砂浆内硫酸根离子浓度在不同深度处的模型计算值与试验测试值的对比情况。由图 2.24 可以看出，水泥砂浆试件内不同深度处，硫酸根离子浓度的模型计算值与试验测试值较为一致。以表层深度 2 ~ 4mm 处的测试结果为例，由于试验测试时样品取粉的范围较大，该测试值为试件 2 ~ 4mm 深度范围内硫酸根离子浓度的平均值，而该测试值恰好基本处于 2mm 和 4mm 深度处硫酸根离子浓度的模型计算值之间。从图 2.25 中可以看出，不同浸泡时间和不同深度处，水泥砂浆内的硫酸根离子浓度的模型计算值与试验测试值也比较接近。

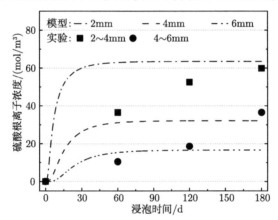

图 2.24　水泥砂浆试件内不同深度处硫酸根离子浓度随浸泡时间的变化规律

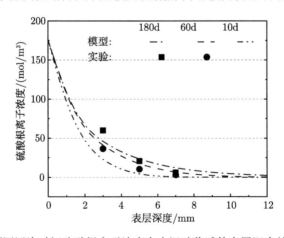

图 2.25　不同浸泡时间硫酸根离子浓度在水泥砂浆试件表层深度处的分布情况

图 2.26 给出了水泥砂浆试件内不同深度处 (2mm、4mm 和 6mm) 侵蚀产物钙矾石生成量的模型计算值与试验测试值[24] 的对比情况。图 2.27 给出了不同浸泡时间 (90d、120d 和 180d) 水泥砂浆内侵蚀产物钙矾石生成量的模型计算值随表层深度的变化规律，以及与不同深度处浸泡时间 90d 和 180d 的生成量试验测试值的对比情况。从图 2.26 和图 2.27 可以看出，不同浸泡时间和不同深度处，水泥砂浆内钙矾石生成量的模型计算值与试验测试值均较为接近。因此，本章建立的扩散–反应模型能较为准确地分析硫酸盐侵蚀过程中水泥基材料试件内的硫酸根离子浓度，以及侵蚀产物钙矾石生成量的时空分布规律。

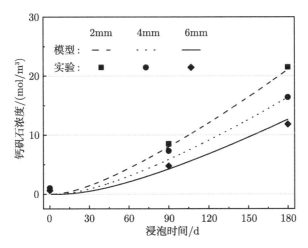

图 2.26　水泥砂浆试件内不同深度处钙矾石生成量随浸泡时间的变化规律

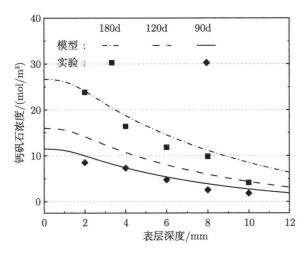

图 2.27　不同浸泡时间钙矾石生成量在水泥砂浆试件表层深度处的分布情况

2.5 数 值 模 拟

根据上述建立的硫酸根离子的扩散-反应模型进行数值模拟，以分析硫酸根离子在水泥基材料内的扩散-反应规律。

2.5.1 水泥砂浆圆筒

1. 研究对象

该算例的数值模拟研究对象为水泥砂浆圆筒试件，圆筒外半径为 25mm，内半径为 15mm，试件高度为 100mm，如图 2.28(a) 所示。本节针对三种不同暴露条件下受硫酸盐腐蚀的水泥砂浆圆筒试件开展数值模拟研究，分析硫酸盐侵蚀初期 (0 ~ 90d) 圆筒试件内硫酸根离子浓度的分布规律。其中，硫酸盐暴露的三种条件如图 2.28(b) 所示。

条件 I：水泥砂浆圆筒试件外表面暴露于 Na_2SO_4 溶液中，但其内表面不接触 Na_2SO_4 溶液，硫酸根离子由试件外表面向内表面扩散。

条件 II：水泥砂浆圆筒试件内表面暴露于 Na_2SO_4 溶液中，但其外表面不接触 Na_2SO_4 溶液，硫酸根离子由试件内表面向外表面扩散。

条件 III：水泥砂浆圆筒试件内外表面均暴露于 Na_2SO_4 溶液中，硫酸根离子同时由试件内外表面向试件内部扩散。

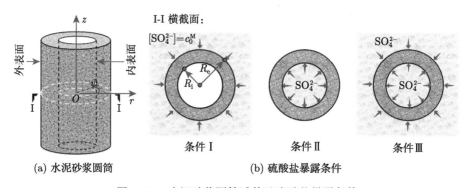

(a) 水泥砂浆圆筒　　　　(b) 硫酸盐暴露条件

图 2.28　水泥砂浆圆筒试件及硫酸盐暴露条件

水泥砂浆圆柱试件采用普通硅酸盐水泥制作，水灰比为 0.45，砂灰比为 2.75。通过对养护 28d 后的试件取样进行 MIP 测量，可获得样品的孔尺寸分布规律，如图 2.29 所示。从图 2.29 中可以看出，圆筒试件的总孔隙率为 20.2%，最概然孔径为 40.1nm。此外，数值模拟选用浓度为 312.5mol/m³，环境温度为 25℃ 的 Na_2SO_4 溶液作为侵蚀环境，且认为圆筒试件在硫酸盐腐蚀前处于饱和状态。同时，为保证硫酸根离子从试件表面沿径向向内扩散，试件的顶面和底面采用环氧树脂密封。由于该算例的硫酸盐侵蚀时间 (90d) 较短，在数值模拟时不考虑由水泥砂浆试件开裂剥落引起的边界移动。

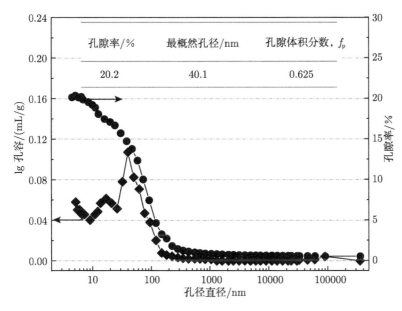

图 2.29　水泥砂浆孔尺寸分布图

2. 模型参数

开展数值模拟所需的主要参数，包括水泥砂浆圆筒试件的尺寸和孔隙率、环境温度及 Na_2SO_4 溶液浓度、硫酸根离子在水泥砂浆内的扩散性能、式 (2.78) 和式 (2.79) 的化学反应速率常数、水泥水化产物的初始浓度等，如表 2.6 所示。

表 2.6　数值模拟中涉及的主要参数

参数	符号	单位	数值	文献
圆筒外径	R_e	mm	25	已知
圆筒内径	R_i	mm	15	已知
圆筒高度	H	mm	100	已知
孔隙率	φ_0^M	%	20.2	测得
砂浆圆筒内硫酸根离子扩散系数	D_c^M	m^2/s	2.62×10^{-12}	[19]
Na_2SO_4 溶液	c_0^M	mol/m^3	312.5	已知
环境温度	T	℃	25	已知
孔溶液中钙离子浓度	c_{Ca}^P	mol/m^3	21.25	[25]
圆筒砂浆中氢氧化钙含量	c_{CH0}^M	mol/m^3	4716.4	测得
圆筒砂浆中铝酸钙含量	c_{CA0}^M	mol/m^3	469.3	测得
式 (2.78) 的反应速率常数	κ_{v1}	$m^3/(mol \cdot s)$	$1.22 \times 10\text{-}10$	[26]
式 (2.79) 的反应速率常数	κ_{v2}	$m^3/(mol \cdot s)$	$3.05 \times 10\text{-}7$	[26]

3. 结果分析

硫酸盐侵蚀过程中，硫酸根离子进入水泥砂浆孔溶液中与水泥水化产物反应，生成石膏、钙矾石等侵蚀产物；侵蚀产物在微孔中膨胀性生长，是引起孔隙局部水泥浆体膨胀开裂的重要因素。因此，水泥浆体中硫酸根离子的浓度及其扩散位置，是分析混凝土内硫酸盐侵蚀进程及其引起的混凝土损伤破坏行为的重要参数。

图 2.30 给出了不同硫酸盐暴露条件下，水泥砂浆圆筒试件内硫酸根离子扩散深度 2mm 处 (暴露条件 I，$r = 23$mm；暴露条件 II，$r = 17$mm；暴露条件 III，$r = 23$mm 或 17mm) 孔溶液中硫酸根离子浓度随腐蚀时间的变化规律。从图 2.30 中可以看出，在三种不同的硫酸盐暴露条件下，孔溶液中硫酸根离子浓度随腐蚀时间先迅速增加，但其上升速率逐渐减小，最终离子浓度趋于稳定。这是由于，在硫酸盐侵蚀一定时间后，硫酸根离子扩散至水泥砂浆试件内某一深度处的速率等于该处离子反应消耗的速率，使得该深度处硫酸根离子处于扩散–反应的动态平衡状态 [25]。然而，不同暴露条件下，硫酸根离子浓度随时间的变化规律也存在一定的差异。在相同的扩散深度和腐蚀时间下，暴露条件 I 的孔溶液中硫酸根离子浓度高于暴露条件 II 的浓度。这是因为混凝土圆筒试件外表面比内表面大，当暴露条件 I 的硫酸根离子由外表面向内扩散时，离子浓度具有聚集效应；相反，当暴露条件 II 的硫酸根离子由内表面向外扩散时，离子浓度产生分散效应。这一规律也可以通用比较暴露条件 III 的 $r = 23$mm 位置处的硫酸根离子浓度和 $r = 17$mm 位置处浓度发现。此外，由图 2.30 还可知，暴露条件 III (硫酸根离子由试件内外表面同时向内扩散) 的孔溶液中硫酸根离子浓度高于条件 I (硫酸根离子外表面向内单向扩散) 的试样相同位置处的离子浓度。

图 2.31 给出了不同硫酸盐暴露条件 (暴露条件 I，$r = 23$mm；暴露条件 II，$r = 17$mm；暴露条件 III，$r = 23$mm 或 17mm) 和不同腐蚀时间 (浸泡 30d、45d 以及 90d) 水泥砂浆圆筒试件中硫酸根离子浓度随截面位置的变化。从图 2.31 中可以看出，在硫酸盐暴露条件 I 和 II 情况下，圆筒试件内硫酸根离子浓度沿径向方向的分布规律基本相似；当径向位置 r 由与 Na_2SO_4 溶液接触面向另一表面变化时，两者浓度均逐渐减小。但在试件横截面的中间位置 ($r = 20$mm) 处，暴露条件 I 的硫酸根离子浓度较暴露条件 II 的浓度高。在暴露条件 III 情况下，硫酸根离子浓度由试件内、外表面向试件内部呈逐渐降低趋势，且离子浓度分布关于中间位置并不完全对称。此外，由该图还可知，暴露条件 III 的硫酸离子浓度高于暴露条件 I 和 II 的硫酸根离子浓度。在上述三种硫酸盐暴露条件下，圆筒试件内硫酸根离子的扩散进程由快到慢依次为暴露条件 III、条件 I 和条件 II。图 2.32 给出了三种硫酸盐暴露条件下水泥砂浆圆筒试件孔隙内硫酸根离子浓度的时空变化。

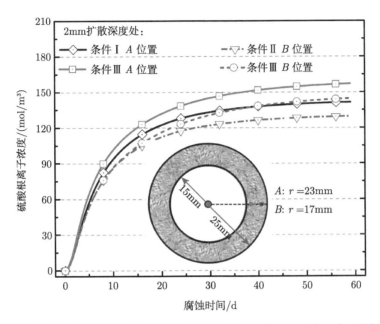

图 2.30　水泥砂浆圆筒内扩散深度 2mm 处孔溶液中硫酸根离子浓度随腐蚀时间的变化

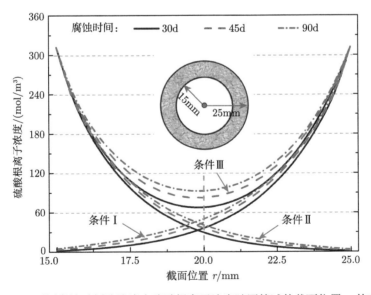

图 2.31　不同腐蚀时刻孔溶液中硫酸根离子浓度随圆筒试件截面位置 r 的变化

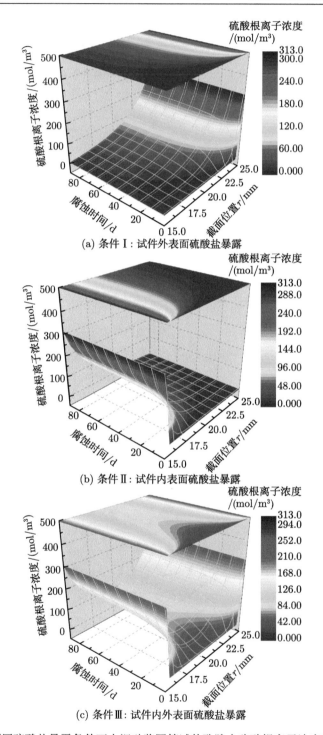

(a) 条件Ⅰ: 试件外表面硫酸盐暴露

(b) 条件Ⅱ: 试件内表面硫酸盐暴露

(c) 条件Ⅲ: 试件内外表面硫酸盐暴露

图 2.32　不同硫酸盐暴露条件下水泥砂浆圆筒试件孔隙内硫酸根离子浓度的时空变化

2.5.2 混凝土圆柱

1. 研究对象

该数值算例主要研究服役于海洋环境下的混凝土结构或构件内硫酸根离子浓度的分布规律以及硫酸盐侵蚀进程。其中，研究对象为混凝土圆柱，柱半径为0.4m，高度为3.2m，如图2.17所示。采用C40混凝土浇筑圆柱，其配合比水:水泥:细骨料:粗骨料等于0.44:1:1.36:2.03。其中，浇筑混凝土所用的水泥为42.5级普通硅酸盐水泥(P.O. 42.5)，该水泥密度为3100kg/m^3，比表面积为342m^2/kg。通过对养护28d后的C40混凝土取样进行MIP测量，可获得样品的孔结构分布规律，如图2.33所示。由图可知，混凝土的总孔隙率为10%，最概然孔径为40nm。此外，浸泡混凝土柱的海洋环境中硫酸盐浓度为35mol/m^3，环境温度为25℃。

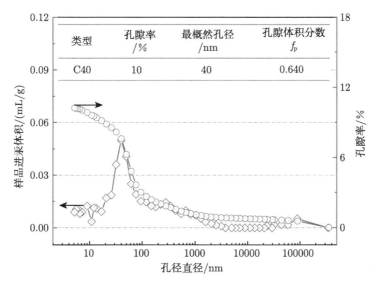

类型	孔隙率/%	最概然孔径/nm	孔隙体积分数 f_p
C40	10	40	0.640

图2.33 C40混凝土孔尺寸分布图

在开展数值模拟前，假设混凝土圆柱在硫酸盐侵蚀前已处于饱和状态，且硫酸根离子沿圆柱横截面由外而内一维传输。需要指出的是，该算例针对服役于海洋环境下的混凝土圆柱开展硫酸盐侵蚀的模拟研究，模拟腐蚀时间为10年；在硫酸盐长期腐蚀作用下，柱表面混凝土膨胀开裂，导致海水直接进入混凝土柱内部。因此，在开展该数值模拟时，需考虑混凝土开裂剥落引起的边界移动效应对硫酸根离子扩散行为的影响。然而，硫酸盐侵蚀引起的混凝土边界移动准则可由宏微观损伤程度定义，需通过宏微观膨胀响应分析获得。

2. 模型参数

开展数值模拟所需的主要参数, 包括混凝土圆柱的尺寸、C40 混凝土孔隙率、环境温度及海洋环境中硫酸盐浓度、硫酸根离子在孔溶液中的扩散性能、式 (2.82) 和式 (2.83) 的化学反应速率常数、水泥水化产物的初始浓度等, 如表 2.7 所示。

表 2.7　数值模拟中涉及的主要参数

参数	符号	单位	数值	文献
圆柱半径	R	m	0.4	已知
圆柱高度	H	m	3.2	已知
C40 混凝土孔隙率	φ_0^M	%	10	测得
混凝土内硫酸根离子扩散系数	D_c^M	m^2/s	5.2×10^{-10}	[19]
海水中的硫酸盐浓度	c_0^M	mol/m^3	35	已知
环境温度	T	°C	25	已知
孔溶液中钙离子浓度	c_{Ca}^p	mol/m^3	21.25	[25]
混凝土中氢氧化钙含量	c_{CH0}^M	mol/m^3	4716.4	测得
混凝土中铝酸钙含量	c_{CA0}^M	mol/m^3	361.5	测得
式 (2.82) 的反应速率常数	κ_{v1}	$m^3/(mol\cdot s)$	1.22×10^{-10}	[26]
式 (2.83) 的反应速率常数	κ_{v2}	$m^3/(mol\cdot s)$	3.05×10^{-7}	[26]

3. 结果分析

1) 孔隙内硫酸根离子浓度

图 2.34 给出了混凝土圆柱孔隙内硫酸根离子浓度随腐蚀时间和柱截面表层深度的变化规律。从图 2.34(a) 可以看出, 在柱表层不同深度处, 孔隙中硫酸根离子的浓度随腐蚀时间的增加而迅速增大, 其增长速率从柱表面由外而内逐渐减小, 然后离子浓度趋向稳定, 并保持一段时间不变。随后, 硫酸根离子浓度再次增大, 并重复上述增长–稳定的循环变化过程。最终, 硫酸根离子浓度瞬间增大至环境中硫酸根离子浓度 c_0^M, 此后, 硫酸根离子浓度不再变化。

上述现象的主要原因是混凝土内硫酸根离子的化学反应和混凝土宏观膨胀开裂。在硫酸盐侵蚀前期, 化学反应消耗硫酸根离子的速率较慢, 使得混凝土内硫酸根离子浓度逐渐增大。但是, 化学反应引起的硫酸根离子消耗速率随腐蚀时间逐渐增大, 直至离子扩散与消耗之间达到动态平衡, 使得混凝土内硫酸根离子浓度趋向稳定。然而, 随着硫酸盐侵蚀混凝土的持续进行, 柱表层混凝土突然膨胀开裂, 硫酸盐溶液从外界环境直接进入柱体内, 使得开裂区混凝土孔溶液中硫酸根离子浓度等于外部环境的溶液浓度 c_0^M。随着混凝土柱的开裂区逐步向其内部扩展, 柱内未开裂区的硫酸根离子浓度以增长–稳定的规律循环变化。

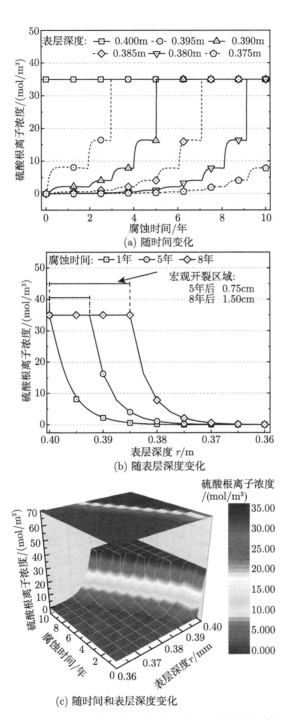

(a) 随时间变化

(b) 随表层深度变化

(c) 随时间和表层深度变化

图 2.34 混凝土圆柱孔隙中硫酸根离子浓度的时空变化

　　从图 2.34(b) 中可以看出，硫酸盐侵蚀 1 年、5 年及 8 年后混凝土柱截面的宏观开裂深度分别为 0cm、0.75cm 和 1.75cm。在混凝土柱的开裂区域中，孔隙中硫酸根离子浓度等于外部溶液浓度，即 $c^{\mathrm{p}} = c_0^{\mathrm{M}}$；然而，在未开裂区，其浓度由外而内迅速降低，产生了较大的浓度梯度。此外，图 2.34(c) 给出混凝土柱孔隙中硫酸根离子浓度随腐蚀时间和柱表层深度的变化规律，从图中还可观察到混凝土柱中硫酸根离子扩散位置的时变规律。其中，在硫酸盐侵蚀的 t 时刻，混凝土内硫酸根离子的扩散位置 r 可通过下式确定

$$c^{\mathrm{p}}(r, t) = 0, \quad c^{\mathrm{p}}(r, t + \Delta t) > 0 \tag{2.149}$$

式中，Δt 为时间步增量。

　　2) 孔隙内钙矾石浓度

　　侵蚀产物钙矾石的生成不仅会导致混凝土孔溶液的超饱和，进而产生结晶压力，引起混凝土力学损伤，而且其结晶填充作用会使得混凝土孔隙率降低、微结构演变，最终引起混凝土膨胀破坏。因此，有必要定量表征混凝土内由硫酸盐扩散反应所生成的钙矾石其浓度的时空分布。图 2.35 给出了孔溶液中钙矾石随腐蚀时间和柱表层深度的变化规律。从图 2.35(a) 可以看出，在柱初始边界位置 $r = 0.4\mathrm{m}$ 处，钙矾石生成量随腐蚀时间线性地增长；在圆柱表层 $r = 0.39\mathrm{m}$ 和 $0.38\mathrm{m}$ 处，钙矾石生成量也随腐蚀时间而增大，且增长速率先增大后稳定，最终与 $r = 0.4\mathrm{m}$ 处的增长速率一致。导致上述现象的原因可解释为，在硫酸盐侵蚀初期，混凝土柱表层的硫酸根离子浓度较低，导致钙矾石的生成率较低；但随着柱表层混凝土孔溶液中硫酸根离子浓度的增加，钙矾石的生成速率也随之增大。当硫酸盐侵蚀一段时间后，混凝土柱表层出现了宏观裂缝，使得表层硫酸根离子浓度迅速增大至外界环境中的硫酸盐浓度，进而导致钙矾石的生成速率也增加到初始边界 $r = 0.4\mathrm{m}$ 处的生成速率。

　　从图 2.35(b) 中可以看出，在不同的腐蚀时间，混凝土孔溶液中钙矾石浓度从柱表面由外而内逐渐减小。此外，图 2.35(c) 给出了孔溶液中钙矾石浓度随腐蚀时间和柱表层深度的变化规律，从该图可见混凝土圆柱内钙矾石生成位置的时变规律。其中，硫酸盐侵蚀 t 时刻，混凝土内钙矾石的生成位置 r 可通过下式确定：

$$c_{\mathrm{ett}}(r, t) = 0, \quad c_{\mathrm{ett}}(r, t + \Delta t) > 0 \tag{2.150}$$

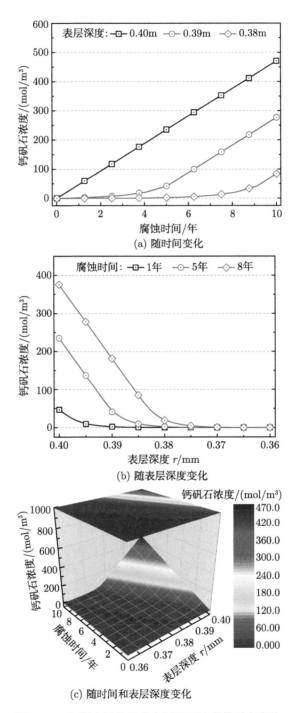

(a) 随时间变化

(b) 随表层深度变化

(c) 随时间和表层深度变化

图 2.35　混凝土圆柱孔隙中钙矾石浓度的时空变化

2.5.3 混凝土棱柱

1. 研究对象

该算例的数值模拟研究对象为混凝土棱柱试件。其中，混凝土棱柱的横截面边长为 1m，棱柱高度为 3m。采用 C40 混凝土浇筑试件，其配合比、所用水泥 MIP 测试结果均与 2.5.2 节相同。

在开展数值模拟前，假设混凝土棱柱在硫酸盐侵蚀前已处于饱和状态，且硫酸根离子沿混凝土表面由外而内二维传输。该算例模拟海洋环境下的硫酸盐侵蚀混凝土模拟研究，模拟腐蚀时间为 10 年。与 2.5.2 节相同，在硫酸盐长期腐蚀作用下，混凝土表面会膨胀开裂，导致硫酸盐溶液直接进入混凝土内部。因此，在开展该数值模拟时，仍需考虑混凝土开裂剥落引起的边界移动效应对硫酸根离子扩散行为的影响。

2. 模型参数

开展数值模拟所需的主要参数，包括混凝土棱柱的尺寸、C40 混凝土孔隙率、环境温度及海洋环境中硫酸盐浓度、硫酸根离子在孔溶液中的扩散性能、式 (2.78) 和式 (2.79) 的化学反应速率常数、水泥水化产物的初始浓度等，如表 2.8 所示。

表 2.8 数值模拟中涉及的主要参数

参数	符号	单位	数值	文献
棱柱边长	L	m	1.0	已知
棱柱高度	H	m	3.0	已知
C40 混凝土孔隙率	φ_0^M	%	10	测得
混凝土内硫酸根离子扩散系数	D_c^M	m^2/s	5.2×10^{-10}	[19]
海水中的硫酸盐浓度	c_0^M	mol/m^3	35	已知
环境温度	T	℃	25	已知
孔溶液中钙离子浓度	c_{Ca}^p	mol/m^3	21.25	[25]
混凝土中氢氧化钙含量	c_{CH0}^M	mol/m^3	4716.4	测得
混凝土中铝酸钙含量	c_{CA0}^M	mol/m^3	361.5	测得
式 (2.78) 的反应速率常数	κ_{v1}	$m^3/(mol \cdot s)$	1.22×10^{-10}	[26]
式 (2.79) 的反应速率常数	κ_{v2}	$m^3/(mol \cdot s)$	3.05×10^{-7}	[26]

3. 结果分析

图 2.36 给出了混凝土棱柱孔隙内硫酸根离子浓度随腐蚀时间和表层深度的变化规律。从图 2.36(a) 可以看出，在不同的腐蚀时间，混凝土孔溶液中硫酸根离子浓度从表面由外而内逐渐减小，其减小速率从柱表面由外而内逐渐减小，然后离子浓度趋向于零。图 2.36(b) 给出混凝土棱柱孔隙中硫酸根离子浓度随腐蚀时间和柱表层深度的变化规律，从图中可以观察到混凝土柱中硫酸根离子扩散位置

的时变规律。其中，在硫酸盐侵蚀的 t 时刻，混凝土内硫酸根离子的扩散位置 x 可通过下式确定

$$c^{\mathrm{p}}(x,t) = 0, \quad c^{\mathrm{p}}(x, t + \Delta t) > 0 \tag{2.151}$$

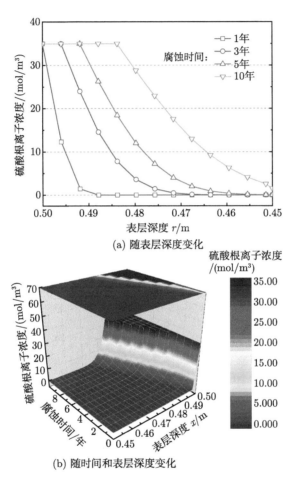

(a) 随表层深度变化

(b) 随时间和表层深度变化

图 2.36　混凝土棱柱孔隙中硫酸根离子浓度的时空变化

2.6　本　章　小　结

本章建立了混凝土内硫酸根离子的扩散–反应模型，该模型考虑了硫酸盐侵蚀导致混凝土膨胀开裂所引起的边界移动效应；并利用 Crank-Nicolson (C-N) 格式和 Alternating Direction Implicit (ADI) 格式有限差分法，分别数值求解了硫酸根离子扩散–反应方程的一维传输和二维传输问题。同时，开展硫酸钠溶液浸泡水

泥砂浆试件的腐蚀实验，测定水泥砂浆试件内硫酸根离子及侵蚀产物的浓度，分析砂浆试件内硫酸根离子及侵蚀产物的分布规律，验证了上述建立的模型，为下一步开展硫酸盐侵蚀引起的混凝土内膨胀力学响应的分析提供了基础。

参 考 文 献

[1] Yu C. Degradation process and mechanism of cementitous materials subject to sulfate attack [D]. Nanjing: Southeast University, 2013.

[2] Yin G J, Zuo X B, Sun X H, et al. Macro-microscopically numerical analysis on expansion response of hardened cement paste under external sulfate attack [J]. Construction and Building Materials, 2019, 207: 600-615.

[3] Zuo X B. Modeling ion diffusion-reaction behavior in concrete associated with durability deterioration subjected to couplings of environmental and mechanical loadings [D]. Nanjing: Southeast University, 2011.

[4] Zuo X B, Sun W, Li H, et al. Modeling of diffusion-reaction behavior of sulfate ion in concrete under sulfate environments [J]. Computers and Concrete, 2012, 10(1): 79-93.

[5] Tixier R, Mobasher B. Modeling of damage in cement-based materials subjected to external sulfate attack. I: formulation [J]. Journal of Materials in Civil Engineering, 2003, 15(4): 305-313.

[6] Clifton J R, Bentz D P, Ponnersheim J M. Sulfate Diffusion in Concrete [M]. US Department of Commerce, Technology Administration, National Institute of Standards and Technology, 1994.

[7] 封孝信, 孙晓华. 低水灰比对硅酸盐水泥水化程度的影响 [J]. 河北理工大学学报 (自然科学版), 2007(4): 117-120.

[8] 贾艳涛. 矿渣和粉煤灰水泥基材料的水化机理研究 [D]. 南京: 东南大学, 2005.

[9] 郑玉飞. 低水胶比复合胶凝材料的水化程度及孔结构研究 [D]. 北京: 北京交通大学, 2018.

[10] Lam L, Wong Y L, Poon C S. Degree of hydration and gel/space ratio of high-volume fly ash/cement systems [J]. Cement and Concrete Research, 2000, 30(5): 747-756.

[11] 李响. 复合水泥基材料水化性能与浆体微观结构稳定性 [D]. 北京: 清华大学, 2010.

[12] 黄杰. 大掺量粉煤灰—水泥基材料力学性能和水化进程研究 [D]. 杭州: 浙江工业大学, 2020.

[13] 王浩. 大掺量粉煤灰替代水泥及其活性激发研究 [D]. 长沙: 中南大学, 2012.

[14] Fu J L, Thomas H R, Li C F. Tortuosity of porous media: Image analysis and physical simulation [J]. Earth-Science Reviews, 2021, 212: 103439.

[15] Ghanbarian B, Hunt A G, Ewing R P, et al. Tortuosity in porous media: A critical review [J]. Soil Science Society of America Journal, 2013, 77(5): 1461-1477.

[16] Zuo X B, Sun W, Liu Z Y, et al. Numerical investigation on tortuosity of transport paths in cement-based materials [J]. Computers and Concrete, 2014, 13(3): 309-323.

[17] Deng Y, Chen Y, Zhang Y, et al. Fuzzy Dijkstra algorithm for shortest path problem under uncertain environment [J]. Applied Soft Computing, 2012, 12(3): 1231-1237.

[18] Barrande M, Bouchet R, Denoyel R. Tortuosity of porous particles [J]. Analytical Chemistry, 2007, 79(23): 9115-9121.

[19] Zuo X B, Sun W, Yu C, et al. Modeling of ion diffusion coefficient in saturated concrete [J]. Computers and Concrete, 2010, 7(5): 421-435.

[20] Zhu Z G, Xu W X, Chen H S, et al. Diffusivity of cement paste via a continuum-based microstructure and hydration model: Influence of cement grain shape [J]. Cement and Concrete Composites, 2021, 118: 103920.

[21] Samson E, Marchand J, Robert J L, et al. Modelling ion diffusion mechanisms in porous media [J]. International Journal for Numerical Methods in Engineering, 1999, 46: 2043-2060.

[22] 袁润章. 胶凝材料学 [M]. 2 版. 武汉: 武汉理工大学出版社, 2012.

[23] 臧雅茹. 化学反应动力学 [M]. 天津: 南开大学出版社, 1995.

[24] Zuo X B, Wang J L, Sun W, et al. Numerical investigation on gypsum and ettringite formation in cement pastes subjected to sulfate attack [J]. Computers and Concrete, 2017, 19(1): 19-31.

[25] Zuo X B, Sun W, Yu C. Numerical investigation on expansive volume strain in concrete subjected to sulfate attack [J]. Construction and Building Materials, 2012, 36(4): 404-410.

[26] Idiart A E, López C M, Carol I. Chemo-mechanical analysis of concrete cracking and degradation due to external sulfate attack: A meso-scale model [J]. Cement and Concrete Composites, 2011, 33(3): 411-423.

第 3 章　硫酸盐侵蚀下混凝土化学–力学效应等效转化

处于荷载与环境因素作用下的混凝土结构,特别是,西部盐湖、强盐渍土区因硫酸盐侵蚀导致混凝土材料与结构的耐久性退化及提前失效问题已成为非常严重的工程问题。现有的混凝土结构设计与耐久性设计方法,无法将环境作用与机械荷载相统一,导致混凝土结构的耐久性设计与其服役寿命差异大,如何实现硫酸盐环境的作用"力"与机械荷载相统一,是精准评估混凝土结构服役性能、预测工程结构服役寿命的基础,也是当前混凝土结构和耐久性设计"卡脖子"的难题。

硫酸盐环境作用下的混凝土化学–力学效应等效转化指的是硫酸盐侵蚀结构混凝土的化学反应行为所引起的微宏观力学效应,描述化学侵蚀产物形成的混凝土内应力重分布及其损伤程度的方法。由第 1 章分析知,硫酸盐侵蚀引起的结构混凝土膨胀破坏行为是一种逐层开裂剥落的过程。可分为两个阶段,①膨胀潜伏期阶段:混凝土膨胀程度很小,几乎无法测得,孔溶液过饱和度驱动产生的结晶压力是引起混凝土局部膨胀的主要原因,在结晶压作用下,混凝土微裂缝萌生、扩展、延伸,但并不相互贯通,满足结晶压要求的封闭小空间条件,此阶段用结晶压理论描述;②显著膨胀期阶段:随着结晶压力增大,混凝土内钙矾石/石膏的结晶生长使得贯通微裂缝扩展成宏观裂纹,导致混凝土体积膨胀及逐层剥落,此阶段结晶压的形成条件已丧失,用体积增加理论来描述。

本章以第 2 章硫酸盐侵蚀混凝土的传输–反应为基础,获得混凝土结构内部因反应生成物而引起的局部点 (代表性体积单元 RVE) 的应力应变变化,该应力应变可分析 RVE 所在位置处材料的等效弹性模量。代表性单元 RVE 处膨胀产生的混凝土构件与结构应力应变分布符合连续体力学方程,因此从材料层次上的代表性体积单元 RVE 处的膨胀应力应变是进行结构层次上的构件或结构内力分析的基础。

3.1　化学–力学等效转化方法

硫酸盐侵蚀下混凝土结构的保护层经历传输—化学反应—损伤—剥落,其化学–力学转化过程和采用的方法如图 3.1 所示。

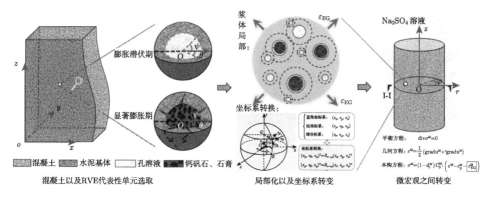

图 3.1 硫酸盐侵蚀的化学–等效力转化过程

首先,代表性体积单元 (representative volume element,RVE) 的选取:选取受硫酸盐侵蚀的结构混凝土区域,视混凝土中钙矾石、石膏等主要产物生长区域为微观尺度,运用弹塑性微孔力学理论,建立用于分析钙矾石、石膏生长所引起的混凝土膨胀变形的代表性体积单元及其微观尺度上的力学响应模型。该代表性体积单元 RVE 由钙矾石、石膏生成的内部单元和混凝土空心球壳组成,可获得因钙矾石、石膏生长而引起的微观应变场和应力场随侵蚀时间的变化规律。

其次,建立局部化关系:根据均匀化理论和坐标转化方法,将代表性体积单元 RVE 在微观尺度上的微观应力应变场转换为宏观尺度上 RVE 所在位置点的宏观应力应变,即将微观尺度上空间场应力应变转换为宏观尺度上一点的应力应变,建立硫酸盐侵蚀过程中混凝土内钙矾石、石膏生长所产生的微观应力应变与宏观应力应变之间的关系。

最后,微观向宏观转化的均质化处理:根据硫酸盐侵蚀下混凝土构件内各微观代表性体积单元 RVE 所在位置点的宏观应力应变时变规律,定义混凝土宏观劣化和 RVE 微观尺度的损伤程度以及硫酸盐侵蚀下混凝土剥落后边界移动准则,利用连续体弹性力学、损伤理论以及塑性损伤本构模型,建立分析宏观尺度上混凝土构件膨胀力学的基本方程,即微分平衡方程、几何方程与本构方程等,定量描述因钙矾石、石膏等侵蚀产物的生长而引起结构混凝土宏微观膨胀应力应变分布时变规律。

3.2 硫酸盐环境作用的化学–力学效应的等效转化

3.2.1 微观化学–力学响应模型

硫酸盐侵蚀下混凝土损伤机理是建立其力学响应分析模型的基础。试验和文献结果均表明, 硫酸盐侵蚀产物钙矾石/石膏在微孔形成, 并引起混凝土孔隙局部体积膨胀, 是其开裂的主要原因, 结晶压理论和体积膨胀理论相结合才能科学地反映硫酸盐侵蚀作用下混凝土经力传输—反应—填充—膨胀—损伤—劣化—剥落过程, 但两种理论都有一定的适用条件。结晶压只有在小于约 100nm 孔径的小孔隙内形成的钙矾石才能产生足够大的结晶压力, 而在较大孔径的孔隙或大裂缝中形成的片状晶体对混凝土体积膨胀几乎没有影响。下面分别基于结晶压理论和体积增加理论建立硫酸盐侵蚀下混凝土化学–力学响应的微观尺度模型, 并给出模型的求解过程。

1. 代表性体积单元选取

结构混凝土是典型的多相、多孔和多尺度结构材料, 只有硬化浆体的孔隙尺度满足结晶压可形成的条件, 即硫酸盐侵蚀引起的局部体积膨胀是在相对封闭的浆体微孔中形成的。由第 1 章知, 硫酸盐侵蚀混凝土, 其传输–反应过程复杂, 为便于微观尺度的力学效应等效转化, 混凝土的微观结构特点和硫酸盐侵蚀产物在水泥浆体内的演变规律, 作如下基本假设：①扩散进入混凝土内的硫酸根离子首先与单硫型硫铝酸钙反应, 生成钙矾石；直至单硫型硫铝酸钙被消耗反应完, 石膏才会进一步反应生成。②钙矾石/石膏等产物在孔隙中生成, 当孔溶液达到过饱和度状态时, 形成结晶压力, 导致混凝土产生体积膨胀, 即过饱和度驱动的结晶压力是引起水泥基体体积膨胀的主要原因。③混凝土微结构简化为由均质水泥基体和孔隙空间构成组成的二相复合结构, 具体是孔溶液 (含侵蚀产物) 充满的孔隙空间视为内部单元, 孔隙周围的水泥基体构成外部单元, 两者组成了复合单元体, 混凝土由这些复合单元体构成。

根据上述基本假定, 选取混凝土中复合体作为代表性体积单元 RVE 来分析硫酸盐腐蚀混凝土的微观膨胀响应, 复合体可取球形和方形两种形貌, 如图 3.2 所示。其中, 内部单元为孔隙中的侵蚀晶体及其腐蚀溶液, 外部单元为均质水泥基体。对混凝土的多尺度孔隙, 为具有统计的代表性和科学性, 一般选取硬化浆体中的最概然孔径作为 RVE 复合体的内径 (RVE 内部单元半径), 假设其半径为 a, 初始孔隙率为 φ_0^{m}, 则 RVE 复合体的外径为 b, 可表示为

$$b = \frac{a}{\sqrt[3]{\varphi_0^{\mathrm{m}}}} \tag{3.1}$$

式中, a 为 RVE 的内半径, nm; b 为 RVE 的外半径, nm; φ_0^{m} 为 RVE 的初始孔隙率。

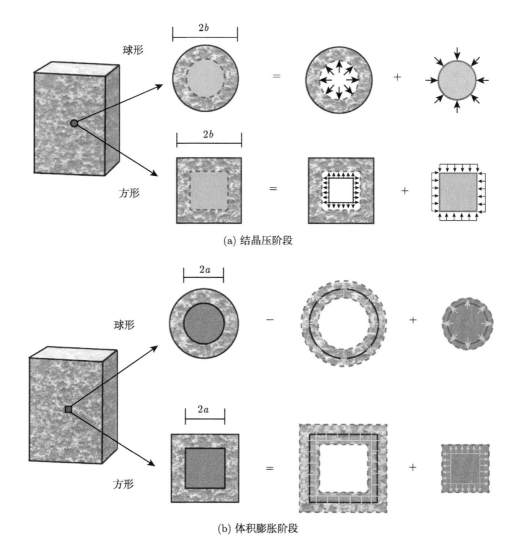

(a) 结晶压阶段

(b) 体积膨胀阶段

图 3.2 研究对象：代表性体积单元

2. 基于结晶压理论的微观化学–力学响应模型

1) 盐结晶

根据热力学理论，在一般超饱和的理想盐溶液中，物理化学性质各向同性的盐溶质会在合适的位置逐步聚集形成晶体；在晶体长大过程中，晶体内部受到来自晶/液界面膜和溶液应力的共同作用，从而产生结晶压力

$$p_c = p_l + p_f \tag{3.2}$$

式中，p_c 为结晶压力，MPa；p_l 为溶液压力，MPa；p_f 为晶/液界面膜的压力作

用，MPa。p_f 主要是由于晶体内部分子与界面分子受力状态不同而产生的类似于"橡胶薄膜"效应的作用力。

在晶体生长的过程中，晶体表面不断与溶液进行着离子交换，晶体与溶液之间的化学势差可表示为 [1]

$$\Delta\mu = R_g T \ln\left(\frac{a_s}{a_{s0}}\right) \tag{3.3}$$

式中，$\Delta\mu$ 为晶体与溶液之间的化学势差，J/mol；R_g 为理想气体常数，8.315J/(K·mol)；T 为温度，298K；a_s 为盐溶液的活度，mol/m^3；a_{s0} 为大尺寸晶体处于平衡状态时盐溶液的活度，mol/m^3。其中，盐溶液的活度 a_s 可表示为

$$a_s = f_s c_s \tag{3.4}$$

f_s 为活度系数；c_s 为盐溶液的浓度，mol/m^3。在盐溶液中离子强度低于 0.1mol/kg 的范围内，盐溶液活度随离子强度上升而降低，且总小于盐溶液浓度，此时活度系数小于 1，这是由溶液中离子之间的相互抑制作用导致的。然而，在理想稀溶液中，离子之间相互影响程度可近似忽略，此时活度系数为 1。因此，对于理想稀溶液，其内晶体与溶液之间的化学势差可进一步表示为

$$\Delta\mu = R_g T \ln\left(\frac{c_s}{c_{s0}}\right) \tag{3.5}$$

当晶体向溶液溶出的离子数量与溶液向晶体析出的离子数量相等，晶体处于平衡状态时，晶体在表象上既不生长也不溶解；为维持这种状态，晶体与溶液间的化学势差需等于晶/液界面作用力所做的机械功，即

$$\Delta\mu = p_f v_{\text{mol-c}} \tag{3.6}$$

式中，$v_{\text{mol-c}}$ 为晶体的摩尔体积，m^3/mol。

因此，结合式 (3.2)、式 (3.5) 和式 (3.6)，可得盐溶液中结晶压力

$$p_c = p_l + \frac{R_g T}{v_{\text{mol-c}}} \ln\left(\frac{c_s}{c_{s0}}\right) \tag{3.7}$$

2) 孔溶液中结晶压力

根据基本假设，混凝土内主要硫酸盐侵蚀产物为钙矾石；随着硫酸根离子不断扩散进入混凝土内，侵蚀产物钙矾石在相对封闭微孔中持续生成，使得孔溶液的过饱和度逐渐增大。因此，钙矾石生成引起的孔溶液过饱和度，是硫酸盐侵蚀作用下混凝土微孔内结晶压力的驱动力。根据式 (3.7) 并忽略孔溶液压力 p_l，硫

酸盐侵蚀引起的结晶压力的演化方程, 可用钙矾石离子活度积 Q_{Ett} 和平衡状态下钙矾石溶解度常数 K_{Ett} 的比值 (即钙矾石的超饱和度) 表达, 即

$$p_{\text{c}} = \frac{R_{\text{g}}T}{v_{\text{mol-AFt}}} \ln\left(\frac{Q_{\text{AFt}}}{K_{\text{AFt}}}\right) \tag{3.8}$$

式中, Q_{AFt} 为环境温度 T 下孔溶液中的钙矾石离子活度积; K_{AFt} 为环境温度 T 下平衡状态下钙矾石的溶解度常数; $v_{\text{mol-AFt}}$ 为钙矾石的摩尔体积, m^3/mol。

假设硫酸盐侵蚀下混凝土内的孔溶液为理想稀溶液, 则孔溶液中离子活度系数可认为是 1.0, 因此, 钙矾石的超饱和度可通过离子浓度表示

$$\frac{Q_{\text{AFt}}}{K_{\text{AFt}}} = \frac{\left(c_{\text{Ca}}^{\text{p}}\right)^6 \left(c_{\text{Al}}^{\text{p}}\right)^2 \left(c_{\text{OH}}^{\text{p}}\right)^4 \left(c_{\text{t}}^{\text{p}}\right)^3}{\left(c_{\text{Ca eq}}^{\text{p}}\right)^6 \left(c_{\text{Al eq}}^{\text{p}}\right)^2 \left(c_{\text{OH eq}}^{\text{p}}\right)^4 \left(c_{\text{eq}}^{\text{p}}\right)^3} \tag{3.9}$$

式中, c_{Ca}^{p}、c_{Al}^{p} 和 c_{OH}^{p} 分别为孔溶液中的钙离子浓度、铝酸根离子浓度和氢氧根离子浓度, mol/m^3; $c_{\text{Ca eq}}^{\text{p}}$、$c_{\text{Al eq}}^{\text{p}}$、$c_{\text{OH eq}}^{\text{p}}$ 分别为孔溶液中的钙离子平衡浓度、铝酸根离子平衡浓度和氢氧根离子平衡浓度, mol/m^3; c_{t}^{p} 为孔隙中总的硫酸盐浓度, mol/m^3; c_{eq}^{p} 为混凝土孔溶液中的硫酸根离子饱和浓度, mol/m^3, 由自由的硫酸根离子和反应消耗的硫酸根离子两部分构成, 即

$$c_{\text{t}}^{\text{p}} = c^{\text{p}} + c_{\text{d}}^{\text{p}} \tag{3.10}$$

c^{p} 为混凝土孔溶液中的硫酸根离子浓度, mol/m^3。c_{d}^{p} 为反应消耗的硫酸根离子浓度, mol/m^3。

在孔溶液的溶解平衡状态下, 钙矾石的溶解会产生钙离子、铝酸根离子和氢氧根离子, 且它们保持浓度不变, 但硫酸盐浓度随着扩散时间而增加。因此, 根据式 (3.8) ∼ 式 (3.10), 孔溶液中结晶压力可近似表示成 [2]

$$p_{\text{c}} = \frac{R_{\text{g}}T}{v_{\text{mol-AFt}}} \ln\left(\frac{c_{\text{t}}^{\text{p}}}{c_{\text{eq}}^{\text{p}}}\right)^3 \tag{3.11}$$

3) 基于结晶压理论的微观化学–力学响应转化的基本方程

在微观尺度上, RVE 孔隙内部单元中钙矾石的生成导致孔溶液过饱和, 产生结晶压力作用于孔壁, 并导致 RVE 水泥基体外部单元中形成拉伸应力, 最终引起微观局部水泥基体膨胀开裂。在硫酸盐侵蚀过程中, 硫酸盐腐蚀溶液始终充满 RVE 孔隙内部单元, 并与水泥基体外部单元接触; 在结晶压力作用下, 水泥基体外部单元产生体积膨胀, 则内部单元随之膨胀。因此, 可认为在硫酸盐侵蚀过程中 RVE 内部单元产生均匀膨胀应变, 其内应力等于结晶压力。基于微孔力学, RVE 孔隙内部单元和水泥基体外部单元的微观膨胀力学模型可以通过以下平

衡方程、物理方程和几何方程描述，即

$$\sigma^{\mathrm{m}}\nabla = \begin{pmatrix} \sigma_x^{\mathrm{m}} & \tau_{xy}^{\mathrm{m}} & \tau_{xz}^{\mathrm{m}} \\ \tau_{xy}^{\mathrm{m}} & \sigma_y^{\mathrm{m}} & \tau_{yz}^{\mathrm{m}} \\ \tau_{xz}^{\mathrm{m}} & \tau_{yz}^{\mathrm{m}} & \sigma_z^{\mathrm{m}} \end{pmatrix} \left\{ \begin{array}{c} \dfrac{\partial}{\partial x} \\ \dfrac{\partial}{\partial y} \\ \dfrac{\partial}{\partial z} \end{array} \right\} = 0, \quad (\mathrm{m}=\mathrm{s},\ \mathrm{p}) \tag{3.12}$$

$$\left\{ \begin{array}{c} \sigma_1^{\mathrm{m}} \\ \sigma_2^{\mathrm{m}} \\ \sigma_3^{\mathrm{m}} \end{array} \right\} = (1-d_{\mathrm{c}}^{\mathrm{m}}) \begin{bmatrix} C_{11}^{\mathrm{m}} & C_{12}^{\mathrm{m}} & C_{13}^{\mathrm{m}} \\ C_{21}^{\mathrm{m}} & C_{22}^{\mathrm{m}} & C_{23}^{\mathrm{m}} \\ C_{31}^{\mathrm{m}} & C_{32}^{\mathrm{m}} & C_{33}^{\mathrm{m}} \end{bmatrix} \left[\left\{ \begin{array}{c} \varepsilon_1^{\mathrm{m}} \\ \varepsilon_2^{\mathrm{m}} \\ \varepsilon_3^{\mathrm{m}} \end{array} \right\} - \left\{ \begin{array}{c} \varepsilon_{\mathrm{p}1}^{\mathrm{m}} \\ \varepsilon_{\mathrm{p}2}^{\mathrm{m}} \\ \varepsilon_{\mathrm{p}3}^{\mathrm{m}} \end{array} \right\} \right], \quad (\mathrm{m}=\mathrm{s},\ \mathrm{p}) \tag{3.13}$$

$$\varepsilon^{\mathrm{m}} = \begin{pmatrix} \varepsilon_x^{\mathrm{m}} & \dfrac{\gamma_{xy}^{\mathrm{m}}}{2} & \dfrac{\gamma_{xz}^{\mathrm{m}}}{2} \\ \dfrac{\gamma_{xy}^{\mathrm{m}}}{2} & \varepsilon_y^{\mathrm{m}} & \dfrac{\gamma_{yz}^{\mathrm{m}}}{2} \\ \dfrac{\gamma_{xz}^{\mathrm{m}}}{2} & \dfrac{\gamma_{yz}^{\mathrm{m}}}{2} & \varepsilon_z^{\mathrm{m}} \end{pmatrix}$$

$$= \frac{1}{2} \left[\left\{ \begin{array}{c} u_1^{\mathrm{m}} \\ u_2^{\mathrm{m}} \\ u_3^{\mathrm{m}} \end{array} \right\} \left(\begin{array}{ccc} \dfrac{\partial}{\partial x} & \dfrac{\partial}{\partial y} & \dfrac{\partial}{\partial z} \end{array} \right) + \left\{ \begin{array}{c} \dfrac{\partial}{\partial x} \\ \dfrac{\partial}{\partial y} \\ \dfrac{\partial}{\partial z} \end{array} \right\} \left(\begin{array}{ccc} u_1^{\mathrm{m}} & u_2^{\mathrm{m}} & u_3^{\mathrm{m}} \end{array} \right) \right], \quad (\mathrm{m}=\mathrm{s},\ \mathrm{p}) \tag{3.14}$$

式中，σ^{s} 和 σ^{p} 分别为代表性体积单元 RVE 外部单元和内部单元的微观应力，ε^{s} 和 ε^{p} 分别为代表性体积单元 RVE 外部单元和内部单元的微观弹性应变，$\varepsilon_{\mathrm{p}}^{\mathrm{s}}$ 和 $\varepsilon_{\mathrm{p}}^{\mathrm{p}}$ 分别为 RVE 外部单元和内部单元的微观塑性应变，u^{s} 和 u^{p} 分别为代表性体积单元 RVE 外部单元和内部单元的微观位移矢量。

C^{s} 和 C^{p} 分别为 RVE 内水泥基体外部单元和硫酸盐侵蚀产物、腐蚀溶液充满的内部单元的初始弹性刚度，可用外部单元和内部单元的体积模量和剪切模量表示为

$$\left\{ \begin{array}{l} C_{ii}^{\mathrm{s}} = 2\mu_0^{\mathrm{s}} + \left(k_0^{\mathrm{s}} - \dfrac{2}{3}\mu_0^{\mathrm{s}} \right), \quad i=1,2,3 \\ C_{ij}^{\mathrm{s}} = k_0^{\mathrm{s}} - \dfrac{2}{3}\mu_0^{\mathrm{s}}, \quad i,j=1,2,3 \text{且} i \neq j \end{array} \right. \tag{3.15}$$

$$\left\{ \begin{array}{l} C_{ii}^{\mathrm{p}} = k_{\mathrm{w}}, \quad i=1,2,3 \\ C_{ij}^{\mathrm{p}} = 0, \quad i,j=1,2,3 \text{且} i \neq j \end{array} \right. \tag{3.16}$$

式中，k_0^{s}、μ_0^{s} 分别为 RVE 外部单元的初始体积模量和初始剪切模量，k_{w} 为孔溶液的体积模量。

下面给出方程 (3.15) 和方程 (3.16) 初始体积和剪切模量的计算，该方法同样适用于下面给出的体积增加理论微观化学–力学响应模型中体积和剪切模量的求解。

4) 体积/剪切模量

根据基本假设，钙矾石/石膏的生成只影响 RVE 孔隙内部单元的有效弹性模量，而对水泥基体构成的外部单元的有效弹性模量没有影响。因此，随着硫酸根离子在孔隙溶液中扩散反应的进行，孔隙内部单元中钙矾石/石膏结晶生长，导致孔隙内部单元的体积模量 k^{p} 和剪切模量 μ^{p} 随侵蚀产物生成量的增加而增加，但水泥基体的有效弹性模量 k_0^{s} 和剪切模型 μ_0^{s} 保持不变。以球形单元体为例，为了便于求解 RVE 内部单元的体积模量和剪切模量，将 RVE 内部球简化为图 3.3(b) 中的复合结构，其中石膏和钙矾石的混合晶体被等效转化为外球体的均匀水泥基体球壳，其余空间充满腐蚀溶液，该部分体积为 $\varphi^{\mathrm{m}}V_{\mathrm{RVE}}$。然后，将由腐蚀溶液填充的空间进一步转换成等效空心球，如图 3.3(c) 所示，该空心球内孔隙空间所占体积分数为 f_{ett}。因此，RVE 被转化成孔隙率为 $\varphi^{\mathrm{m}}f_{\mathrm{ett}}$ 的三相空心球，如图 3.3(d) 所示。

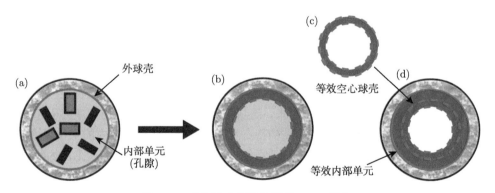

图 3.3　受硫酸盐侵蚀的微观 RVE 简化

根据文献 [3]，RVE 内部单元的有效体积模量和剪切模量可以表示为

$$\begin{cases} k^{\mathrm{p}} = k_{\mathrm{mix}}\left(1 - \dfrac{3\varphi^{\mathrm{m}}f_{\mathrm{eff}}k_{\mathrm{mix}} + 4\varphi^{\mathrm{m}}f_{\mathrm{eff}}\mu_{\mathrm{mix}}}{3\varphi^{\mathrm{m}}f_{\mathrm{eff}}k_{\mathrm{mix}} + 4\mu_{\mathrm{mix}}}\right) \\ \mu^{\mathrm{p}} = \mu_{\mathrm{mix}}\left[1 - \left(\varphi^{\mathrm{m}}f_{\mathrm{eff}}\right)^2\right] \end{cases} \tag{3.17}$$

式中，k^{p}、μ^{p} 分别为 RVE 内部单元的初始体积模量和初始剪切模量，φ^{m} 为 RVE 由钙矾石/石膏填充孔隙引起的时变孔隙率，可表示为

$$\varphi^{\mathrm{m}} = \max \left\{ \varphi_0^{\mathrm{m}} - \frac{1}{\varphi_0^{\mathrm{m}}} \left[v_{\mathrm{mol\text{-}AFt}} c_{\mathrm{AFt}}^{\mathrm{m}} + v_{\mathrm{mol\text{-}Gyp}} c_{\mathrm{Gyp}}^{\mathrm{m}} + v_{\mathrm{mol\text{-}CH}} \left(c_{\mathrm{CH}}^{\mathrm{m}} - c_{\mathrm{CH0}}^{\mathrm{m}} \right) \right. \right.$$
$$\left. \left. + v_{\mathrm{mol\text{-}CA}} \left(c_{\mathrm{CA}}^{\mathrm{m}} - c_{\mathrm{CA0}}^{\mathrm{m}} \right) \right], f_{\mathrm{eg}} \right\} \tag{3.18}$$

k_{mix} 和 μ_{mix} 分别为钙矾石和石膏均质混合物的有效体积模量和剪切模量, 可表示为

$$\begin{cases} k_{\mathrm{mix}} = f_{\mathrm{AFt}} k_{\mathrm{AFt}} + f_{\mathrm{Gyp}} k_{\mathrm{Gyp}} \\ \mu_{\mathrm{mix}} = f_{\mathrm{AFt}} \mu_{\mathrm{AFt}} + f_{\mathrm{Gyp}} \mu_{\mathrm{Gyp}} \end{cases} \tag{3.19}$$

k_{AFt} 和 μ_{AFt} 以及 k_{Gyp} 和 μ_{Gyp} 分别表示钙矾石和石膏晶体的体积模量和剪切模量, f_{AFt} 和 f_{Gyp} 分别为均质混合物中钙矾石和石膏各自所占体积分数, 可表示为

$$\begin{cases} f_{\mathrm{AFt}} = \dfrac{c_{\mathrm{AFt}}^{\mathrm{m}} v_{\mathrm{mol\text{-}AFt}}}{c_{\mathrm{Gyp}}^{\mathrm{m}} v_{\mathrm{mol\text{-}Gyp}} + c_{\mathrm{AFt}}^{\mathrm{m}} v_{\mathrm{mol\text{-}AFt}}} \\[3mm] f_{\mathrm{Gyp}} = \dfrac{c_{\mathrm{Gyp}}^{\mathrm{m}} v_{\mathrm{mol\text{-}Gyp}}}{c_{\mathrm{Gyp}}^{\mathrm{m}} v_{\mathrm{mol\text{-}Gyp}} + c_{\mathrm{AFt}}^{\mathrm{m}} v_{\mathrm{mol\text{-}AFt}}} \end{cases} \tag{3.20}$$

f_{eff} 为图 3.3(c) 中等效空心体的孔体积分数, 可表示为

$$f_{\mathrm{eff}} = \frac{4\mu_{\mathrm{mix}} \left(k_{\mathrm{mix}} - k_{\mathrm{w}} \right)}{k_{\mathrm{mix}} \left(3k_{\mathrm{mix}} + 4\mu_{\mathrm{mix}} \right)} \tag{3.21}$$

3. 基于体积增加理论的微观化学–力学响应模型

在硫酸盐侵蚀过程中硫酸根离子主要与混凝土材料中水泥水化产物反应生成侵蚀产物, 导致局部水泥浆体体积膨胀, 造成混凝土内部微结构损伤, 最终引起混凝土膨胀开裂破坏。根据混凝土的微结构特点及侵蚀产物在水泥浆体内的生长规律, 为便于理论计算, 与结晶压理论类似作如下基本假设: ①扩散进入混凝土内的硫酸根离子首先与单硫型硫铝酸钙 AFm 反应生成钙矾石, 直至 AFm 被消耗反应完, 石膏才会进一步反应生成。②当钙矾石/石膏晶体在孔隙内生长过程中, 孔隙空间被填充到一定程度时, 其继续生长将导致混凝土体积膨胀, 钙矾石/石膏的生长会引起混凝土体积膨胀。③混凝土微结构简化为由均质水泥基体和孔隙空间构成组成的复合结构, 在硫酸盐侵蚀过程中, 钙矾石/石膏等侵蚀产物在孔隙空间内生长; 将侵蚀产物与腐蚀溶液充满的孔隙空间视为内部单元, 而孔隙周围的水泥基体构成外部单元, 两者组成了复合单元体 (图 3.2), 混凝土由这些复合单元体构成。

1) 自由膨胀应变

在硫酸盐侵蚀过程中, 代表性体积单元 RVE 的体积变化与水泥水化产物的反应消耗和硫酸盐侵蚀产物的反应生成有关。一方面, 水泥水化产物中单硫型硫

铝酸钙 CA 和氢氧化钙 CH 的消耗，导致 RVE 水泥基体外部单元体积减小以及 RVE 孔隙内部单元体积增大。以球形单元体为例，假设硫酸盐侵蚀的化学反应发生在溶液–浆体界面处，则存在 $\Delta V_{\mathrm{d}}^{\mathrm{p}} = -\Delta V_{\mathrm{d}}^{\mathrm{s}}$，如图 3.4(a) 所示。因此，水泥水化产物反应消耗所引起的 RVE 内部单元和外部单元的体积变化可以表示为

$$\Delta V_{\mathrm{d}}^{\mathrm{m}} = \begin{cases} \Delta V_{\mathrm{d}}^{\mathrm{p}} = -\Delta V_{\mathrm{d}}^{\mathrm{s}} \\ \Delta V_{\mathrm{d}}^{\mathrm{s}} = \left[v_{\mathrm{mol\text{-}CH}} \left(c_{\mathrm{CH}}^{\mathrm{m}} - c_{\mathrm{CH0}}^{\mathrm{m}} \right) + v_{\mathrm{mol\text{-}CA}} \left(c_{\mathrm{CA}}^{\mathrm{m}} - c_{\mathrm{CA0}}^{\mathrm{m}} \right) \right] V_{\mathrm{RVE}} \end{cases} \tag{3.22}$$

式中，上标 m (p 和 s) 表示微观研究对象 RVE (内部单元和外部单元)；$\Delta V_{\mathrm{d}}^{\mathrm{p}}$ 和 $\Delta V_{\mathrm{d}}^{\mathrm{s}}$ 分别为水泥水化产物反应消耗引起的 RVE 内部单元和外部单元的体积变化，m^3；$c_{\mathrm{CH}}^{\mathrm{m}}$ 和 $c_{\mathrm{CA}}^{\mathrm{m}}$ 分别为 RVE 中氢氧化钙和单硫型硫铝酸钙的剩余浓度，$\mathrm{mol/m}^3$；$c_{\mathrm{CH0}}^{\mathrm{m}}$ 和 $c_{\mathrm{CA0}}^{\mathrm{m}}$ 分别为 RVE 中氢氧化钙和单硫型硫铝酸钙的初始浓度，$\mathrm{mol/m}^3$；$v_{\mathrm{mol\text{-}CH}}$ 和 $v_{\mathrm{mol\text{-}CA}}$ 分别为氢氧化钙和单硫型硫铝酸钙的摩尔体积，$\mathrm{m}^3/\mathrm{mol}$；$V_{\mathrm{RVE}}$ 为 RVE 体积，m^3。

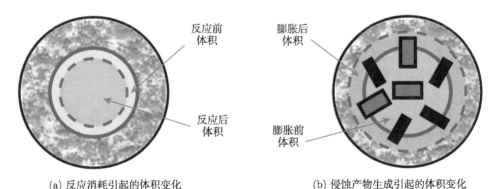

(a) 反应消耗引起的体积变化   (b) 侵蚀产物生成引起的体积变化

图 3.4　硫酸盐侵蚀产物填充孔隙过程

另一方面，钙矾石和石膏等硫酸盐侵蚀产物的填充孔隙也会引起代表性体积单元 RVE 的体积变化，如图 3.4(b) 所示。由于石膏/钙矾石晶体只在孔隙内生成，RVE 内部单元的体积将随着侵蚀产物的持续生成而增加，而水泥基体外部单元的体积不发生变化。因此，硫酸盐侵蚀产物生长引起的 RVE 内部单元和外部单元的体积变化可以表示为

$$\Delta V_{\mathrm{f}}^{\mathrm{m}} = \begin{cases} \Delta V_{\mathrm{f}}^{\mathrm{p}} = \max \left\{ \left(v_{\mathrm{mol\text{-}AFt}} c_{\mathrm{AFt}}^{\mathrm{m}} + v_{\mathrm{mol\text{-}Gyp}} c_{\mathrm{Gyp}}^{\mathrm{m}} - \varphi_0^{\mathrm{m}} f_{\mathrm{eg}} \right) V_{\mathrm{RVE}}, \ 0 \right\} \\ \Delta V_{\mathrm{f}}^{\mathrm{s}} = 0 \end{cases}$$

$$\tag{3.23}$$

式中，$\Delta V_{\mathrm{f}}^{\mathrm{p}}$ 和 $\Delta V_{\mathrm{f}}^{\mathrm{s}}$ 分别为硫酸盐侵蚀产物在孔隙内生长引起的 RVE 内部单元和外部单元的体积变化，m^3；f_{eg} 为 RVE 内部单元自由体积膨胀时硫酸盐侵蚀产物

填充孔隙的程度；$c_{\text{AFt}}^{\text{m}}$ 和 $c_{\text{Gyp}}^{\text{m}}$ 分别为 RVE 内钙矾石和石膏的生成浓度，mol/m^3；$v_{\text{mol-AFt}}$ 和 $v_{\text{mol-Gyp}}$ 分别为钙矾石和石膏的摩尔体积，m^3/mol。

因此，结合式 (3.22) 和式 (3.23) 可知，由化学反应引起的 RVE 内部单元和外部单元的总体积变化量可表示为

$$\Delta V^{\text{m}} = \begin{cases} \Delta V^{\text{p}} = \max\left\{ \left(v_{\text{mol-AFt}} c_{\text{AFt}}^{\text{m}} + v_{\text{mol-Gyp}} c_{\text{Gyp}}^{\text{m}} - \varphi_0^{\text{m}} f_{\text{eg}} \right) V_{\text{RVE}} + \Delta V^{\text{s}}, \, 0 \right\} \\ \Delta V^{\text{s}} = \left[v_{\text{mol-CH}} \left(c_{\text{CH}}^{\text{m}} - c_{\text{CH0}}^{\text{m}} \right) + v_{\text{mol-CA}} \left(c_{\text{CA}}^{\text{m}} - c_{\text{CA0}}^{\text{m}} \right) \right] V_{\text{RVE}} \end{cases}$$

$$(3.24)$$

式中，ΔV^{p} 和 ΔV^{s} 分别为化学反应所引起的 RVE 内部单元和外部单元的总体积变化量，m^3。

水泥基体外部单元的体积减小是由水泥水化产物被反应消耗引起的，并不会引起外部单元的水泥浆体膨胀变形，故其自由膨胀应变为零；因此，化学反应引起的 RVE 内部单元和外部单元的自由体积膨胀应变可表示为 [3]

$$\varepsilon_{\text{Vres}}^{\text{m}} = \begin{cases} \varepsilon_{\text{Vres}}^{\text{p}} = \max\left\{ \frac{1}{\varphi_0^{\text{m}}} \left[\begin{array}{l} v_{\text{mol-AFt}} c_{\text{AFt}}^{\text{m}} + v_{\text{mol-CH}} \left(c_{\text{CH}}^{\text{m}} - c_{\text{CH0}}^{\text{m}} \right) \\ + v_{\text{mol-Gyp}} c_{\text{Gyp}}^{\text{m}} + v_{\text{mol-CA}} \left(c_{\text{CA}}^{\text{m}} - c_{\text{CA0}}^{\text{m}} \right) \end{array} \right] - f_{\text{eg}}, \, 0 \right\} \\ \varepsilon_{\text{Vres}}^{\text{s}} = 0 \end{cases}$$

$$(3.25)$$

式中，$\varepsilon_{\text{Vres}}^{\text{m}}$ ($\varepsilon_{\text{Vres}}^{\text{p}}$, $\varepsilon_{\text{Vres}}^{\text{s}}$) 为硫酸盐侵蚀混凝土的化学反应所引起的 RVE 内部单元和外部单元的自由体积膨胀应变。

假设混凝土为均质的各向同性材料，则根据弹性力学可知化学反应所引起的 RVE 内部单元和外部单元的自由体积膨胀线应变

$$\varepsilon_{\text{res}}^{\text{m}} = \frac{\varepsilon_{\text{Vres}}^{\text{m}}}{3}$$

$$(3.26)$$

式中，$\varepsilon_{\text{res}}^{\text{m}}$ 为化学反应引起的 RVE 自由体积膨胀线应变。

2) 基于体积增加理论的微观化学–力学响应转化的基本方程

根据基本假定以及代表性体积单元 RVE 的组成和受力特点，RVE 内硫酸盐侵蚀引起的微观应力满足式 (3.27) 的平衡方程

$$\sigma^{\text{m}} \nabla = \begin{pmatrix} \sigma_x^{\text{m}} & \tau_{xy}^{\text{m}} & \tau_{xz}^{\text{m}} \\ \tau_{xy}^{\text{m}} & \sigma_y^{\text{m}} & \tau_{yz}^{\text{m}} \\ \tau_{xz}^{\text{m}} & \tau_{yz}^{\text{m}} & \sigma_z^{\text{m}} \end{pmatrix} \left\{ \begin{array}{c} \dfrac{\partial}{\partial x} \\ \dfrac{\partial}{\partial y} \\ \dfrac{\partial}{\partial z} \end{array} \right\} = 0 \quad (\text{m} = \text{s, p})$$

$$(3.27)$$

代表性体积单元 RVE 内硫酸盐侵蚀引起的微观应变与微观位移之间的关系可通过几何方程表示

$$\varepsilon^{\mathrm{m}} = \begin{pmatrix} \varepsilon_x^{\mathrm{m}} & \dfrac{\gamma_{xy}^{\mathrm{m}}}{2} & \dfrac{\gamma_{xz}^{\mathrm{m}}}{2} \\ \dfrac{\gamma_{xy}^{\mathrm{m}}}{2} & \varepsilon_y^{\mathrm{m}} & \dfrac{\gamma_{yz}^{\mathrm{m}}}{2} \\ \dfrac{\gamma_{xz}^{\mathrm{m}}}{2} & \dfrac{\gamma_{yz}^{\mathrm{m}}}{2} & \varepsilon_z^{\mathrm{m}} \end{pmatrix}$$

$$= \frac{1}{2} \left[\left\{ \begin{matrix} u_1^{\mathrm{m}} \\ u_2^{\mathrm{m}} \\ u_3^{\mathrm{m}} \end{matrix} \right\} \left(\dfrac{\partial}{\partial x} \quad \dfrac{\partial}{\partial y} \quad \dfrac{\partial}{\partial z} \right) + \left\{ \begin{matrix} \dfrac{\partial}{\partial x} \\ \dfrac{\partial}{\partial y} \\ \dfrac{\partial}{\partial z} \end{matrix} \right\} \left(u_1^{\mathrm{m}} \quad u_2^{\mathrm{m}} \quad u_3^{\mathrm{m}} \right) \right] \quad (\mathrm{m} = \mathrm{s},\ \mathrm{p}) \tag{3.28}$$

根据微孔力学和弹塑性损伤力学, 代表性体积单元 RVE 内微观应力与微观应变之间的关系可用物理方程表示

$$\left\{ \begin{matrix} \sigma_1^{\mathrm{m}} \\ \sigma_2^{\mathrm{m}} \\ \sigma_3^{\mathrm{m}} \end{matrix} \right\} = (1 - d_{\mathrm{c}}^{\mathrm{m}}) \begin{bmatrix} C_{11}^{\mathrm{m}} & C_{12}^{\mathrm{m}} & C_{13}^{\mathrm{m}} \\ C_{21}^{\mathrm{m}} & C_{22}^{\mathrm{m}} & C_{23}^{\mathrm{m}} \\ C_{31}^{\mathrm{m}} & C_{32}^{\mathrm{m}} & C_{33}^{\mathrm{m}} \end{bmatrix} \left[\left\{ \begin{matrix} \varepsilon_1^{\mathrm{m}} \\ \varepsilon_2^{\mathrm{m}} \\ \varepsilon_3^{\mathrm{m}} \end{matrix} \right\} - \left\{ \begin{matrix} \varepsilon_{\mathrm{p}1}^{\mathrm{m}} \\ \varepsilon_{\mathrm{p}2}^{\mathrm{m}} \\ \varepsilon_{\mathrm{p}3}^{\mathrm{m}} \end{matrix} \right\} - \left\{ \begin{matrix} \varepsilon_{\mathrm{res}1}^{\mathrm{m}} \\ \varepsilon_{\mathrm{res}2}^{\mathrm{m}} \\ \varepsilon_{\mathrm{res}3}^{\mathrm{m}} \end{matrix} \right\} \right] \quad (\mathrm{m} = \mathrm{s},\ \mathrm{p}) \tag{3.29}$$

式中, $d_{\mathrm{c}}^{\mathrm{s}}$ 和 $d_{\mathrm{c}}^{\mathrm{p}}$ 分别为硫酸盐侵蚀引起的 RVE 外部单元和内部单元的微观化学损伤程度, $\varepsilon_{\mathrm{res}}^{\mathrm{s}}$ 和 $\varepsilon_{\mathrm{res}}^{\mathrm{p}}$ 分别为代表性体积单元 RVE 中硫酸盐侵蚀产物生长引起的外部单元和内部单元的微观自由膨胀应变, 可表示成

$$\begin{cases} \varepsilon_{\mathrm{res}}^{\mathrm{p}} = \varepsilon_{\mathrm{res}\,\rho}^{\mathrm{p}} \boldsymbol{e}_\rho + \varepsilon_{\mathrm{res}\,\theta}^{\mathrm{p}} \boldsymbol{e}_\theta + \varepsilon_{\mathrm{res}\,\psi}^{\mathrm{p}} \boldsymbol{e}_\psi \\ \varepsilon_{\mathrm{res}}^{\mathrm{s}} = 0 \end{cases} \tag{3.30}$$

$(\varepsilon_{\mathrm{res}\,\rho}^{\mathrm{p}},\ \varepsilon_{\mathrm{res}\,\theta}^{\mathrm{p}},\ \varepsilon_{\mathrm{res}\,\psi}^{\mathrm{p}})$ 为自由膨胀应变 $\varepsilon_{\mathrm{res}}^{\mathrm{p}}$ 沿各方向的分量, 均等于化学反应所引起的 RVE 内部单元自由体积膨胀线应变 $\varepsilon_{\mathrm{res}}^{\mathrm{p}}$, 即 $\varepsilon_{\mathrm{res}\,\rho}^{\mathrm{p}} = \varepsilon_{\mathrm{res}\,\theta}^{\mathrm{p}} = \varepsilon_{\mathrm{res}\,\psi}^{\mathrm{p}} = \varepsilon_{\mathrm{res}}^{\mathrm{p}}$。

RVE 外部单元和内部单元的初始刚度矩阵可表示为

$$\begin{cases} C_{ii}^{\mathrm{s}} = 2\mu_0^{\mathrm{s}} + \left(k_0^{\mathrm{s}} - \dfrac{2}{3}\mu_0^{\mathrm{s}} \right),\ i = 1, 2, 3 \\ C_{ij}^{\mathrm{s}} = k_0^{\mathrm{s}} - \dfrac{2}{3}\mu_0^{\mathrm{s}},\ i, j = 1, 2, 3\ \text{且}\ i \neq j \end{cases} \tag{3.31}$$

$$\begin{cases} C_{ii}^{\mathrm{p}} = 2\mu_0^{\mathrm{p}} + \left(k_0^{\mathrm{p}} - \dfrac{2}{3}\mu_0^{\mathrm{p}}\right), & i = 1,2,3 \\[3mm] C_{ij}^{\mathrm{p}} = k_0^{\mathrm{p}} - \dfrac{2}{3}\mu_0^{\mathrm{p}}, & i,j = 1,2,3 \text{ 且 } i \neq j \end{cases} \tag{3.32}$$

4. 复合材料有效弹性模量

复合材料单元边界处发生应变，边界上的位移满足条件 $u \equiv \bar{\varepsilon}x$，由于存在其他夹杂且尺度较小，作用在单一夹杂周围的应变会不同于远处的宏观应变。以混凝土三相复合材料为例，在有限体分比条件下，假设存在关系

$$\varepsilon_{\mathrm{r}} = \boldsymbol{A}\bar{\varepsilon} \tag{3.33}$$

式中，ε_{r} 为夹杂的应变，$\bar{\varepsilon}$ 为复合材料的有效应变，$\boldsymbol{A}$ 为应变集中因子。

$\boldsymbol{A}$ 与夹杂物的体分比有关，若 $\boldsymbol{A}$ 被确定，则复合材料的有效弹性系数可由 $\boldsymbol{A}$ 表示为

$$\boldsymbol{E} = \boldsymbol{E}_{\mathrm{m}} + v_{\mathrm{r}}(\boldsymbol{E}_{\mathrm{r}} - \boldsymbol{E}_{\mathrm{m}})\boldsymbol{A}_{\mathrm{r}} + v_{\mathrm{i}}(\boldsymbol{E}_{\mathrm{i}} - \boldsymbol{E}_{\mathrm{m}})\boldsymbol{A}_{\mathrm{i}} \tag{3.34}$$

式中，$\boldsymbol{E}$ 为复合材料的有效弹性系数，$\boldsymbol{E}_{\mathrm{m}}$ 为基体的有效弹性系数，$\boldsymbol{E}_{\mathrm{r}}$ 为夹杂的有效弹性系数，$\boldsymbol{E}_{\mathrm{i}}$ 为界面过渡区的有效弹性系数，v_{r} 为夹杂的体分比，v_{i} 为界面过渡区的体分比，$\boldsymbol{A}_{\mathrm{r}}$ 为夹杂的应变集中因子，$\boldsymbol{A}_{\mathrm{i}}$ 为界面过渡区的应变集中因子。

引入一张量 $\boldsymbol{G}$，假设存在关系

$$\varepsilon_{\mathrm{r}} = \boldsymbol{G}\varepsilon_{\mathrm{m}} \tag{3.35}$$

式中，ε_{m} 为基体的应变。

利用关系

$$\bar{\varepsilon} = v_{\mathrm{m}}\varepsilon_{\mathrm{m}} + v_{\mathrm{r}}\varepsilon_{\mathrm{r}} \tag{3.36}$$

式中，v_{m} 为基体的体分比。

可得到有限体分比下的应变集中因子

$$\boldsymbol{A} = \frac{\boldsymbol{G}}{v_{\mathrm{m}}\boldsymbol{I} + v_{\mathrm{r}}\boldsymbol{G}} \tag{3.37}$$

在极限状态下，应满足以下条件

$$\boldsymbol{A}_{v_r \to 0} = \tilde{\boldsymbol{A}}, \quad \boldsymbol{A}_{v_r \to 1} = \boldsymbol{I} \tag{3.38}$$

式中，$\tilde{\boldsymbol{A}}$ 为单一夹杂埋入基体中的应变集中因子。

令 $\boldsymbol{G} = \tilde{\boldsymbol{A}}$，上述极限条件可得到满足，由公式 (3.34) 和公式 (3.37) 可以得出复合材料有效弹性系数

$$\boldsymbol{E} = \boldsymbol{E}_{\mathrm{m}} + \frac{v_{\mathrm{r}}(\boldsymbol{E}_{\mathrm{r}} - \boldsymbol{E}_{\mathrm{m}})\tilde{\boldsymbol{A}}}{v_{\mathrm{m}}\boldsymbol{I} + v_{\mathrm{r}}\tilde{\boldsymbol{A}}} \tag{3.39}$$

夹杂内的应变由均匀应变 $\overline{\varepsilon}_r$ 和扰动应变 ε_r^{pt} 组成，相应的应力也由均匀应力 $\overline{\sigma}_r$ 和扰动应力 σ_r^{pt} 组成，即

$$\varepsilon_r = \overline{\varepsilon}_r + \varepsilon_r^{pt} \tag{3.40}$$

$$\sigma_r = \overline{\sigma}_r + \sigma_r^{pt} \tag{3.41}$$

根据等效夹杂原理，存在关系

$$\overline{\sigma}_r + \sigma_r^{pt} = \boldsymbol{E}_r \left(\overline{\varepsilon}_r + \varepsilon_r^{pt} \right) = \boldsymbol{E} \left(\overline{\varepsilon}_r + \varepsilon_r^{pt} - \overline{\varepsilon}^* \right) \tag{3.42}$$

$$\varepsilon_r^{pt} = \boldsymbol{S} \overline{\varepsilon}^* \tag{3.43}$$

式中，$\overline{\varepsilon}^*$ 为等效特征应变，$\boldsymbol{S}$ 为 Eshelby 张量。

由公式 (3.40) ~ 公式 (3.43) 可得

$$\varepsilon_r = \frac{\overline{\varepsilon}}{\boldsymbol{I} + \dfrac{\boldsymbol{S} \left(\boldsymbol{E}_r - \boldsymbol{E} \right)}{\boldsymbol{E}}} \tag{3.44}$$

将公式 (3.33) 代入，可得

$$\boldsymbol{A} = \frac{1}{\boldsymbol{I} + \dfrac{\boldsymbol{S} \left(\boldsymbol{E}_r - \boldsymbol{E} \right)}{\boldsymbol{E}}} \tag{3.45}$$

将极限状态 $\boldsymbol{A}_{vr \to 0} = \tilde{\boldsymbol{A}}$ 代入公式 (3.45)，得出单一夹杂埋入基体中的应变集中因子

$$\tilde{\boldsymbol{A}} = \frac{1}{\boldsymbol{I} + \dfrac{\boldsymbol{S} \left(\boldsymbol{E}_r - \boldsymbol{E}_m \right)}{\boldsymbol{E}_m}} \tag{3.46}$$

即夹杂的应变集中因子为

$$\boldsymbol{A}_r = \frac{1}{\boldsymbol{I} + \dfrac{\boldsymbol{S} \left(\boldsymbol{E}_r - \boldsymbol{E}_m \right)}{\boldsymbol{E}_m}} \tag{3.47}$$

同理可得界面过渡区的应变集中因子为

$$\boldsymbol{A}_i = \frac{1}{\boldsymbol{I} + \dfrac{\boldsymbol{S} \left(\boldsymbol{E}_i - \boldsymbol{E}_m \right)}{\boldsymbol{E}_m}} \tag{3.48}$$

根据 Benveniste[4] 重构的 Mori-Tanaka 方法，可以通过每个包含相分别对基质相的平均应力来近似实现相互作用，在全局坐标系下表示局部坐标系的偏应变集中因子为

$$\boldsymbol{H}_r = \boldsymbol{C}_r \boldsymbol{H}_m \tag{3.49}$$

$$C_{\mathrm{m}} = I \tag{3.50}$$

$$C_{\mathrm{r}} = Q^{\mathrm{T}} C_{\mathrm{r}}' Q \tag{3.51}$$

$$C_{\mathrm{i}} = Q^{\mathrm{T}} C_{\mathrm{i}}' Q \tag{3.52}$$

式中，H_{r} 为夹杂相的局部应变矩阵，H_{m} 为基体相的有效应变矩阵，C_{m} 为基体相的偏应变集中因子，C_{r} 为夹杂相的偏应变集中因子，C_{i} 为界面相的偏应变集中因子，C_{r}' 等同于 A_{r}，C_{i}' 等同于 A_{i}。

从体积一致性的角度考虑，复合材料的有效应变和局部应变之间的关系需满足

$$H = v_{\mathrm{m}} H_{\mathrm{m}} + v_{\mathrm{r}} H_{\mathrm{r}} + v_{\mathrm{i}} H_{\mathrm{i}} = (v_{\mathrm{m}} C_{\mathrm{m}} + v_{\mathrm{r}} C_{\mathrm{r}} + v_{\mathrm{i}} C_{\mathrm{i}}) H_{\mathrm{m}} \tag{3.53}$$

式中，H 为复合材料的有效应变矩阵，H_{i} 为界面相的局部应变矩阵。

考虑各向同性，于是可以得到基体的应变为

$$H_{\mathrm{m}} = \frac{H}{v_{\mathrm{m}} C_{\mathrm{m}} + v_{\mathrm{r}} C_{\mathrm{r}} + v_{\mathrm{i}} C_{\mathrm{i}}} = A_{\mathrm{m}} H \tag{3.54a}$$

式中，A_{m} 为基体的应变集中因子。

将公式 (3.54a) 替换公式 (3.49) 中的偏应变集中因子，则各相的应变显式表达式为

$$H_{\mathrm{r}} = \frac{C_{\mathrm{r}}}{v_{\mathrm{m}} C_{\mathrm{m}} + v_{\mathrm{r}} C_{\mathrm{r}} + v_{\mathrm{i}} C_{\mathrm{i}}} H = A_{\mathrm{r}} H \tag{3.54b}$$

$$H_{\mathrm{i}} = \frac{C_{\mathrm{i}}}{v_{\mathrm{m}} C_{\mathrm{m}} + v_{\mathrm{r}} C_{\mathrm{r}} + v_{\mathrm{i}} C_{\mathrm{i}}} H = A_{\mathrm{i}} H \tag{3.54c}$$

假设各相在各阶段都是均匀的，则每个相的平均应力为

$$Q_{\mathrm{m}} = E_{\mathrm{m}} H_{\mathrm{m}}, \quad Q_{\mathrm{r}} = E_{\mathrm{r}} H_{\mathrm{r}}, \quad Q_{\mathrm{i}} = E_{\mathrm{i}} H_{\mathrm{i}} \tag{3.55}$$

式中，Q_{m} 为基体相的平均应力，Q_{r} 为夹杂相的平均应力，Q_{i} 为界面相的平均应力。

代入复合材料宏观平均应力 Q 的表达式

$$Q = v_{\mathrm{m}} Q_{\mathrm{m}} + v_{\mathrm{r}} Q_{\mathrm{r}} + v_{\mathrm{i}} Q_{\mathrm{i}} \tag{3.56}$$

可得

$$Q = v_{\mathrm{m}} E_{\mathrm{m}} H_{\mathrm{m}} + v_{\mathrm{r}} E_{\mathrm{r}} H_{\mathrm{r}} + v_{\mathrm{i}} E_{\mathrm{i}} H_{\mathrm{i}} \tag{3.57}$$

代入公式 (3.53)，得

$$Q = \frac{v_{\mathrm{m}} E_{\mathrm{m}} C_{\mathrm{m}} + v_{\mathrm{r}} E_{\mathrm{r}} C_{\mathrm{r}} + v_{\mathrm{i}} E_{\mathrm{i}} C_{\mathrm{i}}}{v_{\mathrm{m}} C_{\mathrm{m}} + v_{\mathrm{r}} C_{\mathrm{r}} + v_{\mathrm{i}} C_{\mathrm{i}}} H \tag{3.58}$$

代入有效应力公式 $\boldsymbol{Q} = \boldsymbol{D}H$ 可得有效弹性模量

$$E = \frac{v_{\mathrm{m}} \boldsymbol{E}_{\mathrm{m}} \boldsymbol{C}_{\mathrm{m}} + v_{\mathrm{r}} \boldsymbol{E}_{\mathrm{r}} \boldsymbol{C}_{\mathrm{r}} + v_{\mathrm{i}} \boldsymbol{E}_{\mathrm{i}} \boldsymbol{C}_{\mathrm{i}}}{v_{\mathrm{m}} \boldsymbol{C}_{\mathrm{m}} + v_{\mathrm{r}} \boldsymbol{C}_{\mathrm{r}} + v_{\mathrm{i}} \boldsymbol{C}_{\mathrm{i}}} \tag{3.59}$$

Hiroshi 和 Minoru[5] 最早指出包含相内的集中因子是恒定的，表示为

$$\boldsymbol{A}^{-1}(x) = (\boldsymbol{A}_{\mathrm{r}})^{-1} = \boldsymbol{I} - \boldsymbol{S}(\boldsymbol{E}_{\mathrm{m}})^{-1}(\boldsymbol{E}_{\mathrm{m}} - \boldsymbol{E}_{\mathrm{r}}), \quad x \in \Omega_{\mathrm{r}} \tag{3.60a}$$

$$\boldsymbol{A}^{-1}(x) = (\boldsymbol{A}_{\mathrm{i}})^{-1} = \boldsymbol{I} - \boldsymbol{S}(\boldsymbol{E}_{\mathrm{m}})^{-1}(\boldsymbol{E}_{\mathrm{m}} - \boldsymbol{E}_{\mathrm{i}}), \quad x \in \Omega_{\mathrm{i}} \tag{3.60b}$$

式中，$\boldsymbol{I}$ 为单位矩阵，$\boldsymbol{S}$ 为依赖 $\boldsymbol{E}_{\mathrm{m}}$ 的 Eshelby 张量矩阵，Ω_{r} 为夹杂域，Ω_{i} 为界面过渡区域。

由关系式 $\boldsymbol{E}_{\mathrm{r}} = E_{\mathrm{r}} \boldsymbol{I}, \boldsymbol{E}_{\mathrm{i}} = E_{\mathrm{i}} \boldsymbol{I}$ 可得

$$\boldsymbol{A}_{\mathrm{r}} = A_{\mathrm{r}} \boldsymbol{I} \tag{3.61a}$$

$$\boldsymbol{A}_{\mathrm{i}} = A_{\mathrm{i}} \boldsymbol{I} \tag{3.61b}$$

$$A_{\mathrm{r}} = \frac{E_{\mathrm{m}}}{(1 - \boldsymbol{S}) E_{\mathrm{m}} + \boldsymbol{S} E_{\mathrm{r}}} \tag{3.62a}$$

$$A_{\mathrm{i}} = \frac{E_{\mathrm{m}}}{(1 - \boldsymbol{S}) E_{\mathrm{m}} + \boldsymbol{S} E_{\mathrm{i}}} \tag{3.62b}$$

假设复合材料由各向同性基质组成，则复合材料弹性模量表达式为

$$E = \frac{v_{\mathrm{m}} E_{\mathrm{m}} + v_{\mathrm{r}} E_{\mathrm{r}} C_{\mathrm{r}} + v_{\mathrm{i}} E_{\mathrm{i}} C_{\mathrm{i}}}{v_{\mathrm{m}} + v_{\mathrm{r}} C_{\mathrm{r}} + v_{\mathrm{i}} C_{\mathrm{i}}} \tag{3.63}$$

式中，$C_{\mathrm{r}} = A_{\mathrm{r}} = \dfrac{E_{\mathrm{m}}}{(1 - \boldsymbol{S}) E_{\mathrm{m}} + \boldsymbol{S} E_{\mathrm{r}}}, C_{\mathrm{i}} = A_{\mathrm{i}} = \dfrac{E_{\mathrm{m}}}{(1 - \boldsymbol{S}) E_{\mathrm{m}} + \boldsymbol{S} E_{\mathrm{i}}}$。

假设夹杂为椭球形旋转体，具有沿轴对称性，则 Eshelby 张量矩阵 $\boldsymbol{S}$ 的对角线特征值 [6] 为

$$\boldsymbol{S} = \begin{bmatrix} S & 0 & 0 \\ 0 & S & 0 \\ 0 & 0 & 1 - 2S \end{bmatrix} \tag{3.64}$$

$$S = \frac{1}{2} \left\{ 1 + \frac{1}{\kappa^2 - 1} \left[1 - \frac{\kappa}{2\sqrt{\kappa^2 - 1}} \ln \left(\frac{\kappa + \sqrt{\kappa^2 - 1}}{\kappa - \sqrt{\kappa^2 - 1}} \right) \right] \right\}, \quad \kappa \geqslant 1 \tag{3.65a}$$

$$S = \frac{1}{2} \left\{ 1 + \frac{1}{\kappa^2 - 1} \left[1 - \frac{\kappa}{\sqrt{1 - \kappa^2}} \arctan \left(\frac{\sqrt{1 - \kappa^2}}{\kappa} \right) \right] \right\}, \quad \kappa \leqslant 1 \tag{3.65b}$$

式中，κ 为椭球形的纵横比 b/a。

三相复合材料的每一相都可以由一个类似 Eshelby 的矩阵 S 表征, 若想将局部坐标系的有效弹性模量转换到全局坐标系下, 可以引入一坐标变换矩阵 Q,

$$Q = \begin{bmatrix} \cos\varphi\cos\theta & -\sin\varphi & \cos\varphi\sin\theta \\ \sin\varphi\cos\theta & \cos\varphi & \sin\varphi\sin\theta \\ -\sin\theta & 0 & \cos\theta \end{bmatrix} \tag{3.66}$$

坐标系具有对称性, 因此用两个角度即可确定夹杂的方向, 如图 3.5 所示。

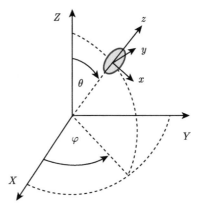

图 3.5　两角确定夹杂方向

如果知道每个夹杂的方向, 则可直接用式 (3.66) 将每个夹杂的偏应变集中因子转换为全局坐标系下的应变集中因子, 但由于夹杂的数量之多以及方向的随机性, 可以引入一取向概率密度函数 $f(\phi, \theta)$ 来表征夹杂的方向。

夹杂的方向通过方向单元向量 p 描述, 即

$$p_1 = \sin\theta\cos\varphi, \quad p_2 = \sin\theta\sin\varphi, \quad p_3 = \cos\theta \tag{3.67}$$

虽然整个夹杂的定向是由一系列无限的方向张量 a 来定义的, 但由于夹杂取向是周期性的, 考虑对称性后会发现角度 (φ, θ) 与 $(\varphi + \pi, \pi - \theta)$ 难以区分, 因此只有第二阶与第四阶的方向张量 a_2 与 a_4 是有意义的, 将其定义为

$$a_{ij} = \langle p_i p_j \rangle = \int_0^{2\pi} \int_0^{\pi} p_i p_j f(\varphi, \theta) \sin\theta \mathrm{d}\theta \mathrm{d}\varphi \tag{3.68}$$

$$a_{ijkl} = \langle p_i p_j p_k p_l \rangle = \int_0^{2\pi} \int_0^{\pi} p_i p_j p_k p_l f(\varphi, \theta) \sin\theta \mathrm{d}\theta \mathrm{d}\varphi \tag{3.69}$$

式中, $f(\varphi, \theta)$ 是表征复合材料中夹杂取向的概率分布函数, $\langle\ \rangle$ 表示定向平均值。

考虑到概率分布函数的归一化，则存在关系式

$$\int_0^{2\pi} \int_0^{\pi} f\left(\varphi, \theta\right) \sin \theta \mathrm{d}\theta \mathrm{d}\varphi = 1 \tag{3.70}$$

假设夹杂在任何方向上的概率是均匀的，则 $f\left(\varphi, \theta\right)$ 在空间坐标系下每个方向上的概率为 $\dfrac{1}{4\pi}$，这意味着空间坐标系下随机复合材料的夹杂的定向平均应变集中因子为

$$\langle \boldsymbol{C}_{\mathrm{r}} \rangle = \frac{1}{4\pi} \int_0^{2\pi} \int_0^{\pi} \boldsymbol{Q}^{\mathrm{T}} \boldsymbol{C}'_{\mathrm{r}} \boldsymbol{Q} \sin \theta \mathrm{d}\theta \mathrm{d}\varphi \tag{3.71}$$

考虑空间坐标系的立方对称性，可将夹杂视为在三个互相垂直的向量上分布，则式 (3.71) 可化简为

$$\langle \boldsymbol{C}_{\mathrm{r}} \rangle = \langle C_{\mathrm{r}} \rangle \boldsymbol{I} \tag{3.72}$$

$$\langle C_{\mathrm{r}} \rangle = \frac{1}{3} \sum_{i=1}^{3} \left(C'_{\mathrm{r}}\right)_{ii} \tag{3.73}$$

用定向平均值取代偏应变集中因子，可得到标量形式的均匀化有效弹性模量

$$E = \frac{v_{\mathrm{m}} E_{\mathrm{m}} + v_{\mathrm{r}} \langle E_{\mathrm{r}} C_{\mathrm{r}} \rangle + v_{\mathrm{i}} \langle E_{\mathrm{i}} C_{\mathrm{i}} \rangle}{v_{\mathrm{m}} + v_{\mathrm{r}} \langle C_{\mathrm{r}} \rangle + v_{\mathrm{i}} \langle C_{\mathrm{i}} \rangle} \tag{3.74}$$

从均质化的角度来看，嵌入各向同性矩阵中的随机定向夹杂与表示均匀化有效弹性模量夹杂系统没有区别。可以定义

$$\tilde{E}_{\mathrm{r}} = \frac{\langle E_{\mathrm{r}} C_{\mathrm{r}} \rangle}{\langle C_{\mathrm{r}} \rangle}, \quad \tilde{E}_{\mathrm{i}} = \frac{\langle E_{\mathrm{i}} C_{\mathrm{i}} \rangle}{\langle C_{\mathrm{i}} \rangle}, \quad \tilde{C}_{\mathrm{r}} = \langle C_{\mathrm{r}} \rangle, \quad \tilde{C}_{\mathrm{i}} = \langle C_{\mathrm{i}} \rangle \tag{3.75}$$

于是均匀化有效弹性模量的表达式可以替换为

$$E = \frac{v_{\mathrm{m}} E_{\mathrm{m}} + v_{\mathrm{r}} \tilde{E}_{\mathrm{r}} \tilde{C}_{\mathrm{r}} + v_{\mathrm{i}} \tilde{E}_{\mathrm{i}} \tilde{C}_{\mathrm{i}}}{v_{\mathrm{m}} + v_{\mathrm{r}} \tilde{C}_{\mathrm{r}} + v_{\mathrm{i}} \tilde{C}_{\mathrm{i}}} \tag{3.76}$$

$$\tilde{C}_{\mathrm{r}} = \frac{E_{\mathrm{m}}}{\left(1 - \boldsymbol{S}\right) E_{\mathrm{m}} + \boldsymbol{S} \tilde{E}_{\mathrm{r}}} \tag{3.77a}$$

$$\tilde{C}_{\mathrm{i}} = \frac{E_{\mathrm{m}}}{\left(1 - \boldsymbol{S}\right) E_{\mathrm{m}} + \boldsymbol{S} \tilde{E}_{\mathrm{i}}} \tag{3.77b}$$

5. 微观化学–力学响应模型求解

1) 边界条件

(1) 基于结晶压。

在代表性体积单元 RVE 中，受结晶压力作用的水泥基体外部单元产生膨胀变形，而由硫酸盐溶液填充的内部单元与其紧密接触；因此，RVE 水泥基体外部单元与孔隙内部单元在它们界面处的位移应满足变形协调条件，如式 (3.83)。此外，根据代表性体积单元 RVE 的受力特点，可获得 RVE 内部单元和外部单元的位移和应力边界条件

$$\sigma^{\mathrm{p}} \cdot \boldsymbol{e}_\rho|_{\rho=a} = -p_{\mathrm{c}}\boldsymbol{e}_\rho \tag{3.78a}$$

$$\sigma^{\mathrm{s}} \cdot \boldsymbol{e}_\rho|_{\rho=a} = -p_{\mathrm{c}}\boldsymbol{e}_\rho \tag{3.78b}$$

$$u^{\mathrm{s}} \cdot \boldsymbol{e}_\rho|_{\rho=b} = \left(\varepsilon^{\mathrm{M}}_{\mathrm{scs}} \cdot \boldsymbol{e}_\rho|_{r^{\mathrm{M}}_{\mathrm{RVE}}}\right) b \tag{3.79}$$

式中，$\boldsymbol{e}_\rho$ 为球面坐标系下单位径向向量；$r^{\mathrm{M}}_{\mathrm{RVE}}$ 为宏观混凝土试件内 RVE 所在位置；$\varepsilon^{\mathrm{M}}_{\mathrm{scs}}$ 为球坐标系下混凝土中 RVE 所在位置处的宏观膨胀应变，可通过分析混凝土宏观试件的膨胀力学响应获得；在 RVE 外部单元约束作用下，其内部单元的膨胀应变可由下式确定

$$\varepsilon^{\mathrm{p}} \cdot \boldsymbol{e}_\rho|_{\rho=a} = \varepsilon^{\mathrm{p}}_{\mathrm{res}} - \frac{P}{3k^{\mathrm{p}}} \tag{3.80}$$

P 为 RVE 外部单元对内部单元自由体积膨胀的约束所产生的压力，MPa。

(2) 基于体积膨胀。

在硫酸盐侵蚀过程中，由于侵蚀产物钙矾石/石膏填充孔隙使得 RVE 内部单元的体积增大，RVE 外部单元受到内部单元膨胀挤压作用，而 RVE 内部单元的表面受到水泥基体外部单元的约束作用。同时，由于 RVE 为复合体对称结构 (图 3.2)，RVE 内部单元中心位置处的径向膨胀位移为零。此外，混凝土微观局部水泥基体 RVE 的膨胀受其周围水泥基体的约束，使得 RVE 微观膨胀与混凝土宏观约束之间产生位移协调。所以，在代表性体积单元 RVE 外界面上，其微观法向位移与其在混凝土中的位置处的宏观膨胀应变满足式 (3.82b) 的关系 [7]。

因此，RVE 孔隙内部单元和水泥基体外部单元的位移和应力边界条件可表示为

$$u^{\mathrm{p}} \cdot \boldsymbol{e}_\rho|_{\rho=0} = 0 \tag{3.81a}$$

$$\sigma^{\mathrm{p}} \cdot \boldsymbol{e}_\rho|_{\rho=a} = -P\boldsymbol{e}_\rho \tag{3.81b}$$

$$\sigma^{\mathrm{s}} \cdot \boldsymbol{e}_\rho|_{\rho=a} = -P\boldsymbol{e}_\rho \tag{3.82a}$$

$$u^{\mathrm{s}} \cdot \boldsymbol{e}_\rho|_{\rho=b} = \left(\varepsilon^{\mathrm{M}}_{\mathrm{scs}} \cdot \boldsymbol{e}_\rho|_{r^{\mathrm{M}}_{\mathrm{RVE}}}\right) b \tag{3.82b}$$

此外，在代表性体积单元 RVE 中，水泥基体外部单元与孔隙内部单元交界面处的位移应满足变形协调条件，即

$$u^{\mathrm{p}} \cdot \boldsymbol{e}_{\rho}|_{\rho=a} = u^{\mathrm{s}} \cdot \boldsymbol{e}_{\rho}|_{\rho=a} \tag{3.83}$$

2) 方程求解

(1) 基于结晶压理论的方程求解。

在硫酸盐侵蚀过程中，孔溶液填充的 RVE 孔隙内部单元不受剪，也无损伤。假设受硫酸盐侵蚀的混凝土处于弹性阶段时，基本方程式 (3.13) 的化学损伤程度 $d_{\mathrm{c}}^{\mathrm{m}}$ 和塑性应变 $\varepsilon_{\mathrm{p}}^{\mathrm{m}}$ 均为 0。根据弹性力学理论，并结合边界条件式 (3.78)、式 (3.79) 和式 (3.83)，可获得弹性阶段混凝土微观局部膨胀响应 (微观位移、应力和应变场) 的解析解。具体求解过程参考基于体积增加的方程求解，此处直接给出了 RVE 内部单元和外部单元中微观位移、应力和应变的解，如下式。

内部单元

$$u^{\mathrm{p}} = u_{\rho}^{\mathrm{p}} \boldsymbol{e}_{\rho}, \quad u_{\rho}^{\mathrm{p}} = \frac{\rho}{a} u_{\rho}^{\mathrm{s}}|_{\rho=a} \tag{3.84}$$

$$\sigma^{\mathrm{p}} = \sigma_{\rho}^{\mathrm{p}} \boldsymbol{e}_{\rho} \otimes \boldsymbol{e}_{\rho} + \sigma_{\theta}^{\mathrm{p}} \boldsymbol{e}_{\theta} \otimes \boldsymbol{e}_{\theta} + \sigma_{\psi}^{\mathrm{p}} \boldsymbol{e}_{\psi} \otimes \boldsymbol{e}_{\psi}, \quad \sigma_{\rho}^{\mathrm{p}} = \sigma_{\theta}^{\mathrm{p}} = \sigma_{\psi}^{\mathrm{p}} = p_{\mathrm{c}} \tag{3.85}$$

$$\varepsilon^{\mathrm{s}} = \varepsilon_{\rho}^{\mathrm{p}} \boldsymbol{e}_{\rho} \otimes \boldsymbol{e}_{\rho} + \varepsilon_{\theta}^{\mathrm{p}} \boldsymbol{e}_{\theta} \otimes \boldsymbol{e}_{\theta} + \varepsilon_{\psi}^{\mathrm{p}} \boldsymbol{e}_{\psi} \otimes \boldsymbol{e}_{\psi}, \quad \varepsilon_{\rho}^{\mathrm{p}} = \varepsilon_{\theta}^{\mathrm{p}} = \varepsilon_{\psi}^{\mathrm{p}} = \frac{1}{a} u^{\mathrm{p}} \cdot \boldsymbol{e}_{\rho}|_{\rho=a} \tag{3.86}$$

外部单元

$$u^{\mathrm{s}} = u_{\rho}^{\mathrm{s}} \boldsymbol{e}_{\rho}, \quad u_{\rho}^{\mathrm{s}} = \frac{1}{4\mu_0^{\mathrm{s}} + 3\varphi_0^{\mathrm{m}} k_0^{\mathrm{s}}} \left[\left(4\mu_0^{\mathrm{s}} \varepsilon_{\mathrm{scs}\,\rho}^{\mathrm{M}} - \varphi_0^{\mathrm{m}} p_{\mathrm{c}} \right) \rho + \left(3\varphi_0^{\mathrm{m}} k_0^{\mathrm{s}} \varepsilon_{\mathrm{scs}\,\rho}^{\mathrm{M}} + \varphi_0^{\mathrm{m}} p_{\mathrm{c}} \right) \frac{b^3}{\rho^2} \right] \tag{3.87}$$

$$\begin{cases} \sigma^{\mathrm{s}} = \sigma_{\rho}^{\mathrm{s}} \boldsymbol{e}_{\rho} \otimes \boldsymbol{e}_{\rho} + \sigma_{\theta}^{\mathrm{s}} \boldsymbol{e}_{\theta} \otimes \boldsymbol{e}_{\theta} + \sigma_{\psi}^{\mathrm{s}} \boldsymbol{e}_{\psi} \otimes \boldsymbol{e}_{\psi} \\[2mm] \sigma_{\rho}^{\mathrm{s}} = \dfrac{1}{4\mu_0^{\mathrm{s}} + 3\varphi_0^{\mathrm{m}} k_0^{\mathrm{s}}} \left[12 k_0^{\mathrm{s}} \mu_0^{\mathrm{s}} \left(1 - \varphi_0^{\mathrm{m}} \dfrac{b^3}{\rho^3} \right) \varepsilon_{\mathrm{scs}\,\rho}^{\mathrm{M}} - \varphi_0^{\mathrm{m}} \left(3 k_0^{\mathrm{s}} + 4 \mu_0^{\mathrm{s}} \dfrac{b^3}{\rho^3} \right) p_{\mathrm{c}} \right] \\[2mm] \sigma_{\theta}^{\mathrm{s}} = \sigma_{\psi}^{\mathrm{s}} = \dfrac{1}{4\mu_0^{\mathrm{s}} + 3\varphi_0^{\mathrm{m}} k_0^{\mathrm{s}}} \left[12 k_0^{\mathrm{s}} \mu_0^{\mathrm{s}} \left(1 - \dfrac{\varphi_0^{\mathrm{m}}}{2} \dfrac{b^3}{\rho^3} \right) \varepsilon_{\mathrm{scs}\,\rho}^{\mathrm{M}} - \varphi_0^{\mathrm{m}} \left(3 k_0^{\mathrm{s}} + 2 \mu_0^{\mathrm{s}} \dfrac{b^3}{\rho^3} \right) p_{\mathrm{c}} \right] \end{cases} \tag{3.88}$$

$$\begin{cases} \varepsilon^{\mathrm{s}} = \varepsilon_{\rho}^{\mathrm{s}} \boldsymbol{e}_{\rho} \otimes \boldsymbol{e}_{\rho} + \varepsilon_{\theta}^{\mathrm{s}} \boldsymbol{e}_{\theta} \otimes \boldsymbol{e}_{\theta} + \varepsilon_{\psi}^{\mathrm{s}} \boldsymbol{e}_{\psi} \otimes \boldsymbol{e}_{\psi} \\[2mm] \varepsilon_r^{\mathrm{s}} = \dfrac{1}{4\mu_0^{\mathrm{s}} + 3\varphi_0^{\mathrm{m}} k_0^{\mathrm{s}}} \left[\left(4\mu_0^{\mathrm{s}} \varepsilon_{\mathrm{scs}\,\rho}^{\mathrm{M}} - \varphi_0^{\mathrm{m}} p_{\mathrm{c}} \right) - 2 \left(3\varphi_0^{\mathrm{m}} k_0^{\mathrm{s}} \varepsilon_{\mathrm{scs}\,\rho}^{\mathrm{M}} + \varphi_0^{\mathrm{m}} p_{\mathrm{c}} \right) \dfrac{b^3}{\rho^3} \right] \\[2mm] \varepsilon_{\theta}^{\mathrm{s}} = \varepsilon_{\psi}^{\mathrm{s}} = \dfrac{1}{4\mu_0^{\mathrm{s}} + 3\varphi_0^{\mathrm{m}} k_0^{\mathrm{s}}} \left[\left(4\mu_0^{\mathrm{s}} \varepsilon_{\mathrm{scs}\,\rho}^{\mathrm{M}} - \varphi_0^{\mathrm{m}} p_{\mathrm{c}} \right) + \left(3\varphi_0^{\mathrm{m}} k_0^{\mathrm{s}} \varepsilon_{\mathrm{scs}\,\rho}^{\mathrm{M}} + \varphi_0^{\mathrm{m}} p_{\mathrm{c}} \right) \dfrac{b^3}{\rho^3} \right] \end{cases} \tag{3.89}$$

然后，将式 (3.88) 代入式 (3.83)，可得 RVE 内部单元 $\rho = a$ 位置处的径向位移

$$u^{\mathrm{p}} \cdot \boldsymbol{e}_\rho|_{\rho=a} = u^{\mathrm{s}} \cdot \boldsymbol{e}_\rho|_{\rho=a} = \frac{a}{3\varphi_0^{\mathrm{m}} k_0^{\mathrm{s}} + 4\mu_0^{\mathrm{s}}} \left[(3k_0^{\mathrm{s}} + 4\mu_0^{\mathrm{s}}) \varepsilon_{\mathrm{scs}\,\rho}^{\mathrm{M}} + (1 - \varphi_0^{\mathrm{m}}) p_{\mathrm{c}} \right]$$

$$(3.90)$$

因此，将式 (3.90) 代入式 (3.86)，可得 RVE 孔隙内部单元中的微观应变

$$\begin{cases} \varepsilon^{\mathrm{s}} = \varepsilon_\rho^{\mathrm{p}} \boldsymbol{e}_\rho \otimes \boldsymbol{e}_\rho + \varepsilon_\theta^{\mathrm{p}} \boldsymbol{e}_\theta \otimes \boldsymbol{e}_\theta + \varepsilon_\psi^{\mathrm{p}} \boldsymbol{e}_\psi \otimes \boldsymbol{e}_\psi \\ \varepsilon_\rho^{\mathrm{p}} = \varepsilon_\theta^{\mathrm{p}} = \varepsilon_\psi^{\mathrm{p}} = \dfrac{1}{3\varphi_0^{\mathrm{m}} k_0^{\mathrm{s}} + 4\mu_0^{\mathrm{s}}} \left[(3k_0^{\mathrm{s}} + 4\mu_0^{\mathrm{s}}) \varepsilon_{\mathrm{scs}\,\rho}^{\mathrm{M}} + (1 - \varphi_0^{\mathrm{m}}) p_{\mathrm{c}} \right] \end{cases} \quad (3.91)$$

(2) 基于体积增加的方程求解。

当受硫酸盐侵蚀的混凝土处于弹性阶段时，基本方程式 (3.29) 的化学损伤程度 $d_{\mathrm{c}}^{\mathrm{m}}$ 和塑性应变 $\varepsilon_{\mathrm{p}}^{\mathrm{m}}$ 均为 0；根据弹性力学并结合边界条件式 (3.81) $\sim$ 式 (3.83)，可获得弹性阶段混凝土微观局部膨胀模型的基本方程组式 (3.27) $\sim$ 式 (3.29) 的解析解。

由于 RVE 为复合单元体结构，式 (3.27) $\sim$ 式 (3.29) 的求解为对称问题；在球坐标系下位移矢量、应变和应力的分量均只与径向坐标 ρ 相关，不随其余两个坐标 θ 和 ψ 变化。因此，为便于求解，将基本方程简化为如下方程组，包括平衡方程式 (3.92)、几何方程式 (3.93) 和物理方程式 (3.94)

$$\begin{cases} \dfrac{\partial \sigma_\rho^{\mathrm{m}}}{\partial \rho} + \dfrac{2}{\rho} \left(\sigma_\rho^{\mathrm{m}} - \sigma_\theta^{\mathrm{m}} \right) = 0 \\ \sigma_\theta^{\mathrm{m}} = \sigma_\psi^{\mathrm{m}} \end{cases} \quad (\mathrm{m = s,\ p}) \quad (3.92)$$

$$\begin{cases} \varepsilon_\rho^{\mathrm{m}} = \dfrac{\partial u_\rho^{\mathrm{m}}}{\partial \rho} \\ \varepsilon_\theta^{\mathrm{m}} = \varepsilon_\psi^{\mathrm{m}} = \dfrac{u_\rho^{\mathrm{m}}}{\rho} \end{cases} \quad (\mathrm{m = s,\ p}) \quad (3.93)$$

$$\begin{cases} \varepsilon_\rho^{\mathrm{m}} = \dfrac{3k^{\mathrm{m}} + \mu^{\mathrm{m}}}{9k^{\mathrm{m}}\mu^{\mathrm{m}}} \sigma_\rho^{\mathrm{m}} - \dfrac{3k^{\mathrm{m}} - 2\mu^{\mathrm{m}}}{9k^{\mathrm{m}}\mu^{\mathrm{m}}} \sigma_\theta^{\mathrm{m}} + \varepsilon_{\mathrm{res}}^{\mathrm{m}} \\ \varepsilon_\theta^{\mathrm{m}} = \varepsilon_\psi^{\mathrm{m}} = \dfrac{3k^{\mathrm{m}} + 4\mu^{\mathrm{m}}}{18k^{\mathrm{m}}\mu^{\mathrm{m}}} \sigma_\theta^{\mathrm{m}} - \dfrac{3k^{\mathrm{m}} - 2\mu^{\mathrm{m}}}{18k^{\mathrm{m}}\mu^{\mathrm{m}}} \sigma_\rho^{\mathrm{m}} + \varepsilon_{\mathrm{res}}^{\mathrm{m}} \end{cases} \quad (\mathrm{m = s,\ p}) \quad (3.94)$$

式中，(ρ, θ, ψ) 为球坐标系的坐标，u_ρ^{m} 表示 RVE 微观位移矢量 u^{m} 的分量，σ_j^{m} $(j = \rho, \theta, \psi)$ 和 $\varepsilon_j^{\mathrm{m}} (j = \rho, \theta, \psi)$ 分别表示 RVE 微观应力 σ^{m} 和微观应变 ε^{m} 的分量，k^{m} 和 μ^{m} 分别表示 RVE 的体积模量和剪切模量，包括内部单元的时变体积模量 k^{p}、剪切模量 μ^{p} 和外部单元的初始体积模量 k_0^{s}、剪切模量 μ_0^{s}。

将式 (3.93) 和式 (3.94) 代入式 (3.92)，并整理可得

$$\frac{\partial}{\partial \rho}\left[\frac{1}{\rho^2}\frac{\partial}{\partial \rho}\left(\rho^2 u_\rho^{\mathrm{m}}\right)\right] = \frac{9k^{\mathrm{m}}}{3k^{\mathrm{m}} + 4\mu^{\mathrm{m}}}\frac{\partial \varepsilon_{\mathrm{res}}^{\mathrm{m}}}{\partial \rho} \tag{3.95}$$

通过对式 (3.95) 进行双重积分并结合式 (3.30)，可得代表性体积单元 RVE 内部单元和外部单元的位移通解，将其代入式 (3.93) 和式 (3.94)，可得内部单元和外部单元的应力通解。

内部单元

$$u_\rho^{\mathrm{p}} = \frac{9k^{\mathrm{p}}}{3k^{\mathrm{p}} + 4\mu^{\mathrm{p}}}\frac{1}{\rho^2}\int \left(\varepsilon_{\mathrm{res}}^{\mathrm{p}}\rho^2\right)\mathrm{d}\rho + C_1\rho + \frac{C_2}{\rho^2} \tag{3.96}$$

$$\begin{cases} \sigma_\rho^{\mathrm{p}} = -\frac{36k^{\mathrm{p}}\mu^{\mathrm{p}}}{3k^{\mathrm{p}} + 4\mu^{\mathrm{p}}}\frac{1}{\rho^3}\int_0^\rho \left(\varepsilon_{\mathrm{res}}^{\mathrm{p}}\rho^2\right)\mathrm{d}\rho + 3k^{\mathrm{p}}C_1 - \frac{1}{\rho^3}4\mu^{\mathrm{p}}C_2 \\[3mm] \sigma_\theta^{\mathrm{p}} = \sigma_\psi^{\mathrm{p}} = \frac{18k^{\mathrm{p}}\mu^{\mathrm{p}}}{3k^{\mathrm{p}} + 4\mu^{\mathrm{p}}}\frac{1}{\rho^3}\int_0^\rho \left(\varepsilon_{\mathrm{res}}^{\mathrm{p}}\rho^2\right)\mathrm{d}\rho + 3k^{\mathrm{p}}C_1 - \frac{1}{\rho^3}2\mu^{\mathrm{p}}C_2 - \frac{18k^{\mathrm{p}}\mu^{\mathrm{p}}}{3k^{\mathrm{p}} + 4\mu^{\mathrm{p}}}\varepsilon_{\mathrm{res}}^{\mathrm{p}} \end{cases} \tag{3.97}$$

外部单元

$$u_\rho^{\mathrm{s}} = C_3\rho + \frac{C_4}{\rho^2} \tag{3.98}$$

$$\begin{cases} \sigma_\rho^{\mathrm{s}} = 3k_0^{\mathrm{s}}C_3 - \frac{1}{\rho^3}4\mu_0^{\mathrm{s}}C_4 \\[3mm] \sigma_\theta^{\mathrm{s}} = \sigma_\psi^{\mathrm{s}} = 3k_0^{\mathrm{s}}C_3 - \frac{1}{\rho^3}2\mu_0^{\mathrm{s}}C_4 \end{cases} \tag{3.99}$$

式中，C_1、C_2、C_3 和 C_4 分别为未知常数。

将边界条件式 (3.81) 和式 (3.82) 代入式 (3.96) $\sim$ 式 (3.99)，可求得常数 C_1、C_2、C_3 和 C_4：

$$\begin{cases} C_1 = \dfrac{4\mu^{\mathrm{p}}}{3k^{\mathrm{p}} + 4\mu^{\mathrm{p}}}\varepsilon_{\mathrm{res}}^{\mathrm{p}} - \dfrac{P}{3k^{\mathrm{p}}} \\[3mm] C_2 = 0 \\[3mm] C_3 = \dfrac{4\mu_0^{\mathrm{s}}\varepsilon_{\mathrm{scs}\,\rho}^{\mathrm{M}} - \varphi_0^{\mathrm{m}}P}{4\mu_0^{\mathrm{s}} + 3\varphi_0^{\mathrm{m}}k_0^{\mathrm{s}}} \\[3mm] C_4 = \dfrac{3\varphi_0^{\mathrm{m}}k_0^{\mathrm{s}}\varepsilon_{\mathrm{scs}\,\rho}^{\mathrm{M}} + \varphi_0^{\mathrm{m}}P}{4\mu_0^{\mathrm{s}} + 3\varphi_0^{\mathrm{m}}k_0^{\mathrm{s}}}b^3 \end{cases} \tag{3.100}$$

因此，将常数 C_1、C_2、C_3 和 C_4 代回，可得 RVE 内部单元和外部单元内的位移、应力和应变的特解。

内部单元

$$u^{\mathrm{p}} = u_\rho^{\mathrm{p}} \boldsymbol{e}_\rho, \quad u_\rho^{\mathrm{p}} = \varepsilon_{\mathrm{res}}^{\mathrm{p}} \rho - \frac{P}{3k^{\mathrm{p}}} \rho \tag{3.101}$$

$$\sigma^{\mathrm{p}} = \sigma_\rho^{\mathrm{p}} \boldsymbol{e}_\rho \otimes \boldsymbol{e}_\rho + \sigma_\theta^{\mathrm{p}} \boldsymbol{e}_\theta \otimes \boldsymbol{e}_\theta + \sigma_\psi^{\mathrm{p}} \boldsymbol{e}_\psi \otimes \boldsymbol{e}_\psi, \quad \sigma_\rho^{\mathrm{p}} = \sigma_\theta^{\mathrm{p}} = \sigma_\psi^{\mathrm{p}} = -P \tag{3.102}$$

$$\varepsilon^{\mathrm{p}} = \varepsilon_\rho^{\mathrm{p}} \boldsymbol{e}_\rho \otimes \boldsymbol{e}_\rho + \varepsilon_\theta^{\mathrm{p}} \boldsymbol{e}_\theta \otimes \boldsymbol{e}_\theta + \varepsilon_\psi^{\mathrm{p}} \boldsymbol{e}_\psi \otimes \boldsymbol{e}_\psi, \quad \varepsilon_\rho^{\mathrm{p}} = \varepsilon_\theta^{\mathrm{p}} = \varepsilon_\psi^{\mathrm{p}} = \varepsilon_{\mathrm{res}}^{\mathrm{p}} - \frac{P}{3k^{\mathrm{p}}} \tag{3.103}$$

外部单元

$$u^{\mathrm{s}} = u_\rho^{\mathrm{s}} \boldsymbol{e}_\rho, \quad u_\rho^{\mathrm{s}} = \frac{1}{4\mu_0^{\mathrm{s}} + 3\varphi_0^{\mathrm{m}} k_0^{\mathrm{s}}} \left[\left(4\mu_0^{\mathrm{s}} \varepsilon_{\mathrm{scs}\,\rho}^{\mathrm{M}} - \varphi_0^{\mathrm{m}} P \right) \rho + \left(3\varphi_0^{\mathrm{m}} k_0^{\mathrm{s}} \varepsilon_{\mathrm{scs}\,\rho}^{\mathrm{M}} + \varphi_0^{\mathrm{m}} P \right) \frac{b^3}{\rho^2} \right] \tag{3.104}$$

$$\left\{ \begin{aligned} &\sigma^{\mathrm{s}} = \sigma_\rho^{\mathrm{s}} \boldsymbol{e}_\rho \otimes \boldsymbol{e}_\rho + \sigma_\theta^{\mathrm{s}} \boldsymbol{e}_\theta \otimes \boldsymbol{e}_\theta + \sigma_\psi^{\mathrm{s}} \boldsymbol{e}_\psi \otimes \boldsymbol{e}_\psi \\ &\sigma_\rho^{\mathrm{s}} = \frac{1}{4\mu_0^{\mathrm{s}} + 3\varphi_0^{\mathrm{m}} k_0^{\mathrm{s}}} \left[12 k_0^{\mathrm{s}} \mu_0^{\mathrm{s}} \left(1 - \varphi_0^{\mathrm{m}} \frac{b^3}{\rho^3} \right) \varepsilon_{\mathrm{scs}\,\rho}^{\mathrm{M}} - \varphi_0^{\mathrm{m}} \left(3k_0^{\mathrm{s}} + 4\mu_0^{\mathrm{s}} \frac{b^3}{\rho^3} \right) P \right] \\ &\sigma_\theta^{\mathrm{s}} = \sigma_\psi^{\mathrm{s}} = \frac{1}{4\mu_0^{\mathrm{s}} + 3\varphi_0^{\mathrm{m}} k_0^{\mathrm{s}}} \left[12 k_0^{\mathrm{s}} \mu_0^{\mathrm{s}} \left(1 - \frac{\varphi_0^{\mathrm{m}}}{2} \frac{b^3}{\rho^3} \right) \varepsilon_{\mathrm{scs}\,\rho}^{\mathrm{M}} - \varphi_0^{\mathrm{m}} \left(3k_0^{\mathrm{s}} + 2\mu_0^{\mathrm{s}} \frac{b^3}{\rho^3} \right) P \right] \end{aligned} \right. \tag{3.105}$$

$$\left\{ \begin{aligned} &\varepsilon^{\mathrm{s}} = \varepsilon_\rho^{\mathrm{s}} \boldsymbol{e}_\rho \otimes \boldsymbol{e}_\rho + \varepsilon_\theta^{\mathrm{s}} \boldsymbol{e}_\theta \otimes \boldsymbol{e}_\theta + \varepsilon_\psi^{\mathrm{s}} \boldsymbol{e}_\psi \otimes \boldsymbol{e}_\psi \\ &\varepsilon_r^{\mathrm{s}} = \frac{1}{4\mu_0^{\mathrm{s}} + 3\varphi_0^{\mathrm{m}} k_0^{\mathrm{s}}} \left[\left(4\mu_0^{\mathrm{s}} \varepsilon_{\mathrm{scs}\,\rho}^{\mathrm{M}} - \varphi_0^{\mathrm{m}} P \right) - 2 \left(3\varphi_0^{\mathrm{m}} k_0^{\mathrm{s}} \varepsilon_{\mathrm{scs}\,\rho}^{\mathrm{M}} + \varphi_0^{\mathrm{m}} P \right) \frac{b^3}{\rho^3} \right] \\ &\varepsilon_\theta^{\mathrm{s}} = \varepsilon_\psi^{\mathrm{s}} = \frac{1}{4\mu_0^{\mathrm{s}} + 3\varphi_0^{\mathrm{m}} k_0^{\mathrm{s}}} \left[\left(4\mu_0^{\mathrm{s}} \varepsilon_{\mathrm{scs}\,\rho}^{\mathrm{M}} - \varphi_0^{\mathrm{m}} P \right) + \left(3\varphi_0^{\mathrm{m}} k_0^{\mathrm{s}} \varepsilon_{\mathrm{scs}\,\rho}^{\mathrm{M}} + \varphi_0^{\mathrm{m}} P \right) \frac{b^3}{\rho^3} \right] \end{aligned} \right. \tag{3.106}$$

式中，约束作用 P 为未知量。

然后，利用内部单元与外部单元交界面处的位移协调条件式 (3.83)，并结合式 (3.101) 和式 (3.104)，可求得约束作用 P：

$$P = \frac{3k^{\mathrm{p}} \left(4\mu_0^{\mathrm{s}} + 3\varphi_0^{\mathrm{m}} k_0^{\mathrm{s}} \right)}{4\mu_0^{\mathrm{s}} + 3\varphi_0^{\mathrm{m}} k_0^{\mathrm{s}} + 3 \left(1 - \varphi_0^{\mathrm{m}} \right) k^{\mathrm{p}}} \varepsilon_{\mathrm{res}}^{\mathrm{p}} - \frac{3k^{\mathrm{p}} \left(4\mu_0^{\mathrm{s}} + 3k_0^{\mathrm{s}} \right)}{4\mu_0^{\mathrm{s}} + 3\varphi_0^{\mathrm{m}} k_0^{\mathrm{s}} + 3 \left(1 - \varphi_0^{\mathrm{m}} \right) k^{\mathrm{p}}} \varepsilon_{\mathrm{scs}\,\rho}^{\mathrm{M}} \tag{3.107}$$

因此，将式 (3.107) 代入式 (3.101) ∼ 式 (3.106)，可获得硫酸盐侵蚀作用下混凝土中 RVE 内微观膨胀力学响应。

3.2.2　特征应变

1. 球坐标系下的特征应变

1) 微观特征应变

在硫酸盐侵蚀过程中，侵蚀产物生长引起的水泥基体代表性体积单元 RVE 微观局部体积膨胀是导致混凝土产生宏观化学–力学响应的直接因素。在微观尺度上，代表性体积单元 RVE 的体积膨胀行为受其周围水泥基体约束，其最终膨胀变形小于自由体积膨胀。而在宏观尺度上，RVE 可视为混凝土等水泥基材料宏观试件内的球形夹杂，在 RVE 所在位置处的混凝土受夹杂物质的膨胀挤压作用，故混凝土内产生了宏观化学–力学响应。根据微孔力学理论，无水泥基体约束的 RVE，其等效膨胀应变即为宏观试件内 RVE 所在位置处混凝土的宏观特征应变；该特征应变是分析硫酸盐侵蚀下混凝土宏观化学–力学响应的重要参数。为了获得 RVE 的等效膨胀应变，首先需确定无约束边界 RVE 内其微观膨胀特征应变的分布。

在分析特征应变时，不考虑 RVE 水泥基体产生塑性应变和损伤破坏。因此，根据弹性力学理论，无约束边界的 RVE 其微观膨胀力学模型的平衡方程和几何方程与 3.2.1 节相同，物理方程如式 (3.108) 和式 (3.109) 所示。

$$
\left\{
\begin{array}{c}
\sigma_1^{\mathrm{m}} \\
\sigma_2^{\mathrm{m}} \\
\sigma_3^{\mathrm{m}}
\end{array}
\right\}
= (1 - d_{\mathrm{c}}^{\mathrm{m}})
\left[
\begin{array}{ccc}
C_{11}^{\mathrm{m}} & C_{12}^{\mathrm{m}} & C_{13}^{\mathrm{m}} \\
C_{21}^{\mathrm{m}} & C_{22}^{\mathrm{m}} & C_{23}^{\mathrm{m}} \\
C_{31}^{\mathrm{m}} & C_{32}^{\mathrm{m}} & C_{33}^{\mathrm{m}}
\end{array}
\right]
\left(
\left\{
\begin{array}{c}
\varepsilon_1^{\mathrm{m}} \\
\varepsilon_2^{\mathrm{m}} \\
\varepsilon_3^{\mathrm{m}}
\end{array}
\right\}
-
\left\{
\begin{array}{c}
\varepsilon_{\mathrm{res}1}^{\mathrm{m}} \\
\varepsilon_{\mathrm{res}2}^{\mathrm{m}} \\
\varepsilon_{\mathrm{res}3}^{\mathrm{m}}
\end{array}
\right\}
\right)
\quad (\mathrm{m} = \mathrm{s,\ p})
$$

$$(3.108)$$

$$
\left\{
\begin{array}{c}
\sigma_1^{\mathrm{m}} \\
\sigma_2^{\mathrm{m}} \\
\sigma_3^{\mathrm{m}}
\end{array}
\right\}
= (1 - d_{\mathrm{c}}^{\mathrm{m}})
\left[
\begin{array}{ccc}
C_{11}^{\mathrm{m}} & C_{12}^{\mathrm{m}} & C_{13}^{\mathrm{m}} \\
C_{21}^{\mathrm{m}} & C_{22}^{\mathrm{m}} & C_{23}^{\mathrm{m}} \\
C_{31}^{\mathrm{m}} & C_{32}^{\mathrm{m}} & C_{33}^{\mathrm{m}}
\end{array}
\right]
\left\{
\begin{array}{c}
\varepsilon_1^{\mathrm{m}} \\
\varepsilon_2^{\mathrm{m}} \\
\varepsilon_3^{\mathrm{m}}
\end{array}
\right\}
\quad (\mathrm{m} = \mathrm{s,\ p}) \quad (3.109)
$$

式 (3.108) 针对基于体积增加理论选取的代表性体积单元 RVE，而式 (3.109) 对应根据结晶压理论选取的代表性体积单元 RVE。此外，由于 RVE 外表面上没有约束作用，其径向应力满足

$$
\sigma^{\mathrm{s}} \cdot \boldsymbol{e}_\rho|_{\rho=b} = 0 \tag{3.110}
$$

结合基本方程式 (3.108)、力学性能式 (3.31) 和式 (3.32) 以及边界条件式 (3.81)、式 (3.82)、式 (3.83) 和式 (3.110)，可分析基于体积增加理论简化的无约束边界 RVE 的微观膨胀力学响应；而通过方程式 (3.109)、力学性能式 (3.15) 和式 (3.16) 以及边界条件式 (3.78)、式 (3.79)、式 (3.83) 和式 (3.110) 可分析根据结晶压理论简化的无约束边界 RVE 的微观膨胀力学响应。该求解过程与 3.2.1 节第 4 部分中所述相同，不再赘述；此处直接给出了球面坐标系下无约束 RVE 内部单元和外部单元中微观膨胀特征应变的解析解。

基于体积增加理论简化的无约束边界 RVE

$$
\left\{
\begin{array}{l}
\varepsilon_{\mathrm{EGscs}}^{\mathrm{p}} = \varepsilon_{\mathrm{EGscs}\rho}^{\mathrm{p}} \boldsymbol{e}_\rho \otimes \boldsymbol{e}_\rho + \varepsilon_{\mathrm{EGscs}\theta}^{\mathrm{p}} \boldsymbol{e}_\theta \otimes \boldsymbol{e}_\theta + \varepsilon_{\mathrm{EGscs}\psi}^{\mathrm{p}} \boldsymbol{e}_\psi \otimes \boldsymbol{e}_\psi \\[2mm]
\varepsilon_{\mathrm{EGscs}\rho}^{\mathrm{p}} = \varepsilon_{\mathrm{EGscs}\theta}^{\mathrm{p}} = \varepsilon_{\mathrm{EGscs}\psi}^{\mathrm{p}} = \dfrac{(3k^{\mathrm{s}} + 4\varphi_0^{\mathrm{m}} \mu^{\mathrm{s}}) k^{\mathrm{p}}}{4 (1 - \varphi_0^{\mathrm{m}}) k^{\mathrm{s}} \mu^{\mathrm{s}} + (3k^{\mathrm{s}} + 4\varphi_0^{\mathrm{m}} \mu^{\mathrm{s}}) k^{\mathrm{p}}} \varepsilon_{\mathrm{res}}^{\mathrm{p}}
\end{array}
\right.
$$

$$(3.111)$$

$$
\begin{cases}
\varepsilon_{\mathrm{EGscs}}^{\mathrm{s}} = \varepsilon_{\mathrm{EGscs}\rho}^{\mathrm{s}} \boldsymbol{e}_\rho \otimes \boldsymbol{e}_\rho + \varepsilon_{\mathrm{EGscs}\theta}^{\mathrm{s}} \boldsymbol{e}_\theta \otimes \boldsymbol{e}_\theta + \varepsilon_{\mathrm{EGscs}\psi}^{\mathrm{s}} \boldsymbol{e}_\psi \otimes \boldsymbol{e}_\psi \\[2mm]
\varepsilon_{\mathrm{EGscs}\rho}^{\mathrm{s}} = \dfrac{12 k_0^{\mathrm{s}} \mu_0^{\mathrm{s}} k^{\mathrm{p}}}{4\left(1-\varphi_0^{\mathrm{m}}\right) k_0^{\mathrm{s}} \mu_0^{\mathrm{s}} + \left(3 k_0^{\mathrm{s}} + 4\varphi_0^{\mathrm{m}} \mu_0^{\mathrm{s}}\right) k^{\mathrm{p}}} \left[\dfrac{\varphi_0^{\mathrm{m}}}{3 k_0^{\mathrm{s}}} - \dfrac{1}{2\mu_0^{\mathrm{s}}}\left(\dfrac{a}{\rho}\right)^3\right] \varepsilon_{\mathrm{res}}^{\mathrm{p}} \\[3mm]
\varepsilon_{\mathrm{EGscs}\theta}^{\mathrm{s}} = \varepsilon_{\mathrm{EGscs}\psi}^{\mathrm{s}} = \dfrac{12 k_0^{\mathrm{s}} \mu_0^{\mathrm{s}} k^{\mathrm{p}}}{4\left(1-\varphi_0^{\mathrm{m}}\right) k_0^{\mathrm{s}} \mu_0^{\mathrm{s}} + \left(3 k_0^{\mathrm{s}} + 4\varphi_0^{\mathrm{m}} \mu_0^{\mathrm{s}}\right) k^{\mathrm{p}}} \left[\dfrac{\varphi_0^{\mathrm{m}}}{3 k_0^{\mathrm{s}}} + \dfrac{1}{4\mu_0^{\mathrm{s}}}\left(\dfrac{a}{\rho^{\mathrm{m}}}\right)^3\right] \varepsilon_{\mathrm{res}}^{\mathrm{p}}
\end{cases}
\tag{3.112}
$$

基于结晶压理论简化的无边界约束 RVE

$$
\begin{cases}
\varepsilon_{\mathrm{EGscs}}^{\mathrm{p}} = \varepsilon_{\mathrm{EGscs}\rho}^{\mathrm{p}} \boldsymbol{e}_\rho \otimes \boldsymbol{e}_\rho + \varepsilon_{\mathrm{EGscs}\theta}^{\mathrm{p}} \boldsymbol{e}_\theta \otimes \boldsymbol{e}_\theta + \varepsilon_{\mathrm{EGscs}\psi}^{\mathrm{p}} \boldsymbol{e}_\psi \otimes \boldsymbol{e}_\psi \\[2mm]
\varepsilon_{\mathrm{EGscs}\rho}^{\mathrm{p}} = \varepsilon_{\mathrm{EGscs}\theta}^{\mathrm{p}} = \varepsilon_{\mathrm{EGscs}\psi}^{\mathrm{p}} = \dfrac{\varphi_0^{\mathrm{m}}}{1-\varphi_0^{\mathrm{m}}} \dfrac{p_{\mathrm{c}}}{3 k_0^{\mathrm{s}}}
\end{cases}
\tag{3.113}
$$

$$
\begin{cases}
\varepsilon_{\mathrm{EGscs}}^{\mathrm{s}} = \varepsilon_{\mathrm{EGscs}\rho}^{\mathrm{s}} \boldsymbol{e}_\rho \otimes \boldsymbol{e}_\rho + \varepsilon_{\mathrm{EGscs}\theta}^{\mathrm{s}} \boldsymbol{e}_\theta \otimes \boldsymbol{e}_\theta + \varepsilon_{\mathrm{EGscs}\psi}^{\mathrm{s}} \boldsymbol{e}_\psi \otimes \boldsymbol{e}_\psi \\[2mm]
\varepsilon_{\mathrm{EGscs}\rho}^{\mathrm{p}} = \left(\dfrac{\varphi_0^{\mathrm{m}}}{3 k_0^{\mathrm{s}}} - \dfrac{1}{2\mu_0^{\mathrm{s}}} \dfrac{a^3}{\rho^3}\right) \dfrac{p_{\mathrm{c}}}{1-\varphi_0^{\mathrm{m}}} \\[3mm]
\varepsilon_{\mathrm{EGscs}\theta}^{\mathrm{p}} = \varepsilon_{\mathrm{EGscs}\psi}^{\mathrm{p}} = \left(\dfrac{\varphi_0^{\mathrm{m}}}{3 k_0^{\mathrm{s}}} + \dfrac{1}{4\mu_0^{\mathrm{s}}} \dfrac{a^3}{\rho^3}\right) \dfrac{p_{\mathrm{c}}}{1-\varphi_0^{\mathrm{m}}}
\end{cases}
\tag{3.114}
$$

式 (3.111) ∼ 式 (3.114) 中，$(\boldsymbol{e}_\rho,\ \boldsymbol{e}_\theta,\ \boldsymbol{e}_\psi)$ 为球坐标系的基矢量，$\varepsilon_{\mathrm{EGscs}}^{\mathrm{p}}$ 和 $\varepsilon_{\mathrm{EGscs}}^{\mathrm{s}}$ 分别为球坐标系下 RVE 孔隙内部单元和水泥基体外部单元的微观膨胀特征应变，$\left(\varepsilon_{\mathrm{EGscs}\rho}^{\mathrm{p}},\ \varepsilon_{\mathrm{EGscs}\theta}^{\mathrm{p}},\ \varepsilon_{\mathrm{EGscs}\psi}^{\mathrm{p}}\right)$ 和 $\left(\varepsilon_{\mathrm{EGscs}\rho}^{\mathrm{s}},\ \varepsilon_{\mathrm{EGscs}\theta}^{\mathrm{s}},\ \varepsilon_{\mathrm{EGscs}\psi}^{\mathrm{s}}\right)$ 分别为 $\varepsilon_{\mathrm{EGscs}}^{\mathrm{p}}$ 和 $\varepsilon_{\mathrm{EGscs}}^{\mathrm{s}}$ 的分量。

2) 坐标系转换

在微观尺度上，代表性体积单元 RVE 是由孔隙内部单元和水泥基体外部单元构成的空心复合体，其膨胀力学响应分析为球对称问题，通过弹性力学理论，可获得球坐标系下 RVE 内部单元和外部单元的微观膨胀特征应变（$\varepsilon_{\mathrm{EGscs}}^{\mathrm{p}}$ 和 $\varepsilon_{\mathrm{EGscs}}^{\mathrm{s}}$）的解析解。然而，对于混凝土棱柱或圆柱试件，采用直角坐标系或柱坐标系分析硫酸盐侵蚀作用下混凝土宏观膨胀力学响应更为方便。球坐标系、直角坐标系和柱坐标系下 RVE 微观膨胀特征应变的分量表达式各不相同，但是，它们所表示的混凝土试件内 RVE 所在位置处的特征应变状态相同。因此，通过建立球坐标系与直角坐标系、柱坐标系之间的转换关系，将球坐标系下 RVE 微观特征应变 $\varepsilon_{\mathrm{EGscs}}^{\mathrm{m}}$（$\varepsilon_{\mathrm{EGscs}}^{\mathrm{p}}$ 和 $\varepsilon_{\mathrm{EGscs}}^{\mathrm{s}}$）转换为直角坐标系下的微观特征应变 $\varepsilon_{\mathrm{EGxyz}}^{\mathrm{m}}$，或柱坐标系下的微观特征应变 $\varepsilon_{\mathrm{EGccs}}^{\mathrm{m}}$，进而可分析硫酸盐侵蚀下混凝土棱柱或圆柱试件的宏观膨胀力学响应。

本节以球坐标系与直角坐标系之间的转换为例，具体介绍该转换方法。将代表性体积单元 RVE 复合体嵌入到欧几里得三维空间中，其坐标系的建立如图 3.6 所示。

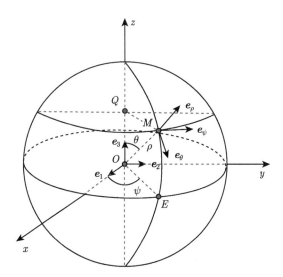

图 3.6 球坐标系与直角坐标系之间的关系

其中，笛卡儿直角坐标系的原点位于 RVE 复合体的中心位置 O 处，(e_x, e_y, e_z) 分别为直角坐标系 x、y 和 z 轴的单位向量，它们在笛卡儿直角坐标系的原点建立了一个单位正交坐标架 $(O : e_x, e_y, e_z)$，该坐标架是固定不变的。设在球坐标系中，M 为球上任一点，其与原点 O 之间的距离为 ρ，即 $|\overrightarrow{OM}| = \rho$；有向线段 $|\overrightarrow{OM}|$ 与直角坐标系 z 轴正向的夹角为 θ；$|\overrightarrow{OM}|$ 在 xOy 面上的投影线与该面上 $|\overrightarrow{OE}|$ 方向一致，有向线段 $|\overrightarrow{OE}|$ 按顺时针方向转到 x 轴的夹角为 ψ。因此，M 点在笛卡儿直角坐标系和球坐标系下的坐标分别为 $M(x, y, z)$ 和 $M(\rho, \theta, \psi)$。在球坐标系下，设 e_ρ 为 M 点处球面法线的单位向量，e_θ 和 e_ψ 分别为曲线段 θ 和曲线段 ψ 在球面 M 点处切平面上切线的单位向量。因此，在球坐标系下，以 M 点为原点，由单位向量 e_ρ、e_θ 和 e_ψ 所组成的坐标标架 $(M : e_\rho, e_\theta, e_\psi)$ 为相互正交的单位坐标标架，该标架随 M 点位置的改变而变化，即该标架为单位正交活动标架。

如上所述并结合图 3.6 可知，活动标架 $(M \; e_\rho, e_\theta, e_\psi)$ 首先经由 M 点平移至笛卡儿直角坐标系的原点 O，然后绕 z 轴顺时针旋转 ψ 角，再绕 y 轴顺时针旋转 θ 角，则它与固定坐标架 $(O : e_x, e_y, e_z)$ 完全重合。根据矢量平移的不变性，标架 $(O : e_\rho, e_\theta, e_\psi)$ 和标架 $(O : e_x, e_y, e_z)$ 的旋转关系可表示为

$$(e_\rho, e_\theta, e_\psi)^{\mathrm{T}} = \boldsymbol{R}_1(\theta) \boldsymbol{R}_2(\psi)(e_x, e_y, e_z)^{\mathrm{T}} \tag{3.115}$$

式中，$\boldsymbol{R}_1(\theta)$ 和 $\boldsymbol{R}_2(\psi)$ 分别为转换矩阵，可表示为

$$\boldsymbol{R}_1\left(\theta\right)=\begin{bmatrix} \sin\theta & 0 & \cos\theta \\ \cos\theta & 0 & -\sin\theta \\ 0 & 1 & 0 \end{bmatrix}, \quad \boldsymbol{R}_2\left(\psi\right)=\begin{bmatrix} \cos\psi & \sin\psi & 0 \\ -\sin\psi & \cos\psi & 0 \\ 0 & 0 & 1 \end{bmatrix} \tag{3.116}$$

将式 (3.116) 代入式 (3.115)，可得球坐标系与笛卡儿直角坐标系之间的转换关系

$$\left(\boldsymbol{e}_\rho,\ \boldsymbol{e}_\theta,\ \boldsymbol{e}_\psi\right)^{\mathrm{T}}=\boldsymbol{R}_{x-\rho}\left(\theta,\ \psi\right)\left(\boldsymbol{e}_x,\ \boldsymbol{e}_y,\ \boldsymbol{e}_z\right)^{\mathrm{T}} \tag{3.117}$$

式中，$\boldsymbol{R}_{x-\rho}\left(\theta,\ \psi\right)$ 为球坐标系与笛卡儿直角坐标系之间的转换矩阵，可表示为

$$\boldsymbol{R}_{x-\rho}\left(\theta,\ \psi\right)=\begin{bmatrix} \sin\theta\cos\psi & \sin\theta\sin\psi & \cos\theta \\ \cos\theta\cos\psi & \cos\theta\sin\psi & -\sin\theta \\ -\sin\psi & \cos\psi & 0 \end{bmatrix} \tag{3.118}$$

与上述过程相同，球坐标系与柱坐标系之间的转换关系 (图 3.7) 不再叙述，直接给出两者的转换公式

$$\left(\boldsymbol{e}_\rho,\ \boldsymbol{e}_\theta,\ \boldsymbol{e}_\psi\right)^{\mathrm{T}}=\boldsymbol{R}_{r-\rho}\left(\varphi\right)\left(\boldsymbol{e}_r,\ \boldsymbol{e}_\varphi,\ \boldsymbol{e}_z\right)^{\mathrm{T}} \tag{3.119}$$

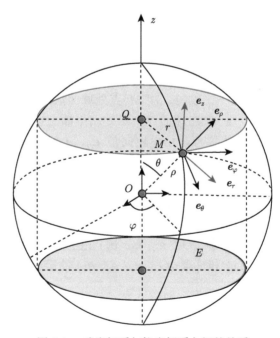

图 3.7　球坐标系与柱坐标系之间的关系

式中，$(e_r,\ e_\varphi,\ e_z)$ 为柱坐标系的基矢量，$\boldsymbol{R}_{r-\rho}(\varphi)$ 为球坐标系与柱坐标系之间的转换矩阵，可表示为

$$\boldsymbol{R}_{r-\rho}(\varphi) = \begin{bmatrix} \sin\varphi & 0 & \cos\varphi \\ \cos\varphi & 0 & -\sin\varphi \\ 0 & 1 & 0 \end{bmatrix} \tag{3.120}$$

2. 直角和柱坐标系的特征应变

1) 微观特征应变

根据上述建立的球坐标系与直角坐标系的转换关系，可将球坐标系下代表性体积单元 RVE 微观特征应变 $\varepsilon_{\mathrm{EGscs}}^{\mathrm{m}}(\varepsilon_{\mathrm{EGscs}}^{\mathrm{p}}$ 和 $\varepsilon_{\mathrm{EGscs}}^{\mathrm{s}})$ 转换为直角坐标系下 RVE 微观特征应变 $\varepsilon_{\mathrm{EGxyz}}^{\mathrm{m}}(\varepsilon_{\mathrm{EGxyz}}^{\mathrm{p}}$ 和 $\varepsilon_{\mathrm{EGxyz}}^{\mathrm{s}})$。对于受硫酸盐腐蚀的混凝土，其内 RVE 复合体的体积膨胀只产生体积变形，无剪切变形。因此，球坐标系下无外界约束的 RVE，其微观特征应变 $\varepsilon_{\mathrm{EGscs}}^{\mathrm{m}}$ 可表示为

$$\varepsilon_{\mathrm{EGscs}}^{\mathrm{m}} = \begin{bmatrix} \varepsilon_{\mathrm{EGscs}\,\rho}^{\mathrm{m}} & 0 & 0 \\ 0 & \varepsilon_{\mathrm{EGscs}\,\theta}^{\mathrm{m}} & 0 \\ 0 & 0 & \varepsilon_{\mathrm{EGscs}\,\psi}^{\mathrm{m}} \end{bmatrix} \quad (\mathrm{m}=\mathrm{s},\ \mathrm{p}) \tag{3.121}$$

而直角坐标系下代表性体积单元 RVE 的微观特征应变 $\varepsilon_{\mathrm{EGxyz}}^{\mathrm{m}}$ 为

$$\varepsilon_{\mathrm{EGxyz}}^{\mathrm{m}} = \begin{bmatrix} \varepsilon_{\mathrm{EGxyz}\,x}^{\mathrm{m}} & \varepsilon_{\mathrm{EGxyz}\,xy}^{\mathrm{m}} & \varepsilon_{\mathrm{EGxyz}\,xz}^{\mathrm{m}} \\ \varepsilon_{\mathrm{EGxyz}\,yx}^{\mathrm{m}} & \varepsilon_{\mathrm{EGxyz}\,y}^{\mathrm{m}} & \varepsilon_{\mathrm{EGxyz}\,yz}^{\mathrm{m}} \\ \varepsilon_{\mathrm{EGxyz}\,zx}^{\mathrm{m}} & \varepsilon_{\mathrm{EGxyz}\,zy}^{\mathrm{m}} & \varepsilon_{\mathrm{EGxyz}\,z}^{\mathrm{m}} \end{bmatrix} \quad (\mathrm{m}=\mathrm{s},\ \mathrm{p}) \tag{3.122}$$

由式 (3.117) 可得球坐标系下 RVE 微观特征应变 $\varepsilon_{\mathrm{EGscs}}^{\mathrm{m}}$ 与直角坐标系 RVE 微观特征应变 $\varepsilon_{\mathrm{EGxyz}}^{\mathrm{m}}$ 之间的转换关系为

$$\varepsilon_{\mathrm{EGscs}}^{\mathrm{m}} = \boldsymbol{R}_{x-\rho}\varepsilon_{\mathrm{EGxyz}}^{\mathrm{m}}\boldsymbol{R}_{x-\rho}^{\mathrm{T}} \quad (\mathrm{m}=\mathrm{s},\ \mathrm{p}) \tag{3.123}$$

由于 $\boldsymbol{R}_{x-\rho}$ 为单位正交矩阵，故 $\boldsymbol{R}_{x-\rho}\cdot\boldsymbol{R}_{x-\rho}^{\mathrm{T}}=\boldsymbol{1}$，则有

$$\varepsilon_{\mathrm{EGxyz}}^{\mathrm{m}} = \boldsymbol{R}_{x-\rho}^{\mathrm{T}}\varepsilon_{\mathrm{EGscs}}^{\mathrm{m}}\boldsymbol{R}_{x-\rho} \quad (\mathrm{m}=\mathrm{s},\ \mathrm{p}) \tag{3.124}$$

将式 (3.118)、式 (3.121) 和式 (3.122) 代入式 (3.124)，可得到笛卡儿直角坐标系下的微观应变 $\varepsilon_{\mathrm{EGxyz}}^{\mathrm{m}}$ 各应变分量为

$$
\begin{cases}
\varepsilon_{\mathrm{EGxyz}\,x}^{\mathrm{m}} = \varepsilon_{\mathrm{EGscs}\,\rho}^{\mathrm{m}} \sin^2 \theta \cos^2 \psi + \varepsilon_{\mathrm{EGscs}\theta}^{\mathrm{m}} \cos^2 \theta \cos^2 \psi + \varepsilon_{\mathrm{EGscs}\psi}^{\mathrm{m}} \sin^2 \psi \\[2mm]
\varepsilon_{\mathrm{EGxyz}\,y}^{\mathrm{m}} = \varepsilon_{\mathrm{EGscs}\,\rho}^{\mathrm{m}} \sin^2 \theta \sin^2 \psi + \varepsilon_{\mathrm{EGscs}\theta}^{\mathrm{m}} \cos^2 \theta \sin^2 \psi + \varepsilon_{\mathrm{EGscs}\psi}^{\mathrm{m}} \cos^2 \psi \\[2mm]
\varepsilon_{\mathrm{EGxyz}\,z}^{\mathrm{m}} = \varepsilon_{\mathrm{EGscs}\,\rho}^{\mathrm{m}} \cos^2 \theta + \varepsilon_{\mathrm{EGscs}\theta}^{\mathrm{m}} \sin^2 \theta \\[2mm]
\varepsilon_{\mathrm{EGxyz}\,xy}^{\mathrm{m}} = \varepsilon_{\mathrm{EGxyz}\,yx}^{\mathrm{m}} = \dfrac{1}{2} \left(\varepsilon_{\mathrm{EGscs}\,\rho}^{\mathrm{m}} \sin^2 \theta \sin 2\psi \right. \\[2mm]
\qquad\qquad \left. + \varepsilon_{\mathrm{EGscs}\theta}^{\mathrm{m}} \cos^2 \theta \sin 2\psi - \varepsilon_{\mathrm{EGscs}\psi}^{\mathrm{m}} \sin 2\psi \right) \quad (\mathrm{m} = \mathrm{s},\ \mathrm{p}) \\[2mm]
\varepsilon_{\mathrm{EGxyz}\,xz}^{\mathrm{m}} = \varepsilon_{\mathrm{EGxyz}\,zx}^{\mathrm{m}} = \dfrac{1}{2} \left(\varepsilon_{\mathrm{EGscs}\,\rho}^{\mathrm{m}} \sin 2\theta \cos \psi - \varepsilon_{\mathrm{EGscs}\theta}^{\mathrm{m}} \sin 2\theta \cos \psi \right) \\[2mm]
\varepsilon_{\mathrm{EGxyz}\,yz}^{\mathrm{m}} = \varepsilon_{\mathrm{EGxyz}\,zy}^{\mathrm{m}} = \dfrac{1}{2} \left(\varepsilon_{\mathrm{EGscs}\,\rho}^{\mathrm{m}} \sin 2\theta \sin \psi - \varepsilon_{\mathrm{EGscs}\theta}^{\mathrm{m}} \sin 2\theta \sin \psi \right)
\end{cases}
$$

$$(3.125)$$

2) 柱坐标系下微观特征应变

根据上述建立的球坐标系与柱坐标系的转换关系，可将球坐标系下代表性体积单元 RVE 的微观特征应变 $\varepsilon_{\mathrm{EGscs}}^{\mathrm{m}}(\varepsilon_{\mathrm{EGscs}}^{\mathrm{p}}$ 和 $\varepsilon_{\mathrm{EGscs}}^{\mathrm{s}})$ 转换为柱坐标系下 RVE 的微观特征应变 $\varepsilon_{\mathrm{EGccs}}^{\mathrm{m}}(\varepsilon_{\mathrm{EGccs}}^{\mathrm{p}}$ 和 $\varepsilon_{\mathrm{EGccs}}^{\mathrm{s}})$。柱坐标系下代表性体积单元 RVE 的微观特征应变 $\varepsilon_{\mathrm{EGccs}}^{\mathrm{m}}$ 为

$$
\varepsilon_{\mathrm{EGccs}}^{\mathrm{m}} = \begin{bmatrix}
\varepsilon_{\mathrm{EGccs}\,r}^{\mathrm{m}} & \varepsilon_{\mathrm{EGccs}\,r\varphi}^{\mathrm{m}} & \varepsilon_{\mathrm{EGccs}\,rz}^{\mathrm{m}} \\[2mm]
\varepsilon_{\mathrm{EGccs}\,r\varphi}^{\mathrm{m}} & \varepsilon_{\mathrm{EGccs}\,\varphi}^{\mathrm{m}} & \varepsilon_{\mathrm{EGccs}\,\varphi z}^{\mathrm{m}} \\[2mm]
\varepsilon_{\mathrm{EGccs}\,zr}^{\mathrm{m}} & \varepsilon_{\mathrm{EGccs}\,z\varphi}^{\mathrm{m}} & \varepsilon_{\mathrm{EGccs}\,z}^{\mathrm{m}}
\end{bmatrix} \quad (\mathrm{m} = \mathrm{s},\ \mathrm{p})
$$

$$(3.126)$$

由式 (3.119) 可得柱坐标系下 RVE 微观特征应变 $\varepsilon_{\mathrm{EGscs}}^{\mathrm{m}}$ 与球坐标系 RVE 微观特征应变 $\varepsilon_{\mathrm{EGccs}}^{\mathrm{m}}$ 之间的转换关系为

$$
\varepsilon_{\mathrm{EGscs}}^{\mathrm{m}} = \boldsymbol{R}_{r-\rho} \varepsilon_{\mathrm{EGccs}}^{\mathrm{m}} \boldsymbol{R}_{r-\rho}^{\mathrm{T}} \quad (\mathrm{m} = \mathrm{s},\ \mathrm{p})
$$

$$(3.127)$$

由于 $\boldsymbol{R}_{r-\rho}$ 是一单位正交矩阵，故 $\boldsymbol{R}_{r-\rho} \cdot \boldsymbol{R}_{r-\rho}^{\mathrm{T}} = \boldsymbol{1}$，则有

$$
\varepsilon_{\mathrm{EGccs}}^{\mathrm{m}} = \boldsymbol{R}_{r-\rho}^{\mathrm{T}} \varepsilon_{\mathrm{EGscs}}^{\mathrm{m}} \boldsymbol{R}_{r-\rho} \quad (\mathrm{m} = \mathrm{s},\ \mathrm{p})
$$

$$(3.128)$$

将式 (3.120)、式 (3.121) 和式 (3.126) 代入式 (3.128)，可得到柱坐标系下的微观应变 $\varepsilon_{\mathrm{EGccs}}^{\mathrm{m}}$ 各应变分量为

$$
\begin{cases}
\varepsilon_{\mathrm{EGccs}\,r}^{\mathrm{m}} = \varepsilon_{\mathrm{EGscs}\,\rho}^{\mathrm{m}} \sin^2 \theta + \varepsilon_{\mathrm{EGscs}\theta}^{\mathrm{m}} \cos^2 \theta \\[2mm]
\varepsilon_{\mathrm{EGccs}\,\varphi}^{\mathrm{m}} = \varepsilon_{\mathrm{EGscs}\psi}^{\mathrm{m}} \\[2mm]
\varepsilon_{\mathrm{EGccs}\,z}^{\mathrm{m}} = \varepsilon_{\mathrm{EGscs}\,\rho}^{\mathrm{m}} \cos^2 \theta + \varepsilon_{\mathrm{EGscs}\theta}^{\mathrm{m}} \sin^2 \theta \\[2mm]
\varepsilon_{\mathrm{EGccs}\,r\varphi}^{\mathrm{m}} = \varepsilon_{\mathrm{EGccs}\,\varphi r}^{\mathrm{m}} = 0 \\[2mm]
\varepsilon_{\mathrm{EGccs}\,rz}^{\mathrm{m}} = \varepsilon_{\mathrm{EGccs}\,zr}^{\mathrm{m}} = \varepsilon_{\mathrm{EGscs}\,\rho}^{\mathrm{m}} \sin \theta \cos \theta - \varepsilon_{\mathrm{EGscs}\theta}^{\mathrm{m}} \sin \theta \cos \theta \\[2mm]
\varepsilon_{\mathrm{EGccs}\,\varphi z}^{\mathrm{m}} = \varepsilon_{\mathrm{EGccs}\,z\varphi}^{\mathrm{m}} = 0
\end{cases} \quad (\mathrm{m} = \mathrm{s},\ \mathrm{p})
$$

$$(3.129)$$

3. 宏观特征应变

如上所述，无外界约束的代表性体积单元 RVE 其自由体积膨胀产生的等效膨胀应变等于混凝土试件内 RVE 所在位置处的宏观特征应变，即

$$\varepsilon_{\mathrm{EG}\Re}^{\mathrm{M}} = \overline{\varepsilon_{\mathrm{EG}\Re}^{\mathrm{m}}} \quad (\Re = \mathrm{scs,\ ccs,\ xyz}) \tag{3.130}$$

式中，下标 $\Re$(scs, ccs, xyz) 为坐标系，包含球坐标系、柱坐标系和直角坐标系；$\varepsilon_{\mathrm{EG}}^{\mathrm{M}}$ 为混凝土宏观试件内 RVE 所在位置处的宏观特征应变；$\overline{\varepsilon_{\mathrm{EG}}^{\mathrm{m}}}$ 为无约束边界 RVE 自由体积膨胀产生的等效膨胀应变。

根据均匀化方法，RVE 的等效膨胀应变 $\overline{\varepsilon_{\mathrm{EG}}^{\mathrm{m}}}$ 可通过对 RVE 内部单元和外部单元的微观膨胀特征应变 ($\varepsilon_{\mathrm{EG}}^{\mathrm{p}}$ 和 $\varepsilon_{\mathrm{EG}}^{\mathrm{s}}$) 的积分进行体积平均化求得，如下式

$$\overline{\varepsilon_{\mathrm{EG}}^{\mathrm{m}}} = \overline{\varepsilon_{\mathrm{EG}}^{\mathrm{s}} + \varepsilon_{\mathrm{EG}}^{\mathrm{p}}} = \frac{1}{V_{\mathrm{RVE}}} \left[\int_{\varOmega_{\mathrm{RVE}}^{\mathrm{s}}} \varepsilon_{\mathrm{EG}}^{\mathrm{s}} \mathrm{d}V + \int_{\varOmega_{\mathrm{RVE}}^{\mathrm{p}}} \varepsilon_{\mathrm{EG}}^{\mathrm{p}} \mathrm{d}V \right] \tag{3.131}$$

式中，$\varOmega_{\mathrm{RVE}}^{\mathrm{p}}$ 和 $\varOmega_{\mathrm{RVE}}^{\mathrm{s}}$ 分别为 RVE 内部单元和外部单元的体积空间。

1) 基于体积增加理论的 RVE 等效膨胀应变

(1) 球坐标系。

在球坐标系下，RVE 自由体积膨胀产生的等效膨胀应变的分量形式为

$$\overline{\varepsilon_{\mathrm{EGscs}}^{\mathrm{m}}} = \begin{bmatrix} \overline{\varepsilon_{\mathrm{EGscs}\,\rho}^{\mathrm{m}}} & 0 & 0 \\ 0 & \overline{\varepsilon_{\mathrm{EGscs}\,\theta}^{\mathrm{m}}} & 0 \\ 0 & 0 & \overline{\varepsilon_{\mathrm{EGscs}\,\psi}^{\mathrm{m}}} \end{bmatrix} \quad (\mathrm{m = s,\ p}) \tag{3.132}$$

式中，$\overline{\varepsilon_{\mathrm{EGscs}}^{\mathrm{m}}}$ 为球坐标系下无约束边界 RVE 自由体积膨胀产生的等效膨胀应变。

因此，球坐标系下式 (3.131) 可展开为

$$\begin{cases} \overline{\varepsilon_{\mathrm{EGscs}\,\rho}^{\mathrm{m}}} = \dfrac{1}{V_{\mathrm{RVE}}} \int_0^{2\pi} \mathrm{d}\psi \int_0^{\pi} \sin\theta \mathrm{d}\theta \int_a^b \left(\varepsilon_{\mathrm{EGscs}\,\rho}^{\mathrm{s}} \rho^2 \right) \mathrm{d}\rho \\ \qquad\quad + \dfrac{1}{V_{\mathrm{RVE}}} \int_0^{2\pi} \mathrm{d}\varphi \int_0^{\pi} \sin\theta \mathrm{d}\theta \int_0^a \left(\varepsilon_{\mathrm{EGscs}\,\rho}^{\mathrm{p}} \rho^2 \right) \mathrm{d}\rho \\ \overline{\varepsilon_{\mathrm{EGscs}\,\theta}^{\mathrm{m}}} = \overline{\varepsilon_{\mathrm{EGscs}\,\psi}^{\mathrm{m}}} = \dfrac{1}{V_{\mathrm{RVE}}} \int_0^{2\pi} \mathrm{d}\psi \int_0^{\pi} \sin\theta \mathrm{d}\theta \int_a^b \left(\varepsilon_{\mathrm{EGscs}\,\theta}^{\mathrm{s}} \rho^2 \right) \mathrm{d}\rho \\ \qquad\quad + \dfrac{1}{V_{\mathrm{RVE}}} \int_0^{2\pi} \mathrm{d}\varphi \int_0^{\pi} \sin\theta \mathrm{d}\theta \int_0^a \left(\varepsilon_{\mathrm{EGscs}\,\theta}^{\mathrm{p}} \rho^2 \right) \mathrm{d}\rho \end{cases} \tag{3.133}$$

将式 (3.111) 和式 (3.112) 代入上式 (3.133)，可得球坐标系下 RVE 的等效膨胀应变

$$
\begin{cases}
\overline{\varepsilon^{\mathrm{m}}_{\mathrm{EGscs}\,\rho}} = \left(\dfrac{1}{3k_0^{\mathrm{s}}} + \dfrac{1 + 2\ln\varphi_0^{\mathrm{m}}}{4\mu_0^{\mathrm{s}}} \right) \dfrac{12\varphi_0^{\mathrm{m}} k_0^{\mathrm{s}} \mu_0^{\mathrm{s}} k^{\mathrm{p}}}{4\left(1 - \varphi_0^{\mathrm{m}}\right) k_0^{\mathrm{s}} \mu_0^{\mathrm{s}} + 4\mu_0^{\mathrm{s}} k^{\mathrm{p}} \varphi_0^{\mathrm{m}} + 3k_0^{\mathrm{s}} k^{\mathrm{p}}} \varepsilon_{\mathrm{res}}^{\mathrm{p}} \\[4mm]
\overline{\varepsilon^{\mathrm{m}}_{\mathrm{EGscs}\,\theta}} = \overline{\varepsilon^{\mathrm{m}}_{\mathrm{EGscs}\,\psi}} = \left(\dfrac{1}{3k_0^{\mathrm{s}}} + \dfrac{1 - \ln\varphi_0^{\mathrm{m}}}{4\mu_0^{\mathrm{s}}} \right) \dfrac{12\varphi_0^{\mathrm{m}} k_0^{\mathrm{s}} \mu_0^{\mathrm{s}} k^{\mathrm{p}}}{4\left(1 - \varphi_0^{\mathrm{m}}\right) k_0^{\mathrm{s}} \mu_0^{\mathrm{s}} + 4\mu_0^{\mathrm{s}} k^{\mathrm{p}} \varphi_0^{\mathrm{m}} + 3k_0^{\mathrm{s}} k^{\mathrm{p}}} \varepsilon_{\mathrm{res}}^{\mathrm{p}}
\end{cases}
\tag{3.134}
$$

(2) 直角坐标系。

同样地，直角坐标系下，RVE 自由体积膨胀产生的等效膨胀应变的分量形式为

$$
\overline{\varepsilon^{\mathrm{m}}_{\mathrm{EGxyz}}} =
\begin{bmatrix}
\overline{\varepsilon^{\mathrm{m}}_{\mathrm{EGxyz}\,x}} & \overline{\varepsilon^{\mathrm{m}}_{\mathrm{EGxyz}\,xy}} & \overline{\varepsilon^{\mathrm{m}}_{\mathrm{EGxyz}\,xz}} \\[2mm]
\overline{\varepsilon^{\mathrm{m}}_{\mathrm{EGxyz}\,yx}} & \overline{\varepsilon^{\mathrm{m}}_{\mathrm{EGxyz}\,y}} & \overline{\varepsilon^{\mathrm{m}}_{\mathrm{EGxyz}\,yz}} \\[2mm]
\overline{\varepsilon^{\mathrm{m}}_{\mathrm{EGxyz}\,zx}} & \overline{\varepsilon^{\mathrm{m}}_{\mathrm{EGxyz}\,zy}} & \overline{\varepsilon^{\mathrm{m}}_{\mathrm{EGxyz}\,z}}
\end{bmatrix}
\quad (\mathrm{m} = \mathrm{s},\ \mathrm{p})
\tag{3.135}
$$

式中，$\overline{\varepsilon^{\mathrm{m}}_{\mathrm{EGxyz}}}$ 为直角坐标系下无约束边界的 RVE 自由体积膨胀产生的等效膨胀应变。

因此，直角坐标系下式 (3.131) 可展开为

$$
\begin{cases}
\overline{\varepsilon^{\mathrm{m}}_{\mathrm{EGxyz}\,x}} = \dfrac{1}{V_{\mathrm{RVE}}} \displaystyle\int_0^{2\pi} \mathrm{d}\psi \int_0^{\pi} \sin\theta\,\mathrm{d}\theta \\[2mm]
\qquad\qquad \cdot \displaystyle\int_0^b \left(\begin{array}{l} \varepsilon^{\mathrm{m}}_{\mathrm{EGscs}\,\rho} \sin^2\theta \cos^2\psi + \varepsilon^{\mathrm{m}}_{\mathrm{EGscs}\,\psi} \sin^2\psi \\ + \varepsilon^{\mathrm{m}}_{\mathrm{EGscs}\,\theta} \cos^2\theta \cos^2\psi \end{array} \right) \rho^2\,\mathrm{d}\rho \\[4mm]
\overline{\varepsilon^{\mathrm{m}}_{\mathrm{EGxyz}\,y}} = \dfrac{1}{V_{\mathrm{RVE}}} \displaystyle\int_0^{2\pi} \mathrm{d}\psi \int_0^{\pi} \sin\theta\,\mathrm{d}\theta \\[2mm]
\qquad\qquad \cdot \displaystyle\int_0^b \left(\begin{array}{l} \varepsilon^{\mathrm{m}}_{\mathrm{EGscs}\,\rho} \sin^2\theta \sin^2\psi + \varepsilon^{\mathrm{m}}_{\mathrm{EGscs}\,\psi} \cos^2\psi \\ + \varepsilon^{\mathrm{m}}_{\mathrm{EGscs}\,\theta} \cos^2\theta \sin^2\psi \end{array} \right) \rho^2\,\mathrm{d}\rho \\[4mm]
\overline{\varepsilon^{\mathrm{m}}_{\mathrm{EGsxyz}\,z}} = \dfrac{1}{V_{\mathrm{RVE}}} \displaystyle\int_0^{2\pi} \mathrm{d}\psi \int_0^{\pi} \sin\theta\,\mathrm{d}\theta \int_0^b \left(\varepsilon^{\mathrm{m}}_{\mathrm{EGscs}\,\rho} \cos^2\theta + \varepsilon^{\mathrm{m}}_{\mathrm{EGscs}\,\theta} \sin^2\theta \right) \rho^2\,\mathrm{d}\rho \\[4mm]
\overline{\varepsilon^{\mathrm{m}}_{\mathrm{EGxyz}\,xy}} = \overline{\varepsilon^{\mathrm{m}}_{\mathrm{EGxyz}\,yx}} = \dfrac{1}{2V_{\mathrm{RVE}}} \displaystyle\int_0^{2\pi} \mathrm{d}\psi \int_0^{\pi} \sin\theta\,\mathrm{d}\theta \\[2mm]
\qquad\qquad \cdot \displaystyle\int_0^b \left(\begin{array}{l} \varepsilon^{\mathrm{m}}_{\mathrm{EGscs}\,\rho} \sin^2\theta \sin 2\psi - \varepsilon^{\mathrm{m}}_{\mathrm{EGscs}\,\psi} \sin 2\psi \\ + \varepsilon^{\mathrm{m}}_{\mathrm{EGscs}\,\theta} \cos^2\theta \sin 2\psi \end{array} \right) \rho^2\,\mathrm{d}\rho \\[4mm]
\overline{\varepsilon^{\mathrm{m}}_{\mathrm{EGxyz}\,xz}} = \overline{\varepsilon^{\mathrm{m}}_{\mathrm{EGxyz}\,zx}} = \dfrac{1}{2V_{\mathrm{RVE}}} \displaystyle\int_0^{2\pi} \mathrm{d}\psi \int_0^{\pi} \sin\theta\,\mathrm{d}\theta \\[2mm]
\qquad\qquad \cdot \displaystyle\int_0^b \left(\varepsilon^{\mathrm{m}}_{\mathrm{EGscs}\,\rho} \sin 2\theta \cos\psi - \varepsilon^{\mathrm{m}}_{\mathrm{EGscs}\,\theta} \sin 2\theta \cos\psi \right) \rho^2\,\mathrm{d}\rho \\[4mm]
\overline{\varepsilon^{\mathrm{m}}_{\mathrm{EGxyz}\,yz}} = \overline{\varepsilon^{\mathrm{m}}_{\mathrm{EGxyz}\,zy}} = \dfrac{1}{2V_{\mathrm{RVE}}} \displaystyle\int_0^{2\pi} \mathrm{d}\psi \int_0^{\pi} \sin\theta\,\mathrm{d}\theta \\[2mm]
\qquad\qquad \cdot \displaystyle\int_0^b \left(\varepsilon^{\mathrm{m}}_{\mathrm{EGscs}\,\rho} \sin 2\theta \sin\psi - \varepsilon^{\mathrm{m}}_{\mathrm{EGscs}\,\theta} \sin 2\theta \sin\psi \right) \rho^2\,\mathrm{d}\rho
\end{cases}
\tag{3.136}
$$

将式 (3.111) 和式 (3.112) 代入上式 (3.136)，可得直角坐标系下 RVE 的等效膨胀应变

$$
\begin{cases}
\overline{\varepsilon^{\mathrm{m}}_{\mathrm{EGxyz}\,x}} = \overline{\varepsilon^{\mathrm{m}}_{\mathrm{EGxyz}\,y}} = \overline{\varepsilon^{\mathrm{m}}_{\mathrm{EGsxyz}\,z}} \\[2mm]
\qquad = \left(\dfrac{1}{3k_0^{\mathrm{s}}} + \dfrac{1}{4\mu_0^{\mathrm{s}}} \right) \dfrac{12\varphi_0^{\mathrm{m}} k_0^{\mathrm{s}} \mu_0^{\mathrm{s}} k^{\mathrm{P}}}{4\left(1-\varphi_0^{\mathrm{m}}\right) k_0^{\mathrm{s}} \mu_0^{\mathrm{s}} + 4\mu_0^{\mathrm{s}} k^{\mathrm{P}} \varphi_0^{\mathrm{m}} + 3k_0^{\mathrm{s}} k^{\mathrm{P}}} \varepsilon^{\mathrm{P}}_{\mathrm{res}} \\[2mm]
\overline{\varepsilon^{\mathrm{m}}_{\mathrm{EGxyz}\,xy}} = \overline{\varepsilon^{\mathrm{m}}_{\mathrm{EGxyz}\,yx}} = \overline{\varepsilon^{\mathrm{m}}_{\mathrm{EGxyz}\,xz}} = \overline{\varepsilon^{\mathrm{m}}_{\mathrm{EGxyz}\,zx}} = \overline{\varepsilon^{\mathrm{m}}_{\mathrm{EGxyz}\,yz}} = \overline{\varepsilon^{\mathrm{m}}_{\mathrm{EGxyz}\,zy}} = 0
\end{cases}
$$

$$(3.137)$$

(3) 柱坐标系。

同样地，在柱坐标系下，RVE 自由体积膨胀产生的等效膨胀应变的分量形式为

$$
\overline{\varepsilon^{\mathrm{m}}_{\mathrm{EGccs}}} = \left[
\begin{array}{ccc}
\overline{\varepsilon^{\mathrm{m}}_{\mathrm{EGccs}\,r}} & \overline{\varepsilon^{\mathrm{m}}_{\mathrm{EGccs}\,r\varphi}} & \overline{\varepsilon^{\mathrm{m}}_{\mathrm{EGccs}\,rz}} \\[2mm]
\overline{\varepsilon^{\mathrm{m}}_{\mathrm{EGccs}\,r\varphi}} & \overline{\varepsilon^{\mathrm{m}}_{\mathrm{EGccs}\,\varphi}} & \overline{\varepsilon^{\mathrm{m}}_{\mathrm{EGccs}\,\varphi z}} \\[2mm]
\overline{\varepsilon^{\mathrm{m}}_{\mathrm{EGccs}\,zr}} & \overline{\varepsilon^{\mathrm{m}}_{\mathrm{EGccs}\,z\varphi}} & \overline{\varepsilon^{\mathrm{m}}_{\mathrm{EGccs}\,z}}
\end{array}
\right] \quad (\mathrm{m=s,\ p}) \qquad (3.138)
$$

式中，$\overline{\varepsilon^{\mathrm{m}}_{\mathrm{EGccs}}}$ 为柱坐标系下无约束边界的 RVE 自由体积膨胀产生的等效膨胀应变。

因此，柱坐标系下式 (3.131) 可展开为

$$
\begin{cases}
\overline{\varepsilon^{\mathrm{m}}_{\mathrm{EGccs}\,r}} = \dfrac{1}{V_{\mathrm{RVE}}} \int_0^{2\pi} \mathrm{d}\psi \int_0^{\pi} \sin\theta \mathrm{d}\theta \int_0^{b} \left(\varepsilon^{\mathrm{m}}_{\mathrm{EGscs}\,\rho} \sin^2\theta + \varepsilon^{\mathrm{m}}_{\mathrm{EGscs}\theta} \cos^2\theta\right) \rho^2 \mathrm{d}\rho \\[3mm]
\overline{\varepsilon^{\mathrm{m}}_{\mathrm{EGccs}\,\varphi}} = \dfrac{1}{V_{\mathrm{RVE}}} \int_0^{2\pi} \mathrm{d}\psi \int_0^{\pi} \sin\theta \mathrm{d}\theta \int_0^{b} \left(\varepsilon^{\mathrm{m}}_{\mathrm{EGscs}\psi}\right) \rho^2 \mathrm{d}\rho \\[3mm]
\overline{\varepsilon^{\mathrm{m}}_{\mathrm{EGccs}\,z}} = \dfrac{1}{V_{\mathrm{RVE}}} \int_0^{2\pi} \mathrm{d}\psi \int_0^{\pi} \sin\theta \mathrm{d}\theta \int_0^{b} \left(\varepsilon^{\mathrm{m}}_{\mathrm{EGscs}\,\rho} \cos^2\theta + \varepsilon^{\mathrm{m}}_{\mathrm{EGscs}\theta} \sin^2\theta\right) \rho^2 \mathrm{d}\rho \\[3mm]
\overline{\varepsilon^{\mathrm{m}}_{\mathrm{EGccs}\,r\varphi}} = \overline{\varepsilon^{\mathrm{m}}_{\mathrm{EGccs}\,\varphi r}} = 0 \\[3mm]
\overline{\varepsilon^{\mathrm{m}}_{\mathrm{EGccs}\,rz}} = \overline{\varepsilon^{\mathrm{m}}_{\mathrm{EGccs}\,zr}} = \dfrac{1}{V_{\mathrm{RVE}}} \int_0^{2\pi} \mathrm{d}\psi \int_0^{\pi} \sin\theta \mathrm{d}\theta \\[3mm]
\qquad \cdot \int_0^{b} \left(\varepsilon^{\mathrm{m}}_{\mathrm{EGscs}\,\rho} \sin\theta \cos\theta - \varepsilon^{\mathrm{m}}_{\mathrm{EGscs}\theta} \sin\theta \cos\theta\right) \rho^2 \mathrm{d}\rho \\[3mm]
\overline{\varepsilon^{\mathrm{m}}_{\mathrm{EGccs}\,\varphi z}} = \overline{\varepsilon^{\mathrm{m}}_{\mathrm{EGccs}\,z\varphi}} = 0
\end{cases}
$$

$$(3.139)$$

将式 (3.111) 和式 (3.112) 代入上式 (3.139)，可得柱坐标系下 RVE 体积膨胀等效应变

$$
\begin{cases}
\overline{\varepsilon_{\mathrm{EGccs}\,r}^{\mathrm{m}}} = \left(\dfrac{1}{3k^{\mathrm{s}}} + \dfrac{1+\ln\varphi_0}{4\mu^{\mathrm{s}}} \right) \dfrac{12\varphi_0^{\mathrm{m}} k^{\mathrm{s}}\mu^{\mathrm{s}} k^{\mathrm{p}}}{4\left(1-\varphi_0^{\mathrm{m}}\right) k^{\mathrm{s}}\mu^{\mathrm{s}} + 4\mu^{\mathrm{s}} k^{\mathrm{p}}\varphi_0^{\mathrm{m}} + 3k^{\mathrm{s}} k^{\mathrm{p}}} \varepsilon_{\mathrm{res}}^{\mathrm{p}} \\[4mm]
\overline{\varepsilon_{\mathrm{EGccs}\,\varphi}^{\mathrm{m}}} = \left(\dfrac{1}{3k^{\mathrm{s}}} + \dfrac{1-\ln\varphi_0}{4\mu^{\mathrm{s}}} \right) \dfrac{12\varphi_0^{\mathrm{m}} k^{\mathrm{s}}\mu^{\mathrm{s}} k^{\mathrm{p}}}{4\left(1-\varphi_0^{\mathrm{m}}\right) k^{\mathrm{s}}\mu^{\mathrm{s}} + 4\mu^{\mathrm{s}} k^{\mathrm{p}}\varphi_0^{\mathrm{m}} + 3k^{\mathrm{s}} k^{\mathrm{p}}} \varepsilon_{\mathrm{res}}^{\mathrm{p}} \\[4mm]
\overline{\varepsilon_{\mathrm{EGccs}\,z}^{\mathrm{m}}} = \left(\dfrac{1}{3k^{\mathrm{s}}} + \dfrac{1}{4\mu^{\mathrm{s}}} \right) \dfrac{12\varphi_0^{\mathrm{m}} k^{\mathrm{s}}\mu^{\mathrm{s}} k^{\mathrm{p}}}{4\left(1-\varphi_0^{\mathrm{m}}\right) k^{\mathrm{s}}\mu^{\mathrm{s}} + 4\mu^{\mathrm{s}} k^{\mathrm{p}}\varphi_0^{\mathrm{m}} + 3k^{\mathrm{s}} k^{\mathrm{p}}} \varepsilon_{\mathrm{res}}^{\mathrm{p}} \\[4mm]
\overline{\varepsilon_{\mathrm{EGccs}\,r\varphi}^{\mathrm{m}}} = \overline{\varepsilon_{\mathrm{EGccs}\,\varphi r}^{\mathrm{m}}} = \overline{\varepsilon_{\mathrm{EGccs}\,rz}^{\mathrm{m}}} = \overline{\varepsilon_{\mathrm{EGccs}\,zr}^{\mathrm{m}}} = \overline{\varepsilon_{\mathrm{EGccs}\,\varphi z}^{\mathrm{m}}} = \overline{\varepsilon_{\mathrm{EGccs}\,z\varphi}^{\mathrm{m}}} = 0
\end{cases}
\tag{3.140}
$$

(4) 各坐标系下等效体积应变。

根据上述球坐标系、直角坐标系以及柱坐标系下 RVE 等效膨胀应变的求解，可进一步计算不同坐标系下 RVE 的等效体积应变，结果如式 (3.141) ~ 式 (3.143) 所示。结果表明，尽管不同坐标系下 RVE 等效膨胀应变的表达式各不相同，但是它们的等效体积应变相同，见式 (3.144)。

$$
\overline{\varepsilon_{\mathrm{EGscs}\,V}^{\mathrm{m}}} = \overline{\varepsilon_{\mathrm{EGscs}\,\rho}^{\mathrm{m}}} + \overline{\varepsilon_{\mathrm{EGscs}\,\theta}^{\mathrm{m}}} + \overline{\varepsilon_{\mathrm{EGscs}\,\psi}^{\mathrm{m}}} = \frac{3\varphi_0^{\mathrm{m}} k^{\mathrm{p}}\left(3k_0^{\mathrm{s}} + 4\mu_0^{\mathrm{s}}\right)}{4\left(1-\varphi_0^{\mathrm{m}}\right) k_0^{\mathrm{s}}\mu_0^{\mathrm{s}} + 4\mu_0^{\mathrm{s}} k^{\mathrm{p}}\varphi^{\mathrm{m}} + 3k_0^{\mathrm{s}} k^{\mathrm{p}}} \varepsilon_{\mathrm{res}}^{\mathrm{p}}
\tag{3.141}
$$

$$
\overline{\varepsilon_{\mathrm{EGxyz}\,V}^{\mathrm{m}}} = \overline{\varepsilon_{\mathrm{EGxyz}\,x}^{\mathrm{m}}} + \overline{\varepsilon_{\mathrm{EGxyz}\,y}^{\mathrm{m}}} + \overline{\varepsilon_{\mathrm{EGsxyz}\,z}^{\mathrm{m}}} = \frac{3\varphi_0^{\mathrm{m}} k^{\mathrm{p}}\left(3k_0^{\mathrm{s}} + 4\mu_0^{\mathrm{s}}\right)}{4\left(1-\varphi_0^{\mathrm{m}}\right) k_0^{\mathrm{s}}\mu_0^{\mathrm{s}} + 4\mu_0^{\mathrm{s}} k^{\mathrm{p}}\varphi_0^{\mathrm{m}} + 3k_0^{\mathrm{s}} k^{\mathrm{p}}} \varepsilon_{\mathrm{res}}^{\mathrm{p}}
\tag{3.142}
$$

$$
\overline{\varepsilon_{\mathrm{EGccs}\,V}^{\mathrm{m}}} = \overline{\varepsilon_{\mathrm{EGccs}\,r}^{\mathrm{m}}} + \overline{\varepsilon_{\mathrm{EGccs}\,\varphi}^{\mathrm{m}}} + \overline{\varepsilon_{\mathrm{EGccs}\,z}^{\mathrm{m}}} = \frac{3\varphi_0^{\mathrm{m}} k^{\mathrm{p}}\left(3k_0^{\mathrm{s}} + 4\mu_0^{\mathrm{s}}\right)}{4\left(1-\varphi_0^{\mathrm{m}}\right) k_0^{\mathrm{s}}\mu_0^{\mathrm{s}} + 4\mu_0^{\mathrm{s}} k^{\mathrm{p}}\varphi_0^{\mathrm{m}} + 3k_0^{\mathrm{s}} k^{\mathrm{p}}} \varepsilon_{\mathrm{res}}^{\mathrm{p}}
\tag{3.143}
$$

$$
\overline{\varepsilon_{\mathrm{EGscs}\,V}^{\mathrm{m}}} = \overline{\varepsilon_{\mathrm{EGxyz}\,V}^{\mathrm{m}}} = \overline{\varepsilon_{\mathrm{EGccs}\,V}^{\mathrm{m}}}
\tag{3.144}
$$

式中，$\overline{\varepsilon_{\mathrm{EGscs}\,V}^{\mathrm{m}}}$、$\overline{\varepsilon_{\mathrm{EGxyz}\,V}^{\mathrm{m}}}$ 和 $\overline{\varepsilon_{\mathrm{EGccs}\,V}^{\mathrm{m}}}$ 分别为球坐标系、直角坐标系以及柱坐标系下 RVE 的等效体积应变。

2) 基于结晶压理论的 RVE 等效膨胀应变

各个坐标系下，基于结晶压理论的 RVE 体积膨胀等效应变的求解过程与基于固体体积增加的 RVE 体积膨胀等效应变相同，此处不再叙述。

将式 (3.113) 和式 (3.114) 代入式 (3.133)，可获得球坐标系下 RVE 体积膨胀等效应变为

$$
\begin{cases}
\overline{\varepsilon_{\mathrm{EGscs}}^{\mathrm{m}}} = \overline{\varepsilon_{\mathrm{EGscs}\,\rho}^{\mathrm{m}}}\boldsymbol{e}_\rho \otimes \boldsymbol{e}_\rho + \overline{\varepsilon_{\mathrm{EGscs}\,\theta}^{\mathrm{m}}}\boldsymbol{e}_\theta \otimes \boldsymbol{e}_\theta + \overline{\varepsilon_{\mathrm{EGscs}\,\psi}^{\mathrm{m}}}\boldsymbol{e}_\psi \otimes \boldsymbol{e}_\psi \\[3mm]
\overline{\varepsilon_{\mathrm{EGscs}\,\rho}^{\mathrm{m}}} = \dfrac{\varphi_0^{\mathrm{m}}}{1-\varphi_0^{\mathrm{m}}} \left(\dfrac{1}{3k_0^{\mathrm{s}}} + \dfrac{\ln\varphi_0^{\mathrm{m}}}{2\mu_0^{\mathrm{s}}} \right) p_{\mathrm{c}} \\[3mm]
\overline{\varepsilon_{\mathrm{EGscs}\,\theta}^{\mathrm{m}}} = \overline{\varepsilon_{\mathrm{EGscs}\,\psi}^{\mathrm{m}}} = \dfrac{\varphi_0^{\mathrm{m}}}{1-\varphi_0^{\mathrm{m}}} \left(\dfrac{1}{3k_0^{\mathrm{s}}} - \dfrac{\ln\varphi_0^{\mathrm{m}}}{4\mu_0^{\mathrm{s}}} \right) p_{\mathrm{c}}
\end{cases}
\tag{3.145}
$$

将式 (3.113) 和式 (3.114) 代入式 (3.136)，可得直角坐标系下 RVE 体积膨胀等效应变

$$
\begin{cases}
\overline{\varepsilon_{\mathrm{EGxyz}}^{\mathrm{m}}} = \overline{\varepsilon_{\mathrm{EGxyz\,}x}^{\mathrm{m}}}\boldsymbol{e}_x \otimes \boldsymbol{e}_x + \overline{\varepsilon_{\mathrm{EGxyz\,}y}^{\mathrm{m}}}\boldsymbol{e}_y \otimes \boldsymbol{e}_y + \overline{\varepsilon_{\mathrm{EGsxyz\,}z}^{\mathrm{m}}}\boldsymbol{e}_z \otimes \boldsymbol{e}_z \\
\qquad + \overline{\varepsilon_{\mathrm{EGxyz\,}xy}^{\mathrm{m}}}\boldsymbol{e}_x \otimes \boldsymbol{e}_y + \overline{\varepsilon_{\mathrm{EGxyz\,}xz}^{\mathrm{m}}}\boldsymbol{e}_x \otimes \boldsymbol{e}_z + \overline{\varepsilon_{\mathrm{EGsxyz\,}yx}^{\mathrm{m}}}\boldsymbol{e}_y \otimes \boldsymbol{e}_x \\
\qquad + \overline{\varepsilon_{\mathrm{EGxyz\,}yz}^{\mathrm{m}}}\boldsymbol{e}_y \otimes \boldsymbol{e}_z + \overline{\varepsilon_{\mathrm{EGxyz\,}zx}^{\mathrm{m}}}\boldsymbol{e}_z \otimes \boldsymbol{e}_x + \overline{\varepsilon_{\mathrm{EGsxyz\,}zy}^{\mathrm{m}}}\boldsymbol{e}_z \otimes \boldsymbol{e}_y \\
\overline{\varepsilon_{\mathrm{EGxyz\,}x}^{\mathrm{m}}} = \overline{\varepsilon_{\mathrm{EGxyz\,}y}^{\mathrm{m}}} = \overline{\varepsilon_{\mathrm{EGsxyz\,}z}^{\mathrm{m}}} = \dfrac{\varphi_0^{\mathrm{m}}}{1 - \varphi_0^{\mathrm{m}}}\dfrac{1}{3k_0^{\mathrm{s}}}p_{\mathrm{c}} \\
\overline{\varepsilon_{\mathrm{EGxyz\,}xy}^{\mathrm{m}}} = \overline{\varepsilon_{\mathrm{EGxyz\,}yx}^{\mathrm{m}}} = \overline{\varepsilon_{\mathrm{EGxyz\,}xz}^{\mathrm{m}}} = \overline{\varepsilon_{\mathrm{EGxyz\,}zx}^{\mathrm{m}}} = \overline{\varepsilon_{\mathrm{EGxyz\,}yz}^{\mathrm{m}}} = \overline{\varepsilon_{\mathrm{EGxyz\,}zy}^{\mathrm{m}}} = 0
\end{cases}
\tag{3.146}
$$

将式 (3.113) 和式 (3.114) 代入式 (3.139)，可得柱坐标系下 RVE 体积膨胀等效应变

$$
\begin{cases}
\overline{\varepsilon_{\mathrm{EGccs}}^{\mathrm{m}}} = \overline{\varepsilon_{\mathrm{EGccs\,}r}^{\mathrm{m}}}\boldsymbol{e}_r \otimes \boldsymbol{e}_x + \overline{\varepsilon_{\mathrm{EGccs\,}\varphi}^{\mathrm{m}}}\boldsymbol{e}_\varphi \otimes \boldsymbol{e}_\varphi + \overline{\varepsilon_{\mathrm{EGccs\,}z}^{\mathrm{m}}}\boldsymbol{e}_z \otimes \boldsymbol{e}_z \\
\qquad + \overline{\varepsilon_{\mathrm{EGccs\,}r\varphi}^{\mathrm{m}}}\boldsymbol{e}_r \otimes \boldsymbol{e}_\varphi + \overline{\varepsilon_{\mathrm{EGccs\,}\varphi r}^{\mathrm{m}}}\boldsymbol{e}_\varphi \otimes \boldsymbol{e}_r + \overline{\varepsilon_{\mathrm{EGccs\,}rz}^{\mathrm{m}}}\boldsymbol{e}_r \otimes \boldsymbol{e}_z \\
\qquad + \overline{\varepsilon_{\mathrm{EGccs\,}zr}^{\mathrm{m}}}\boldsymbol{e}_z \otimes \boldsymbol{e}_r + \overline{\varepsilon_{\mathrm{EGccs\,}\varphi z}^{\mathrm{m}}}\boldsymbol{e}_\varphi \otimes \boldsymbol{e}_z + \overline{\varepsilon_{\mathrm{EGccs\,}z\varphi}^{\mathrm{m}}}\boldsymbol{e}_z \otimes \boldsymbol{e}_\psi \\
\overline{\varepsilon_{\mathrm{EGccs\,}r}^{\mathrm{m}}} = \dfrac{\varphi_0^{\mathrm{m}}}{1 - \varphi_0^{\mathrm{m}}}\left(\dfrac{1}{3k_0^{\mathrm{s}}} + \dfrac{\ln\varphi_0^{\mathrm{m}}}{4\mu_0^{\mathrm{s}}}\right)p_{\mathrm{c}} \\
\overline{\varepsilon_{\mathrm{EGccs\,}\varphi}^{\mathrm{m}}} = \dfrac{\varphi_0^{\mathrm{m}}}{1 - \varphi_0^{\mathrm{m}}}\left(\dfrac{1}{3k_0^{\mathrm{s}}} - \dfrac{\ln\varphi_0^{\mathrm{m}}}{4\mu_0^{\mathrm{s}}}\right)p_{\mathrm{c}} \\
\overline{\varepsilon_{\mathrm{EGccs\,}z}^{\mathrm{m}}} = \dfrac{\varphi_0^{\mathrm{m}}}{1 - \varphi_0^{\mathrm{m}}}\dfrac{1}{3k_0^{\mathrm{s}}}p_{\mathrm{c}} \\
\overline{\varepsilon_{\mathrm{EGccs\,}r\varphi}^{\mathrm{m}}} = \overline{\varepsilon_{\mathrm{EGccs\,}\varphi r}^{\mathrm{m}}} = \overline{\varepsilon_{\mathrm{EGccs\,}rz}^{\mathrm{m}}} = \overline{\varepsilon_{\mathrm{EGccs\,}zr}^{\mathrm{m}}} = \overline{\varepsilon_{\mathrm{EGccs\,}\varphi z}^{\mathrm{m}}} = \overline{\varepsilon_{\mathrm{EGccs\,}z\varphi}^{\mathrm{m}}} = 0
\end{cases}
\tag{3.147}
$$

同样地，不同坐标系下基于结晶压理论的 RVE 等效膨胀应变的表达式各不相同，但是它们的等效体积应变相同，如下式

$$
\overline{\varepsilon_{\mathrm{EGscs\,}V}^{\mathrm{m}}} = \overline{\varepsilon_{\mathrm{EGxyz\,}V}^{\mathrm{m}}} = \overline{\varepsilon_{\mathrm{EGccs\,}V}^{\mathrm{m}}} = \dfrac{\varphi_0^{\mathrm{m}}}{1 - \varphi_0^{\mathrm{m}}}\dfrac{1}{k_0^{\mathrm{s}}}P_{\mathrm{c}}
\tag{3.148}
$$

3.2.3 宏观化学–力学响应

1. 代表性体积单元

由 3.2.1 节分析知，在硫酸盐侵蚀过程中，过饱和度驱动的结晶压力作用或硫酸盐侵蚀产物生长引起的固相体积增大，导致混凝土中孔隙周围水泥基体产生微裂纹扩展和局部体积膨胀，即微观劣化行为。随着贯通微裂缝的形成和硫酸盐

侵蚀产物的生长，孔隙附近水泥基体的微观劣化程度逐渐增大，最终导致混凝土产生宏观裂缝和显著膨胀，即宏观劣化行为。因此，硫酸盐侵蚀引起的混凝土损伤破坏可描述为一种微宏观劣化的相互作用过程 [8]。

　　为了便于分析硫酸盐侵蚀引起的混凝土宏、微观损伤程度，需要分别选择宏观和微观研究对象。一般情况下，混凝土中孔隙孔径在 nm ～ μm 级，远小于混凝土试件的尺寸 (mm ～ m 级)，因此直接选择混凝土试件作为宏观研究对象，其中混凝土可简化为饱和均质的各向同性材料。然而，混凝土的微观损伤劣化主要与硫酸盐侵蚀产物在孔溶液中的过饱和度、孔隙中结晶生长以及水泥基体中微裂缝的扩展有关。因此，选择由微孔内部单元和水泥基体外部单元组成的代表性体积元 RVE 作为微观研究对象 (与 3.2.1 节中 RVE 选取类似)[9]。需要指出的是，在代表性体积单元 RVE 的微观劣化过程中其存在着不同的膨胀特性。在膨胀潜伏期，RVE 的内部单元充满了含硫酸盐侵蚀产物的孔溶液，其超饱和度驱动的结晶压力作用在孔壁上，引起了 RVE 水泥基体中微裂纹萌生并扩展。在显著膨胀阶段，RVE 中微裂缝的贯通导致了水泥基体的碎裂分离，且碎裂的水泥基体成为多个独立基体，而硫酸盐侵蚀产物在孔隙中结晶生长使得内部单元自由膨胀以及分离的水泥浆体刚性位移。由于与宏观混凝土尺寸相比，RVE 的大小是微乎其微的，因此，可认为混凝土中包含了无数个 RVE。

　　考虑到硫酸盐侵蚀产物只有在小于 100nm 尺寸的微孔中形成才能产生足够大的结晶压力，使得混凝土微结构 (水泥基体) 膨胀开裂 [10]，因此，选择相应的孔隙尺寸作为 RVE 的内径，其外半径可由下式确定

$$b = \frac{a}{\sqrt[3]{\varphi_0^{\mathrm{m}}}} \tag{3.149}$$

式中，上标 m 表示微观研究对象 RVE；a 为 RVE 的内半径 (RVE 内部单元的半径)，nm；b 为 RVE 的外半径，nm；φ_0^{m} 为 RVE 的孔隙率，%。

　　根据微观代表性体积单元 RVE 与宏观混凝土的等效性，RVE 的孔隙率可由下式计算

$$\varphi_0^{\mathrm{m}} = f_{\mathrm{eq}} \varphi_0^{\mathrm{M}} \tag{3.150}$$

式中，f_{eq} 为混凝土总孔隙体积中小于 100nm 的孔隙体积所占比例；φ_0^{M} 为混凝土的孔隙率，%。

　　2. 贯通微裂纹的临界特征

　　如上所述，硫酸盐侵蚀诱发的混凝土膨胀损伤存在两个阶段，分别可用结晶压和体积增加理论来描述。然而，在应用这两种理论对混凝土膨胀劣化行为进行建模前，有必要确定一种临界特征，以区分混凝土膨胀的两个阶段。根据结晶压理论和体积增加理论所需满足的条件，其临界特征与结晶压力引起的水泥基体微

裂缝的贯通有关。为了分析微裂纹之间是否贯通，假设在结晶压力作用下水泥基体中的微裂纹为币状，如图 3.8 所示，利用断裂力学理论，可确定微裂纹周边的应力强度因子，如下式表达[11]

$$K_{\mathrm{I}} = \frac{2p_{\mathrm{c}}}{\sqrt{\pi l}}\left(l - \sqrt{l^2 - a^2}\right), \quad a \leqslant l \leqslant b \tag{3.151}$$

式中，K_{I} 为币状微裂纹周围的应力强度因子，MPa·$\sqrt{\mathrm{nm}}$；l 为微裂纹的半径，nm；p_{c} 为孔溶液过饱和驱动的结晶压力，MPa。

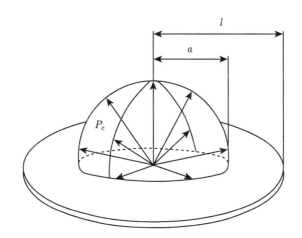

图 3.8　RVE 水泥基体中结晶压力引起的币状微裂纹

根据断裂力学理论[12]，$\partial K_{\mathrm{I}}/\partial l < 0$ 表示在结晶压力 p_{c} 作用下半径 l 的细长微裂纹处于稳定状态，不会进一步扩展。然而，随着结晶压力的增大，微裂纹周边的应力强度因子将达到 RVE 水泥基体的断裂韧度，则微裂纹不再稳定，且将进一步扩展延伸，最终使得水泥基体内形成贯通微裂纹。基于 Griffith 准则[11]，RVE 中贯通微裂纹形成的临界结晶压力可表示为

$$p_{\mathrm{cr}} = \frac{\sqrt{\pi b}}{2\left(b - \sqrt{b^2 - a^2}\right)}K_{\mathrm{Icr}} \tag{3.152}$$

式中，p_{cr} 为 RVE 内贯通微裂纹形成的临界结晶压力，MPa；K_{Icr} 为 RVE 水泥基体的断裂韧度，MPa·$\sqrt{\mathrm{nm}}$。

因此，区分硫酸盐侵蚀所诱发的混凝土膨胀劣化两个阶段的关键特征可用下式表示

$$p_{\mathrm{c}} - p_{\mathrm{cr}} \begin{cases} < 0, & 膨胀潜伏期，微裂纹之间无相互作用 \\ \geqslant 0, & 显著膨胀期，微裂纹之间有相互作用 \end{cases} \tag{3.153}$$

3. 边界移动准则

硫酸盐侵蚀产物的生长会引起混凝土的微裂缝扩展和宏观破坏，进而导致试件表层区域的混凝土逐层开裂及剥落，即试件边界向其内部移动；这将进一步影响硫酸根离子在混凝土内的扩散反应行为，及其引起的混凝土膨胀力学响应。考虑到硫酸盐侵蚀下混凝土的膨胀破坏行为是一个复杂的微观损伤–宏观破坏的耦合作用过程，其边界移动准则可用宏、微观损伤程度表达

$$D_{\text{total}} = 1 - \left(1 - d^{\text{M}}\right)\left(1 - \overline{d^{\text{m}}}\right) \geqslant D_{\text{cr}} \tag{3.154}$$

式中，D_{total} 为混凝土的总损伤程度，与其微结构损伤和宏观劣化程度相关；D_{cr} 为对应于混凝土宏观破坏的临界损伤程度；d^{M} 为混凝土宏观损伤程度；$\overline{d^{\text{m}}}$ 为混凝土试件中微观 RVE 所在位置处的平均损伤程度，利用均匀化方法，RVE 平均损伤程度可表示为

$$\overline{d^{\text{m}}} = \frac{1}{V_{\text{RVE}}} \left[\int_{\Omega_{\text{RVE}}^{\text{s}}} d^{\text{s}} \mathrm{d}V + \int_{\Omega_{\text{RVE}}^{\text{p}}} d^{\text{p}} \mathrm{d}V \right] \tag{3.155}$$

V_{RVE} 为代表性体积单元 RVE 的体积，nm^3；$\Omega_{\text{RVE}}^{\text{p}}$ 和 $\Omega_{\text{RVE}}^{\text{s}}$ 分别为 RVE 孔隙内部单元区域和水泥基体外部单元区域；d^{p} 和 d^{s} 分别为 RVE 孔隙内部单元的损伤程度和水泥基体外部单元的损伤程度。

4. RVE 微观膨胀损伤

在硫酸盐化学侵蚀过程中，由于结晶压力作用 (膨胀潜伏期) 及固相体积增大 (显著膨胀期)，微观 RVE 孔隙内部单元和水泥基体外部单元中产生了膨胀应力、应变及损伤。在硫酸盐化学侵蚀混凝土的两个阶段，RVE 内微观化学–力学响应可用统一的物理方程描述，如下式

$$\left\{ \begin{array}{c} \sigma_1^{\text{m}} \\ \sigma_2^{\text{m}} \\ \sigma_3^{\text{m}} \end{array} \right\} = (1 - d^{\text{m}}) \left[\begin{array}{ccc} C_{11}^{\text{m}} & C_{12}^{\text{m}} & C_{13}^{\text{m}} \\ C_{21}^{\text{m}} & C_{22}^{\text{m}} & C_{23}^{\text{m}} \\ C_{31}^{\text{m}} & C_{32}^{\text{m}} & C_{33}^{\text{m}} \end{array} \right] \left[\left\{ \begin{array}{c} \varepsilon_1^{\text{m}} \\ \varepsilon_2^{\text{m}} \\ \varepsilon_3^{\text{m}} \end{array} \right\} - \left\{ \begin{array}{c} \varepsilon_{\text{p1}}^{\text{m}} \\ \varepsilon_{\text{p2}}^{\text{m}} \\ \varepsilon_{\text{p3}}^{\text{m}} \end{array} \right\} \right] \quad (\text{m} = \text{s}, \text{p}) \tag{3.156}$$

式中，RVE 初始微观有效刚度矩阵 C^{m} 可表示为

$$\left\{ \begin{array}{l} C_{ii}^{\text{s}} = 2\mu_0^{\text{s}} + \left(k_0^{\text{s}} - \dfrac{2}{3}\mu_0^{\text{s}}\right), \quad i = 1, 2, 3 \\ C_{ij}^{\text{s}} = k_0^{\text{s}} - \dfrac{2}{3}\mu_0^{\text{s}}, \quad i, j = 1, 2, 3 \text{ 且 } i \neq j \end{array} \right. \tag{3.157}$$

$$
\begin{cases}
\begin{cases}
C_{ii}^{\mathrm{p}} = k_w,\ i = 1, 2, 3 \\
C_{ij}^{\mathrm{p}} = 0,\ i, j = 1, 2, 3, i \neq j
\end{cases},\ p < p_{\mathrm{cr}},\ \text{膨胀潜伏期} \\
\begin{cases}
C_{ii}^{\mathrm{p}} = 2\mu_0^{\mathrm{p}} + \left(k_0^{\mathrm{p}} - \dfrac{2}{3}\mu_0^{\mathrm{p}} \right),\ i = 1, 2, 3 \\
C_{ij}^{\mathrm{p}} = k_0^{\mathrm{p}} - \dfrac{2}{3}\mu_0^{\mathrm{p}},\ i, j = 1, 2, 3 \text{且} i \neq j
\end{cases},\ p \geqslant p_{\mathrm{cr}},\ \text{显著膨胀期}
\end{cases}
\tag{3.158}
$$

在硫酸盐侵蚀的膨胀潜伏期，过饱和溶液引起的结晶压力是 RVE 微观膨胀的驱动力；而在显著膨胀期，由于在 RVE 孔隙中填充钙矾石/石膏使得内部单元的体积增大，在 RVE 孔隙内部单元与基体外部单元的界面处产生了一个约束作用力 p。因此，边界条件式 (3.81) 变为

$$
\sigma^{\mathrm{p}} \cdot \boldsymbol{e}_\rho \big|_{\rho=a} = \begin{cases} p_{\mathrm{c}}, & \text{膨胀潜伏期} \\ p, & \text{显著膨胀期} \end{cases}
\tag{3.159}
$$

式中，p 为 RVE 基体外部单元约束孔隙内部单元自由体积膨胀而产生的压力，该作用力需满足条件式 (3.80)。

因此，硫酸盐侵蚀下代表性体积单元 RVE 内微观化学–力学响应可通过方程式 (3.156) 和其边界条件式 (3.81)、式 (3.82)、式 (3.83) 和式 (3.159) 描述。

5. 轴向荷载–化学力学损伤弹塑性本构

根据有效应力概念和等效应变假设[13]，轴向荷载作用下腐蚀混凝土的应力应变关系可表示为

$$
\begin{Bmatrix} \sigma_1 \\ \sigma_2 \\ \sigma_3 \end{Bmatrix} = (1 - d_{\mathrm{m}}) \begin{Bmatrix} \overline{\sigma}_1 \\ \overline{\sigma}_2 \\ \overline{\sigma}_3 \end{Bmatrix} = (1 - d_{\mathrm{m}}) \begin{bmatrix} C_{11}^{\mathrm{e}} & C_{12}^{\mathrm{e}} & C_{13}^{\mathrm{e}} \\ C_{21}^{\mathrm{e}} & C_{22}^{\mathrm{e}} & C_{23}^{\mathrm{e}} \\ C_{31}^{\mathrm{e}} & C_{32}^{\mathrm{e}} & C_{33}^{\mathrm{e}} \end{bmatrix} \left[\begin{Bmatrix} \varepsilon_1 \\ \varepsilon_2 \\ \varepsilon_3 \end{Bmatrix} - \begin{Bmatrix} \varepsilon_1^{\mathrm{p}} \\ \varepsilon_2^{\mathrm{p}} \\ \varepsilon_3^{\mathrm{p}} \end{Bmatrix} \right]
\tag{3.160}
$$

式中，σ 为荷载作用引起的名义应力，$\overline{\sigma}$ 为有效应力，d_{m} 为荷载作用引起的力学损伤系数，ε 为混凝土总应变，ε^{p} 为混凝土塑性应变，C^{e} 为受硫酸盐腐蚀混凝土的弹性刚度，与式 (3.162) 中弹性模量 E 相关。

与力学损伤类似，化学损伤系数可用于表征硫酸盐侵蚀引起的混凝土材料力学性能的退化，包括混凝土强度和弹性模量等，如下式

$$
f = (1 - d_{\mathrm{c}}) f_0
\tag{3.161}
$$

$$
E = (1 - d_{\mathrm{c}}) E_0
\tag{3.162}
$$

式中, f_0 和 E_0 分别为未受硫酸盐腐蚀混凝土的初始强度 (抗压强度 f_{c0} 和抗拉强度 f_{t0}) 和弹性模量, MPa 和 GPa; f 和 E 分别为硫酸盐侵蚀过程中混凝土的强度和弹性模量, MPa 和 GPa。

因此, 引入化学损伤系数, 以反映硫酸盐侵蚀对混凝土弹性模量的影响, 硫酸盐腐蚀混凝土本构关系可表示为

$$\left\{ \begin{array}{c} \sigma_1 \\ \sigma_2 \\ \sigma_3 \end{array} \right\} = (1 - d_{\mathrm{m}})(1 - d_{\mathrm{c}}) \left[\begin{array}{ccc} C_{11}^{\mathrm{e}0} & C_{12}^{\mathrm{e}0} & C_{13}^{\mathrm{e}0} \\ C_{21}^{\mathrm{e}0} & C_{22}^{\mathrm{e}0} & C_{23}^{\mathrm{e}0} \\ C_{31}^{\mathrm{e}0} & C_{32}^{\mathrm{e}0} & C_{33}^{\mathrm{e}0} \end{array} \right] \left[\left\{ \begin{array}{c} \varepsilon_1 \\ \varepsilon_2 \\ \varepsilon_3 \end{array} \right\} - \left\{ \begin{array}{c} \varepsilon_1^{\mathrm{p}} \\ \varepsilon_2^{\mathrm{p}} \\ \varepsilon_3^{\mathrm{p}} \end{array} \right\} \right]$$

(3.163)

式中, $C^{\mathrm{e}0}$ 为混凝土初始弹性刚度。

混凝土材料的非线性特征表明, 在轴向荷载和化学损伤作用下混凝土呈现不同的损伤特性。因此, 引入力学损伤变量 d_{m} 以表征混凝土力学损伤程度。本文根据 Mazars 损伤模型建立了力学损伤参数 (d_{mt} 和 d_{mc}) 和损伤驱动变量 ($\kappa_{\mathrm{t}}^{\mathrm{d}}$ 和 $\kappa_{\mathrm{c}}^{\mathrm{d}}$) 之间的联系, 可表示为

$$d_{\mathrm{m}\varsigma} = 1 - \frac{1 - A_\varsigma}{1 + \kappa_\varsigma^{\mathrm{d}}/\varepsilon_\varsigma^{\mathrm{d}}} - \frac{A_\varsigma}{\exp\left(B_\varsigma \kappa_\varsigma^{\mathrm{d}}/\varepsilon_\varsigma^{\mathrm{d}}\right)} \quad (\varsigma = \mathrm{t}, \mathrm{c}) \tag{3.164}$$

式中, $\varepsilon_\varsigma^{\mathrm{d}}$ ($\varsigma = \mathrm{t}, \mathrm{c}$) 为拉伸或压缩作用下力学损伤产生时腐蚀混凝土的峰值应变, 该值随化学损伤程度而变化; $\kappa_\varsigma^{\mathrm{d}}$ ($\varsigma = \mathrm{t}, \mathrm{c}$) 为拉伸或压缩作用下混凝土的损伤驱动变量; A_ς ($\varsigma = \mathrm{t}, \mathrm{c}$) 和 B_ς ($\varsigma = \mathrm{t}, \mathrm{c}$) 分别为力学损伤曲线的形状参数, 可通过单拉和单压力学实验获得 [14,15]。

根据已有的试验结果, 混凝土损伤破坏通常出现在最大塑性应变方向上。因此, 轴向荷载作用下的混凝土损伤加载函数可用等效塑性应变张量主值来描述 [16], 如下式

$$F_{\mathrm{t}}^{\mathrm{d}} = R(\overline{\sigma})\,\hat{\varepsilon}_{\max}^{\mathrm{p}} - \kappa_{\mathrm{t}}^{\mathrm{d}} \tag{3.165}$$

$$F_{\mathrm{c}}^{\mathrm{d}} = -\left[1 - R(\overline{\sigma})\right]\hat{\varepsilon}_{\min}^{\mathrm{p}} - \kappa_{\mathrm{c}}^{\mathrm{d}} \tag{3.166}$$

式中, $\hat{\varepsilon}_{\max}^{\mathrm{p}}$ 为塑性应变张量的最大主值 (塑性拉伸应变), $\hat{\varepsilon}_{\min}^{\mathrm{p}}$ 为塑性应变张量的最小主值, $\kappa_{\mathrm{t}}^{\mathrm{d}}$ 和 $\kappa_{\mathrm{c}}^{\mathrm{d}}$ 分别为拉伸和压缩作用下混凝土的损伤驱动变量。

当损伤加载函数 $F_{\mathrm{t}}^{\mathrm{d}} = 0$ 或 $F_{\mathrm{c}}^{\mathrm{d}} = 0$ 时, 混凝土材料中产生力学损伤。因此, 结合式 (3.165) 和式 (3.166), 损伤驱动变量 $\kappa_{\mathrm{t}}^{\mathrm{d}}$ 和 $\kappa_{\mathrm{c}}^{\mathrm{d}}$ 可表示为

$$\kappa_{\mathrm{t}}^{\mathrm{d}} = R(\overline{\sigma})\,\hat{\varepsilon}_{\max}^{\mathrm{p}} \tag{3.167}$$

$$\kappa_{\mathrm{c}}^{\mathrm{d}} = -\left[1 - R(\overline{\sigma})\right]\hat{\varepsilon}_{\min}^{\mathrm{p}} - \kappa_{\mathrm{c}}^{\mathrm{d}} \tag{3.168}$$

基于 Voyiadjis-Taqieddin 损伤模型 [13], 将双标量损伤参数 d_{mt} 和 d_{mc} 通过加权和形式归一为总力学损伤参数 d_{m}, 以综合表征循环荷载作用或复杂应力状态下混凝土的力学损伤程度

$$d_{\mathrm{m}} = \frac{[\![\overline{\sigma}^+]\!]\, d_{\mathrm{mt}} + [\![\overline{\sigma}^-]\!]\, d_{\mathrm{mc}}}{[\![\overline{\sigma}]\!]} \tag{3.169}$$

式中，$\overline{\sigma}^+$ 和 $\overline{\sigma}^-$ 分别为有效应力 $\overline{\sigma}$ 的正、负谱分解部分，$[\![\cdot]\!]$ 为运算符号，其运算规则如下式

$$[\![\overline{\sigma}]\!] = \overline{\sigma}_{ij}\overline{\sigma}_{ij} \tag{3.170}$$

6. 基本方程

在硫酸盐侵蚀下，代表性体积单元 RVE 的微观膨胀及损伤会进一步引起混凝土的膨胀响应 (包括膨胀应力、不可逆的膨胀变形、宏观开裂和逐层剥落等)，即宏观化学–力学响应；因此，有必要建立一个宏观尺度模型以分析硫酸盐化学侵蚀下水泥基体微观局部膨胀引起的混凝土宏观化学–力学响应。由于混凝土材料被视为饱和均质的各向同性材料，利用连续介质力学[17] 和损伤力学理论，建立硫酸盐侵蚀引起的混凝土宏观膨胀响应的分析模型，该模型主要包括微分平衡方程、物理方程及几何方程

$$\sigma^{\mathrm{M}}\nabla = \begin{pmatrix} \sigma_x^{\mathrm{M}} & \tau_{xy}^{\mathrm{M}} & \tau_{xz}^{\mathrm{M}} \\ \tau_{xy}^{\mathrm{M}} & \sigma_y^{\mathrm{M}} & \tau_{yz}^{\mathrm{M}} \\ \tau_{xz}^{\mathrm{M}} & \tau_{yz}^{\mathrm{M}} & \sigma_z^{\mathrm{M}} \end{pmatrix} \left\{ \begin{array}{c} \dfrac{\partial}{\partial x} \\[2mm] \dfrac{\partial}{\partial y} \\[2mm] \dfrac{\partial}{\partial z} \end{array} \right\} = 0 \tag{3.171}$$

$$\left\{ \begin{array}{c} \sigma_1^{\mathrm{M}} \\ \sigma_2^{\mathrm{M}} \\ \sigma_3^{\mathrm{M}} \end{array} \right\} = (1 - d^{\mathrm{M}}) \begin{bmatrix} C_{11}^{\mathrm{M}} & C_{12}^{\mathrm{M}} & C_{13}^{\mathrm{M}} \\ C_{21}^{\mathrm{M}} & C_{22}^{\mathrm{M}} & C_{23}^{\mathrm{M}} \\ C_{31}^{\mathrm{M}} & C_{32}^{\mathrm{M}} & C_{33}^{\mathrm{M}} \end{bmatrix} \left[\left\{ \begin{array}{c} \varepsilon_1^{\mathrm{M}} \\ \varepsilon_2^{\mathrm{M}} \\ \varepsilon_3^{\mathrm{M}} \end{array} \right\} - \left\{ \begin{array}{c} \varepsilon_{\mathrm{p1}}^{\mathrm{M}} \\ \varepsilon_{\mathrm{p2}}^{\mathrm{M}} \\ \varepsilon_{\mathrm{p3}}^{\mathrm{M}} \end{array} \right\} - \left\{ \begin{array}{c} \varepsilon_{\mathrm{EG\Re1}}^{\mathrm{M}} \\ \varepsilon_{\mathrm{EG\Re2}}^{\mathrm{M}} \\ \varepsilon_{\mathrm{EG\Re3}}^{\mathrm{M}} \end{array} \right\} \right] \tag{3.172}$$

$$\varepsilon^{\mathrm{M}} = \begin{pmatrix} \varepsilon_x^{\mathrm{M}} & \dfrac{\gamma_{xy}^{\mathrm{M}}}{2} & \dfrac{\gamma_{xz}^{\mathrm{M}}}{2} \\[2mm] \dfrac{\gamma_{xy}^{\mathrm{M}}}{2} & \varepsilon_y^{\mathrm{M}} & \dfrac{\gamma_{yz}^{\mathrm{M}}}{2} \\[2mm] \dfrac{\gamma_{xz}^{\mathrm{M}}}{2} & \dfrac{\gamma_{yz}^{\mathrm{M}}}{2} & \varepsilon_z^{\mathrm{M}} \end{pmatrix}$$

$$= \frac{1}{2} \left[\left\{ \begin{array}{c} u_1^{\mathrm{M}} \\ u_2^{\mathrm{M}} \\ u_3^{\mathrm{M}} \end{array} \right\} \left(\begin{array}{ccc} \dfrac{\partial}{\partial x} & \dfrac{\partial}{\partial y} & \dfrac{\partial}{\partial z} \end{array} \right) + \left\{ \begin{array}{c} \dfrac{\partial}{\partial x} \\[2mm] \dfrac{\partial}{\partial y} \\[2mm] \dfrac{\partial}{\partial z} \end{array} \right\} \left(\begin{array}{ccc} u_1^{\mathrm{M}} & u_2^{\mathrm{M}} & u_3^{\mathrm{M}} \end{array} \right) \right] \tag{3.173}$$

式中，σ^{M} 和 ε^{M} 分别为混凝土试件的宏观应力和应变；d^{M} 为硫酸盐侵蚀引起的混凝土宏观化学损伤程度；u^{M} 为混凝土试件内位移矢量；C^{M} 为混凝土初始弹性刚度矩阵，可通过下式获得 [7]

$$\begin{cases} C_{ii}^{\mathrm{M}} = 2\mu_0^{\mathrm{M}} + \left(k_0^{\mathrm{M}} - \dfrac{2}{3}\mu_0^{\mathrm{M}} \right), & i = 1,2,3 \\[2mm] C_{ij}^{\mathrm{M}} = k_0^{\mathrm{M}} - \dfrac{2}{3}\mu_0^{\mathrm{M}}, & i,j = 1,2,3 \text{ 且 } i \neq j \end{cases} \tag{3.174}$$

k_0^{M} 和 μ_0^{M} 分别为混凝土初始体积模量和剪切模量，GPa。它们分别等于 RVE 初始等效体积模量和剪切模量，可通过均匀化方法表示

$$k_0^{\mathrm{M}} = \overline{k_0^{\mathrm{m}}} = \begin{cases} \left(1 - \varphi_0^{\mathrm{m}}\right) k_0^{\mathrm{s}} + \varphi_0^{\mathrm{m}} k_{\mathrm{w}}, & \text{膨胀潜伏期} \\[2mm] \left(1 - \varphi_0^{\mathrm{m}}\right) k_0^{\mathrm{s}} + \varphi_0^{\mathrm{m}} k^{\mathrm{p}}, & \text{显著膨胀期} \end{cases} \tag{3.175}$$

$$\mu_0^{\mathrm{M}} = \overline{\mu_0^{\mathrm{m}}} = \begin{cases} \left(1 - \varphi_0^{\mathrm{m}}\right) \mu_0^{\mathrm{s}}, & \text{膨胀潜伏期} \\[2mm] \left(1 - \varphi_0^{\mathrm{m}}\right) \mu_0^{\mathrm{s}} + \varphi_0^{\mathrm{m}} \mu^{\mathrm{p}}, & \text{显著膨胀期} \end{cases} \tag{3.176}$$

$\overline{k_0^{\mathrm{m}}}$ 和 $\overline{\mu_0^{\mathrm{m}}}$ 分别为 RVE 初始等效体积模量和剪切模量，GPa；k_0^{s} 和 μ_0^{s} 分别为 RVE 水泥基体外部单元的体积模量和剪切模量，GPa；k^{p} 和 μ^{p} 分别为 RVE 孔隙内部单元的体积模量和剪切模量，GPa；k_{w} 为孔溶液的体积模量，GPa。

$\varepsilon_{\mathrm{EG\Re}}^{\mathrm{M}}$ 为 $\Re$ 坐标系下硫酸盐侵蚀引起的混凝土宏观特征应变，等于试件内该位置处无约束 RVE 的自由膨胀所产生的等效膨胀应变，即 $\varepsilon_{\mathrm{EG\Re}}^{\mathrm{M}} = \overline{\varepsilon_{\mathrm{EG\Re}}^{\mathrm{m}}}$。在硫酸盐侵蚀的膨胀潜伏期和显著膨胀期，混凝土宏观膨胀损伤的主要原因分别是结晶压力作用和侵蚀产物生长引起的 RVE 微观体积膨胀；这两个阶段 RVE 等效膨胀应变 $(\overline{\varepsilon_{\mathrm{EG\Re}}^{\mathrm{m}}})$ 的具体求解过程见 3.2.2 节第 3 部分。此外，需要指出的是，$\Re$ 坐标系包括直角坐标系、球坐标系和柱坐标系三种，其选择具体由混凝土宏观试件的构型决定。

7. 边界条件

对于混凝土宏观试件或结构，其边界条件应根据硫酸盐环境和外部荷载确定。例如，浸泡于硫酸盐溶液中无外荷载作用的混凝土圆柱体，忽略浸泡溶液作用在其表面的水压力，则其侧表面的边界应力为零，试件横截面上的法向应力和也为零。考虑到硫酸盐侵蚀引起的混凝土试件边界移动问题，式 (3.156) 中混凝土圆柱体的边界条件可表示为

$$\sigma^{\mathrm{M}} \cdot \boldsymbol{e}_r \big|_{\boldsymbol{\varGamma}^{\mathrm{M}}} = 0 \tag{3.177}$$

$$u^{\mathrm{M}} \cdot \boldsymbol{e}_r \big|_{r=0} = 0 \tag{3.178}$$

$$\int_S \left(\sigma^{\mathrm{M}} \cdot \boldsymbol{e}_z \right) \mathrm{d}S = 0 \tag{3.179}$$

式中，e_i $(i = r, \psi, z)$ 为柱坐标系的单位基矢量，(r, ψ, z) 为柱坐标系三轴方向；$\boldsymbol{\Gamma}^{\mathrm{M}}$ 为混凝土试件横截面的时变边界；S 为混凝土试件横截面的时变面积，m^2。两者均随混凝土宏观开裂剥落而逐渐减小。

因此，硫酸盐侵蚀引起的混凝土宏观膨胀响应可通过式 (3.156) 和其边界条件式 (3.177) ~ 式 (3.179) 描述。

8. 求解方法

根据上述建立的宏观尺度模型的基本方程式 (3.171) ~ 式 (3.173)，针对混凝土圆筒试件，不考虑外荷载作用以及自身重力，建立其宏观化学–力学响应的具体分析方程。需要注意的是，硫酸盐侵蚀引起的混凝土圆筒时变力学响应为轴对称问题；在柱坐标系中，硫酸盐侵蚀引起的混凝土内膨胀位移、应变及应力等物理量只与径向坐标 r 和轴向坐标 z 有关，且不随环向位置 θ 而变化。因此，在柱坐标系下求解上述问题比直角坐标系和球坐标系下方便，其基本方程的具体展开式如下所示。

柱坐标系下的平衡微分方程可表示为

$$
\begin{cases}
\mathrm{div}\sigma^{\mathrm{M}} = \dfrac{\partial \sigma^{\mathrm{M}}}{\partial x^i} \cdot \boldsymbol{Q}^i = 0 \quad (i = 1,\,2,\,3) \\
\sigma^{\mathrm{M}} = \sigma_{kl}^{\mathrm{M}} \boldsymbol{e}_k \otimes \boldsymbol{e}_l \quad \left(k, l = x^1, x^2, x^3\right) \\
\left(x^1, x^2, x^3\right) = (r, \psi, z) \\
\left(\boldsymbol{Q}^1,\, \boldsymbol{Q}^2,\, \boldsymbol{Q}^3\right) = \left(\boldsymbol{e}_r,\, \dfrac{1}{r}\boldsymbol{e}_\psi,\, \boldsymbol{e}_z\right)
\end{cases}
\tag{3.180}
$$

式中，σ_{kl}^{M} 为混凝土膨胀应力 σ^{M} 的分量。由于硫酸盐侵蚀只引起混凝土体积膨胀、无剪切变形，因此，可认为混凝土内无剪切应力，且径向应力与环向应力均与 z 轴无关，故平衡微分方程式 (3.180) 可简化为

$$
\frac{\partial \sigma_r^{\mathrm{M}}}{\partial r} + \frac{1}{r}\left(\sigma_r^{\mathrm{M}} - \sigma_\psi^{\mathrm{M}}\right) = 0, \quad \frac{\partial \sigma_z^{\mathrm{M}}}{\partial z} = 0
\tag{3.181}
$$

将硫酸盐侵蚀引起的混凝土体积膨胀变形视为几何线性小变形，则柱坐标系下的几何方程可表示为

$$
\begin{cases}
\varepsilon^{\mathrm{M}} = \dfrac{1}{2}\left(\mathrm{grad}u^{\mathrm{M}} + {}^{\mathrm{t}}\mathrm{grad}u^{\mathrm{M}}\right) \\
\varepsilon^{\mathrm{M}} = \varepsilon_{kl}^{\mathrm{M}} \boldsymbol{e}_k \otimes \boldsymbol{e}_l \\
\mathrm{grad}u^{\mathrm{M}} = \dfrac{\partial u^{\mathrm{M}}}{\partial x^i} \otimes \boldsymbol{Q}^i \\
u^{\mathrm{M}} = u_i^{\mathrm{M}} \cdot \boldsymbol{e}_i
\end{cases}
\tag{3.182}
$$

式中，$u^{\mathrm{M}} = \left(u_r^{\mathrm{M}}, 0, u_z^{\mathrm{M}}\right)$，$\varepsilon_{kl}^{\mathrm{M}}$ 为混凝土的膨胀应变 ε^{M} 的分量。如上所述，由于硫酸盐侵蚀并不引起混凝土剪切变形，且环向应变沿环向不变，因此，几何方程式 (3.182) 可简化为

$$\varepsilon_r^{\mathrm{M}} = \frac{\partial u_r^{\mathrm{M}}}{\partial r}, \quad \varepsilon_{\psi}^{\mathrm{M}} = \frac{u_r^{\mathrm{M}}}{r}, \quad \varepsilon_z^{\mathrm{M}} = \frac{\partial u_z^{\mathrm{M}}}{\partial z} \tag{3.183}$$

柱坐标系下的混凝土本构方程可表示为

$$\begin{cases} \sigma^{\mathrm{M}} = \left(1 - d^{\mathrm{M}}\right) \lambda^{\mathrm{M}} \left[\mathrm{tr}\left(\varepsilon^{\mathrm{M}}\right) - \mathrm{tr}\left(\varepsilon_{\mathrm{p}}^{\mathrm{M}}\right) - \mathrm{tr}\left(\varepsilon_{\mathrm{EG\,scs}}^{\mathrm{M}}\right)\right] \boldsymbol{I} \\ \qquad + 2\left(1 - d^{\mathrm{M}}\right) \mu^{\mathrm{M}} \left(\varepsilon^{\mathrm{M}} - \varepsilon_{\mathrm{p}}^{\mathrm{M}} - \varepsilon_{\mathrm{EG\,scs}}^{\mathrm{M}}\right) \\ \varepsilon_{\mathrm{EG}}^{\mathrm{M}} = \varepsilon_{\mathrm{EG\,ccs}r}^{\mathrm{M}} \boldsymbol{e}_r \otimes \boldsymbol{e}_r + \varepsilon_{\mathrm{EG\,ccs}\theta}^{\mathrm{M}} \boldsymbol{e}_{\psi} \otimes \boldsymbol{e}_{\psi} + \varepsilon_{\mathrm{EG\,ccs}z}^{\mathrm{M}} \boldsymbol{e}_z \otimes \boldsymbol{e}_z \\ \lambda^{\mathrm{M}} = \dfrac{E^{\mathrm{M}}}{1 + \nu^{\mathrm{M}}} \dfrac{\nu^{\mathrm{M}}}{1 - 2\nu^{\mathrm{M}}}, \quad \mu^{\mathrm{M}} = \dfrac{E^{\mathrm{M}}}{2\left(1 + \nu^{\mathrm{M}}\right)} \end{cases} \tag{3.184}$$

式中，E^{M} 为混凝土的弹性模量，MPa；ν^{M} 为混凝土泊松比。同样，由于混凝土内无剪应力，式 (3.184) 可简化为

$$\sigma_i^{\mathrm{M}} = \frac{\left(1 - d^{\mathrm{M}}\right) E^{\mathrm{M}}}{1 + \nu^{\mathrm{M}}} \left[\frac{\nu^{\mathrm{M}}}{1 - 2\nu^{\mathrm{M}}} \left(\varepsilon_V^{\mathrm{M}} - \varepsilon_{\mathrm{p}V}^{\mathrm{M}} - \varepsilon_{\mathrm{EG\,ccs}V}^{\mathrm{M}}\right)\right. \\ \left. + \left(\varepsilon_i^{\mathrm{M}} - \varepsilon_{\mathrm{p}i}^{\mathrm{M}} - \varepsilon_{\mathrm{EG\,ccs}i}^{\mathrm{M}}\right)\right] \quad (i = r, \psi, z) \tag{3.185}$$

$\varepsilon_V^{\mathrm{M}}$、$\varepsilon_{\mathrm{p}V}^{\mathrm{M}}$ 和 $\varepsilon_{\mathrm{EG\,ccs}V}^{\mathrm{M}}$ 分别为混凝土的宏观体积应变、塑性体积应变以及柱坐标系下体积特征应变，分别表示为

$$\varepsilon_V^{\mathrm{M}} = \varepsilon_r^{\mathrm{M}} + \varepsilon_{\psi}^{\mathrm{M}} + \varepsilon_z^{\mathrm{M}}, \quad \varepsilon_{\mathrm{p}V}^{\mathrm{M}} = \varepsilon_{\mathrm{p}r}^{\mathrm{M}} + \varepsilon_{\mathrm{p}\psi}^{\mathrm{M}} + \varepsilon_{\mathrm{p}z}^{\mathrm{M}}, \quad \varepsilon_{\mathrm{EG\,ccs}V}^{\mathrm{M}} = \varepsilon_{\mathrm{EG\,ccs}r}^{\mathrm{M}} + \varepsilon_{\mathrm{EG\,ccs}\psi}^{\mathrm{M}} + \varepsilon_{\mathrm{EG\,ccs}z}^{\mathrm{M}} \tag{3.186}$$

其中，当混凝土处于弹性阶段时，式 (3.185) 可进一步简化为

$$\sigma_i^{\mathrm{M}} = \frac{E^{\mathrm{M}}}{1 + \nu^{\mathrm{M}}} \left[\frac{\nu^{\mathrm{M}}}{1 - 2\nu^{\mathrm{M}}} \left(\varepsilon_V^{\mathrm{M}} - \varepsilon_{\mathrm{EG\,ccs}V}^{\mathrm{M}}\right) + \left(\varepsilon_i^{\mathrm{M}} - \varepsilon_{\mathrm{EG\,ccs}i}^{\mathrm{M}}\right)\right] \quad (i = r, \psi, z) \tag{3.187}$$

根据圆筒试件的受力条件，可获得其边界条件

$$\sigma_r^{\mathrm{M}}\big|_{r=R} = 0, \quad \sigma_r^{\mathrm{M}}\big|_{r=D} = 0 \tag{3.188}$$

$$\int_S \sigma_z^{\mathrm{M}} \mathrm{d}S = 0 \tag{3.189}$$

式中，R 和 D 分别为混凝土圆筒试件的内半径和外半径。

根据上述方程式 (3.181)、式 (3.183)、式 (3.187) ~ 式 (3.189)，可求得硫酸盐侵蚀过程中混凝土弹性阶段圆筒试件内宏观力学响应的解析解。具体求解过程如下所示，为便于表达，此处将各量的上标 "M" 和特征应变的柱坐标系下标 "ccs" 省略。

将本构方程式 (3.187) 和几何方程式 (3.183) 代入平衡微分方程式 (3.181)，可得

$$
\begin{cases}
\dfrac{1-\nu}{1-2\nu}\left(\dfrac{\partial^2 u_r}{\partial r^2}+\dfrac{1}{r}\dfrac{\partial u_r}{\partial r}-\dfrac{u_r}{r^2}\right) \\[2mm]
=\dfrac{1-\nu}{1-2\nu}\dfrac{\partial \varepsilon_{\mathrm{EG}r}}{\partial r}+\dfrac{\nu}{1-2\nu}\dfrac{\partial \varepsilon_{\mathrm{EG}\psi}}{\partial r} \\[2mm]
+\dfrac{\nu}{1-2\nu}\dfrac{\partial \varepsilon_{\mathrm{EG}z}}{\partial r}+\dfrac{\varepsilon_{\mathrm{EG}r}}{r}-\dfrac{\varepsilon_{\mathrm{EG}\psi}}{r} \\[2mm]
\dfrac{\partial^2 u_z}{\partial z^2}=\dfrac{\partial \varepsilon_z}{\partial z}=0
\end{cases}
\tag{3.190}
$$

由上式可知，轴向应变量 ε_z 为常数，故设 $\varepsilon_z=\Im$；整理式 (3.183) 可得

$$
\begin{aligned}
\frac{\partial}{\partial r}\left[\frac{1}{r}\frac{\partial(ru_r)}{\partial r}\right]&=\left(\frac{\partial \varepsilon_{\mathrm{EG}r}}{\partial r}+\frac{1-2\nu}{1-\nu}\frac{\partial \varepsilon_{\mathrm{EG}r}}{\partial r}\right)\\
&\quad+\left(\frac{\nu}{1-\nu}\frac{\partial \varepsilon_{\mathrm{EG}\psi}}{\partial r}-\frac{1-2\nu}{1-\nu}\frac{\partial \varepsilon_{\mathrm{EG}\psi}}{\partial r}\right)\\
&\quad+\frac{\nu}{1-\nu}\frac{\partial \varepsilon_{\mathrm{EG}z}}{\partial r}
\end{aligned}
\tag{3.191}
$$

将式 (3.191) 对径向坐标 r 进行两次积分，可得

$$
\begin{aligned}
u_r&=\frac{1}{r}\int_R^r\left(\varepsilon_{\mathrm{EG}r}+\frac{\nu}{1-\nu}\varepsilon_{\mathrm{EG}\psi}+\frac{\nu}{1-\nu}\varepsilon_{\mathrm{EG}z}\right)r\mathrm{d}r\\
&\quad+\frac{1}{r}\int_R^r\left[\int_R^r\left(\frac{1-2\nu}{1-\nu}\frac{\varepsilon_{\mathrm{EG}r}-\varepsilon_{\mathrm{EG}\psi}}{r}\right)\mathrm{d}r\right]r\mathrm{d}r\\
&\quad+\frac{r}{2}C_1+\frac{1}{r}C_2
\end{aligned}
\tag{3.192}
$$

式中，C_1 和 C_2 均为常数，可通过边界条件确定。

结合式 (3.181)、式 (3.183)、式 (3.187) 和式 (3.192)，可以获得由径向位移 u_r 表示的应力分量通解

$$
\left\{
\begin{aligned}
\sigma_r ={}& \frac{E}{1+\nu}\frac{\nu}{1-2\nu}\Im + \frac{E}{1+\nu}\frac{1}{1-2\nu}\frac{C_1}{2} - \frac{E}{1+\nu}\frac{C_2}{r^2} \\
& + \frac{E}{1+\nu}\frac{1-\nu}{1-2\nu}\int_R^r \frac{1-2\nu}{1-\nu}\frac{\varepsilon_{\mathrm{EG}r}-\varepsilon_{\mathrm{EG}\psi}}{r}\mathrm{d}r \\
& - \frac{E}{1+\nu}\frac{1}{r^2}\left[\int_R^r\left(\varepsilon_{\mathrm{EG}r}+\frac{\nu}{1-\nu}\varepsilon_{\mathrm{EG}\psi}+\frac{\nu}{1-\nu}\varepsilon_{\mathrm{EG}z}\right)r\mathrm{d}r\right. \\
& \left. + \int_R^r\left(\int_R^r\frac{1-2\nu}{1-\nu}\frac{\varepsilon_{\mathrm{EG}r}-\varepsilon_{\mathrm{EG}\psi}}{r}\mathrm{d}r\right)r\mathrm{d}r\right] \\
\sigma_\theta ={}& \frac{E}{1+\nu}\frac{\nu}{1-2\nu}\Im + \frac{E}{1+\nu}\frac{1}{1-2\nu}\frac{C_1}{2} + \frac{E}{1+\nu}\frac{C_2}{r^2} \\
& + \frac{E}{1+\nu}\frac{\nu}{1-2\nu}\int_R^r \frac{1-2\nu}{1-\nu}\frac{\varepsilon_{\mathrm{EG}r}-\varepsilon_{\mathrm{EG}\psi}}{r}\mathrm{d}r \\
& + \frac{E}{1+\nu}\frac{1}{r^2}\left[\int_R^r\left(\varepsilon_{\mathrm{EG}r}+\frac{\nu}{1-\nu}\varepsilon_{\mathrm{EG}\psi}+\frac{\nu}{1-\nu}\varepsilon_{\mathrm{EG}z}\right)r\mathrm{d}r\right. \\
& \left. + \int_R^r\left(\int_R^r\frac{1-2\nu}{1-\nu}\frac{\varepsilon_{\mathrm{EG}r}-\varepsilon_{\mathrm{EG}\psi}}{r}\mathrm{d}r\right)r\mathrm{d}r\right] \\
& - \frac{E}{1+\nu}\frac{1}{1-\nu}\varepsilon_{\mathrm{EG}\psi} - \frac{E}{1+\nu}\frac{\nu}{1-\nu}\varepsilon_{\mathrm{EG}z} \\
\sigma_z ={}& \frac{E}{1+\nu}\frac{1-\nu}{1-2\nu}\Im + \frac{E}{1+\nu}\frac{\nu}{1-2\nu}C_1 \\
& + \frac{E}{1+\nu}\frac{\nu}{1-2\nu}\int_R^r \frac{1-2\nu}{1-\nu}\frac{\varepsilon_{\mathrm{EG}r}-\varepsilon_{\mathrm{EG}\psi}}{r}\mathrm{d}r \\
& - \frac{E}{1+\nu}\frac{\nu}{1-\nu}\varepsilon_{\mathrm{EG}\psi} - \frac{E}{1+\nu}\frac{1}{1-\nu}\varepsilon_{\mathrm{EG}z}
\end{aligned}
\right.
\tag{3.193}
$$

因此，根据边界条件式 (3.188)，可求得

$$
\left\{
\begin{aligned}
C_1 &= \frac{2\left(1+\nu\right)\left(1-2\nu\right)}{E}\frac{D^2}{R^2-D^2}\Phi - 2\nu\Im \\
C_2 &= \frac{1+\nu}{E}\frac{R^2 D^2}{R^2-D^2}\Phi
\end{aligned}
\right.
\tag{3.194}
$$

其中，

$$
\left\{
\begin{aligned}
\Phi &= \frac{E}{1+\nu}\left(-\Phi_1+\Phi_2-\Phi_3\right) \\
\Phi_1 &= \frac{1}{D^2}\int_R^D\left(\varepsilon_{\mathrm{EG}r}+\frac{\nu}{1-\nu}\varepsilon_{\mathrm{EG}\psi}+\frac{\nu}{1-\nu}\varepsilon_{\mathrm{EG}z}\right)r\mathrm{d}r \\
\Phi_2 &= \frac{1-\nu}{1-2\nu}\int_R^D\frac{1-2\nu}{1-\nu}\frac{\varepsilon_{\mathrm{EG}r}-\varepsilon_{\mathrm{EG}\psi}}{r}\mathrm{d}r \\
\Phi_3 &= \frac{1}{D^2}\int_R^D\left(\int_R^r\frac{1-2\nu}{1-\nu}\frac{\varepsilon_{\mathrm{EG}r}-\varepsilon_{\mathrm{EG}\psi}}{r}\mathrm{d}r\right)r\mathrm{d}r
\end{aligned}
\right.
\tag{3.195}
$$

然后，将常数 C_1 和 C_2 代入式 (3.193) 可得

$$
\begin{cases}
\sigma_r = \left(1 - \dfrac{R^2}{r^2}\right)\dfrac{D^2}{R^2 - D^2}\varPhi + \dfrac{E}{1+\nu}\left(-\varTheta_1 + \varTheta_2 - \varTheta_3\right) \\[2mm]
\sigma_\theta = \left(1 + \dfrac{R^2}{r^2}\right)\dfrac{D^2}{R^2 - D^2}\varPhi + \dfrac{E}{1+\nu}\left(\varTheta_1 + \varTheta_2 + \varTheta_3\right) \\[2mm]
\qquad - \dfrac{E}{1+\nu}\dfrac{1}{1-\nu}\varepsilon_{\mathrm{EG}\psi} - \dfrac{E}{1+\nu}\dfrac{\nu}{1-\nu}\varepsilon_{\mathrm{EG}z} \\[2mm]
\sigma_z = \dfrac{2D^2}{R^2 - D^2}\varPhi + \dfrac{E}{1+\nu}\varTheta_2 - \dfrac{E}{1+\nu}\dfrac{\nu}{1-\nu}\varepsilon_{\mathrm{EG}\psi} - \dfrac{E}{1+\nu}\dfrac{1}{1-\nu}\varepsilon_{\mathrm{EG}z} + E\Im
\end{cases}
\tag{3.196}
$$

其中，

$$
\begin{cases}
\varTheta_1 = \dfrac{1}{r^2}\displaystyle\int_R^r \left(\varepsilon_{\mathrm{EG}r} + \dfrac{\nu}{1-\nu}\varepsilon_{\mathrm{EG}\psi} + \dfrac{\nu}{1-\nu}\varepsilon_{\mathrm{EG}z}\right) r\,\mathrm{d}r \\[2mm]
\varTheta_2 = \dfrac{1-\nu}{1-2\nu}\displaystyle\int_R^r \dfrac{1-2\nu}{1-\nu}\dfrac{\varepsilon_{\mathrm{EG}r} - \varepsilon_{\mathrm{EG}\psi}}{r}\,\mathrm{d}r \\[2mm]
\varTheta_3 = \dfrac{1}{r^2}\displaystyle\int_R^r \left(\int_R^r \dfrac{1-2\nu}{1-\nu}\dfrac{\varepsilon_{\mathrm{EG}r} - \varepsilon_{\mathrm{EG}\psi}}{r}\,\mathrm{d}r\right) r\,\mathrm{d}r
\end{cases}
\tag{3.197}
$$

利用边界条件式 (3.189)，可求得常量 $\Im$

$$
\Im = \dfrac{\displaystyle\int_R^D \left[\dfrac{2D^2}{R^2 - D^2}\varPhi r + \dfrac{E}{1+\nu}\varTheta_2 r - \dfrac{E}{1+\nu}\dfrac{\nu}{1-\nu}\varepsilon_{\mathrm{EG}\psi} r - \dfrac{E}{1+\nu}\dfrac{1}{1-\nu}\varepsilon_{\mathrm{EG}z} r\right]\mathrm{d}r}{\displaystyle\int_R^D \left(-Er\right)\mathrm{d}r}
\tag{3.198}
$$

根据式 (3.196) ∼ 式 (3.198)，可得硫酸盐侵蚀过程中混凝土弹性阶段的宏观膨胀应力。此外，由宏观应力、本构关系和几何方程可获得混凝土内位移场及宏观应变分布，如下所示

$$
u_r = \varTheta_1 r + \varTheta_3 r + \dfrac{1+\nu}{E}\dfrac{D^2}{R^2 - D^2}\dfrac{(1-2\nu)r^2 + R^2}{r}\varPhi - \nu\Im r
\tag{3.199}
$$

$$
\begin{cases}
\varepsilon_r = \varepsilon_{\mathrm{EG}r} + \dfrac{\nu}{1-\nu}\varepsilon_{\mathrm{EG}\psi} + \dfrac{\nu}{1-\nu}\varepsilon_{\mathrm{EG}z} - \varTheta_1 + \varTheta_2 - \varTheta_3 \\[2mm]
\qquad + \dfrac{1+\nu}{E}\dfrac{D^2}{R^2 - D^2}\left(1 - 2\nu - \dfrac{R^2}{r^2}\right)\varPhi - \nu\Im \\[2mm]
\varepsilon_\theta = \varTheta_1 + \varTheta_3 + \dfrac{1+\nu}{E}\dfrac{D^2}{R^2 - D^2}\left(1 - 2\nu + \dfrac{R^2}{r^2}\right)\varPhi - \nu\Im \\[2mm]
\varepsilon_Z = \Im
\end{cases}
\tag{3.200}
$$

因此，式 (3.196)、式 (3.200) 和式 (3.199) 即为硫酸盐侵蚀过程中混凝土弹性阶段圆筒试件内宏观膨胀应力、应变和位移分布。需要注意的是，硫酸盐侵蚀下水泥基体的微观力学性能逐渐退化，进而引起混凝土宏观力学性能劣化，因此，上述解中弹性模量 E 和泊松比 ν 均为时空变化量。

然而，对于混凝土薄壁圆筒，当其暴露于硫酸盐侵蚀环境中时，其内部硫酸根离子浓度会在短时间内达到外部环境中的离子浓度，一般可忽略离子的传输过程。因此，薄壁圆筒横截面中硫酸盐侵蚀引起的混凝土损伤程度均相等，圆筒横截面内力学性能参数 (弹性模量 E 和泊松比 ν) 与截面位置无关，只随侵蚀时间而变化。同时，假设混凝土宏观特征应变 $\varepsilon_{\mathrm{EG}r}^{\mathrm{M}} = \varepsilon_{\mathrm{EG}\psi}^{\mathrm{M}} = \varepsilon_{\mathrm{EG}z}^{\mathrm{M}} = 1/3\varepsilon_{\mathrm{EG}V}^{\mathrm{M}}$，则薄壁圆筒内硫酸盐侵蚀引起的混凝土宏观力学响应可简化为

$$
\begin{aligned}
u_r = {} & \frac{1+\nu}{1-\nu}\frac{1}{r}\int_R^r (\varepsilon_{\mathrm{EG}r}r)\,\mathrm{d}r + \frac{1+\nu}{1-\nu}\frac{(1-2\nu)\,r^2 + R^2}{r\,(D^2-R^2)}\int_R^D (\varepsilon_{\mathrm{EG}r}r)\,\mathrm{d}r \\
& - \frac{2\nu r}{D^2-R^2}\int_R^D (\varepsilon_{\mathrm{EG}r}r)\,\mathrm{d}r
\end{aligned}
\tag{3.201}
$$

$$
\left\{
\begin{aligned}
\sigma_r &= \frac{E}{1-\nu}\frac{r^2-R^2}{(D^2-R^2)\,r^2}\int_R^D (\varepsilon_{\mathrm{EG}r}r)\,\mathrm{d}r - \frac{E}{1-\nu}\frac{1}{r^2}\int_R^r (\varepsilon_{\mathrm{EG}r}r)\,\mathrm{d}r \\
\sigma_\theta &= \frac{E}{1-\nu}\frac{r^2-R^2}{(D^2-R^2)\,r^2}\int_R^D (\varepsilon_{\mathrm{EG}r}r)\,\mathrm{d}r + \frac{E}{1-\nu}\frac{1}{r^2}\int_R^r (\varepsilon_{\mathrm{EG}r}r)\,\mathrm{d}r - \frac{E}{1-\nu}\varepsilon_{\mathrm{EG}r} \\
\sigma_z &= \frac{(2-\nu)\,E}{1-\nu}\frac{2}{D^2-R^2}\int_R^D (\varepsilon_{\mathrm{EG}r}r)\,\mathrm{d}r - \frac{E}{1-\nu}\varepsilon_{\mathrm{EG}r}
\end{aligned}
\right.
\tag{3.202}
$$

$$
\left\{
\begin{aligned}
\varepsilon_r = {} & \frac{1+\nu}{1-\nu}\varepsilon_{\mathrm{EG}r} - \frac{1+\nu}{1-\nu}\frac{1}{r^2}\int_R^r \varepsilon_{\mathrm{EG}r}\cdot r\mathrm{d}r \\
& + \left(\frac{1-3\nu}{1-\nu} + \frac{1+\nu}{1-\nu}\frac{R^2}{r^2}\right)\frac{1}{D^2-R^2}\int_R^D \varepsilon_{\mathrm{EG}r}\cdot r\mathrm{d}r \\
\varepsilon_\theta = {} & \frac{1+\nu}{1-\nu}\frac{1}{r^2}\int_R^r \varepsilon_{\mathrm{EG}r}\cdot r\mathrm{d}r \\
& + \left(\frac{1-3\nu}{1-\nu} + \frac{1+\nu}{1-\nu}\frac{R^2}{r^2}\right)\frac{1}{D^2-R^2}\int_R^D \varepsilon_{\mathrm{EG}r}\cdot r\mathrm{d}r \\
\varepsilon_z = {} & \frac{2}{D^2-R^2}\cdot\int_R^D \varepsilon_{\mathrm{EG}r}\cdot r\mathrm{d}r
\end{aligned}
\right.
\tag{3.203}
$$

求解流程如图 3.9 所示。

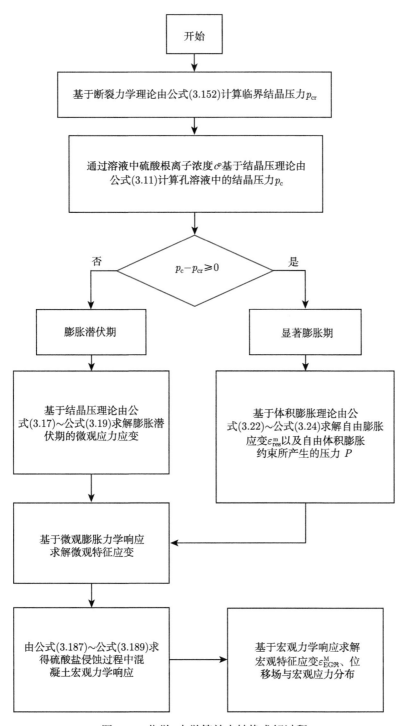

图 3.9 化学–力学等效力转换求解过程

3.3　化学–力学响应模型验证

硫酸盐侵蚀混凝土是一种由外及内的逐层损伤破坏过程，混凝土构件内的宏观力学响应 (膨胀应力、应变和损伤程度) 呈不均匀分布；且由于试验测试方法的欠缺，这些力学响应的梯度分布难以测量。目前，硫酸盐侵蚀下水泥基材料 (净浆、砂浆或混凝土) 试件的体积膨胀量、质量损失率及抗压/抗折强度等，常被作为评估硫酸盐侵蚀引起的材料损伤程度的重要参数。本章通过对比浸泡于硫酸钠溶液中水泥砂浆轴向膨胀量的试验测试值与模型计算值，来验证或修正上述建立的宏观化学–力学响应的分析模型。其中，试验测试值来源于文献 [11,18,19]。表 3.1 给出了这些文献中硫酸盐侵蚀水泥砂浆的腐蚀试验条件，包括硫酸钠溶液浓度、水泥种类、水灰比及试件尺度等。

表 3.1　文献 [11, 18, 19] 的试验条件

文献	水泥	水泥砂浆试件尺寸	W/C	Na$_2$SO$_4$ 溶液	C$_3$A 含量	结果如图
[18]		20mm×20mm×160mm	0.55	10g/L,30g/L	6.5%	图 3.10(a)
		10mm×10mm×160mm				
[18]	普通波	20mm×20mm×160mm	0.55	3g/L	6.5%	图 3.10(b)
	特兰水泥	40mm×40mm×160mm				
[19]		40mm×40mm×160mm	0.4	22.5g/L,54g/L	4.5%	图 3.11
[11]		25mm×25mm×250mm	0.5	50g/L	4.3%,8.8%, 12.0%	图 3.12

由于腐蚀试验中水泥砂浆试件尺寸较小，试验测试所获得的试件膨胀变形量一般为试件整个横截面的平均值；为了与之对比，将模型计算获得的试件横截面内宏观膨胀应变进行平均化处理

$$\varepsilon_{le}^{M} = \frac{1}{S} \int_{S} \varepsilon_z^{M} \mathrm{d}S \tag{3.204}$$

式中，ε_{le}^{M} 为硫酸盐侵蚀引起的水泥砂浆试件轴向平均膨胀应变。

图 3.10 ～ 图 3.12 给出了不同试验条件下水泥砂浆轴向膨胀量模型计算结果的时变规律，并与相应的试验测试结果对比。此外，也开展了硫酸盐腐蚀试验，将直径为 20mm×40mm 的水泥净浆圆柱试件浸泡于 5%Na$_2$SO$_4$ 溶液中，利用计算机断层扫描 (CT) 技术，获得了腐蚀 2 年后试件横截面的损伤程度，并与模型得到的总损伤程度进行了比较，结果如图 3.13 所示。从图 3.10 ～ 图 3.13 可以看出，模型计算结果与实验测试结果较为一致 (膨胀变形结果在 20%的误差范围内)，说明上述建立的宏观膨胀响应分析模型可用于数值模拟硫酸盐侵蚀作用下水泥基材料膨胀劣化响应。

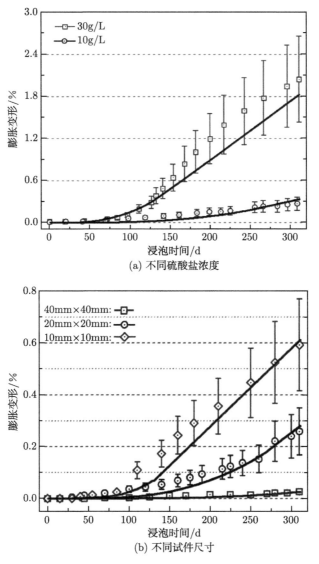

(a) 不同硫酸盐浓度

(b) 不同试件尺寸

图 3.10 水泥砂浆膨胀变形的模拟结果与文献 [18] 实验数据的对比

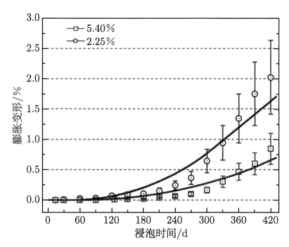

图 3.11 水泥砂浆膨胀变形的模拟结果与文献 [19] 实验数据对比

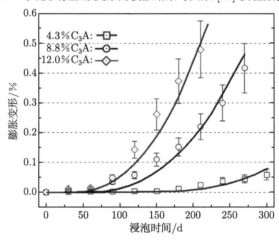

图 3.12 水泥砂浆膨胀变形的模拟结果与文献 [11] 实验数据对比

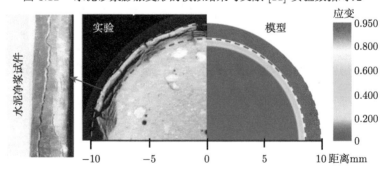

图 3.13 硫酸钠溶液浸泡 2 年后水泥净浆圆柱横截面中损伤程度的模型结果与实验结果 (CT 观测) 对比

3.4 本章小结

本章介绍了结晶压理论和体积增加理论, 解释硫酸盐侵蚀下混凝土的膨胀损伤过程。针对硫酸盐侵蚀引起的微孔附近水泥浆体的微观化学-力学响应问题, 选取混凝土试件内由孔隙内球体和水泥基体外球壳构成的代表性体积单元 RVE 作为研究对象。基于结晶压理论和体积增加理论, 建立了两种微观尺度模型, 分析硫酸盐侵蚀下 RVE 内的化学-力学响应, 并给出了弹性阶段 RVE 内微观膨胀位移、应力和应变的解析解以及轴向荷载作用下的本构关系。

在微观尺度上, 代表性体积单元 RVE 可视为混凝土宏观试件内的球形夹杂物; 在宏观尺度上, 无约束 RVE 的等效膨胀应变, 即为混凝土试件内 RVE 所在位置处的宏观特征应变, 该特征应变是分析硫酸盐侵蚀下混凝土宏观化学-力学响应的重要参数。根据无约束 RVE 微观尺度模型的基本方程, 并结合相应的边界条件, 获得了球坐标系下无约束 RVE 内微观特征应变的分布; 然后, 通过坐标系转换方法, 计算了柱坐标系和直角坐标系下的无约束 RVE 内微观特征应变; 最后, 利用均匀化方法, 获得了球、柱和直角坐标系下无约束 RVE 的等效膨胀应变, 即混凝土试件内 RVE 所在位置处的宏观特征应变。同时, 给出了硫酸盐侵蚀过程中微观 RVE 和宏观混凝土试件之间的交互作用。此外, 该模型通过混凝土化学-力学响应的分析, 将硫酸盐侵蚀产生的化学损伤转化为由膨胀应力驱动的力学损伤, 从而实现了硫酸盐侵蚀引起的混凝土化学损伤程度的定量化。

参 考 文 献

[1] Scherer G W. Crystallization in pores [J]. Cement and Concrete Research, 1999, 29(8): 1347-1358.

[2] Yin G J, Zuo X B, Sun X H, et al. Numerical investigation of the external sulfate attack induced expansion response of cement paste by using crystallization pressure [J]. Modelling and Simulation in Materials Science and Engineering, 2019, 27: 25006.

[3] Yin G J, Zuo X B, Sun X H, et al. Macro-microscopically numerical analysis on expansion response of hardened cement paste under external sulfate attack [J]. Construction and Building Materials, 2019, 207: 600-615.

[4] Benveniste Y. A new approach to the application of Mori-Tanaka's theory in composite materials[J]. Mechanics of Materials, 1987, 6(2): 147-157.

[5] Hiroshi H, Minoru T. Equivalent inclusion method for steady state heat conduction in composites [J]. International Journal of Engineering Science, 1986, 24: 1159-1172.

[6] Xu W X, Ma H F, Ji S Y, et al. Analytical effective elastic properties of particulate composites with soft interfaces around anisotropic particles[J]. Composites Science and Technology, 2016, 129: 10-18.

[7]　Zhang X X, Xiao B L, Andrä H, et al. Multi-scale modeling of the macroscopic, elastic mismatch and thermal misfit stresses in metal matrix composites [J]. Composite Structures, 2015, 125: 176-187.

[8]　Yin G J, Zuo X B, Sun X H, et al. Numerical investigation on ESA-induced expansion response of cement paste by using crystallization pressure [J]. Modelling and Simulation in Materials Science and Engineering, 2019, 27: 25006.

[9]　Remij E W, Pesavento F, Bazilevs Y, et al. Isogeometric analysis of a multiphase porous media model for concrete [J]. Journal of Engineering Mechanics-ASCE, 2018, 144(2): 4017169.

[10]　Müllauer W, Beddoe R E, Heinz D. Sulfate attack expansion mechanisms [J]. Cement and Concrete Research, 2013, 52: 208-215.

[11]　Basista M, Weglewski W. Chemically assisted damage of concrete: A model of expansion under external sulfate attack [J]. International Journal of Damage Mechanics, 2009, 18(2): 155-175.

[12]　Anderson T L. Fracture Mechanics-Fundamentals and Applications [M]. 3rd ed. Boca Raton: Taylor & Francis Group, 2005.

[13]　George Z, Voyiadjis Z N T. Elastic plastic and damage model for concrete materials: Part I - Theoretical formulation [J]. International Journal of Structural Changes in Solids-Mechanics and Applications, 2009, 1(1): 31-59.

[14]　Wu J Y, Li J, Faria R. An energy release rate-based plastic-damage model for concrete[J]. International Journal of Solids and Structures, 2006, 43(3-4): 583-612.

[15]　Mazars J, Pijaudier-Cabot G. Continuum damage theory—application to concrete [J]. Journal of Engineering Mechanics, 1989, 115(2): 345-365.

[16]　Zheng F G, Wu Z, Gu C, et al. A plastic damage model for concrete structure cracks with two damage variables [J]. Science China Technological Sciences, 2012, 55(11): 2971-2980.

[17]　Rudnicki J W. Fundamentals of Continuum Mechanics [M]. Chichester: John Wiley & Sons, 2015.

[18]　Yu C, Sun W, Scrivener K. Mechanism of expansion of mortars immersed in sodium sulfate solutions [J]. Cement and Concrete Research, 2013, 43: 105-111.

[19]　Zhu J, Jiang M, Chen J. Equivalent model of expansion of cement mortar under sulphate erosion [J]. Acta Mechanica Solida Sinica, 2008, 21(4): 327-332.

第 4 章　硫酸盐侵蚀下混凝土性能评估与预测

　　基于第 2 章硫酸盐在混凝土中的传输以及第 3 章给出的化学–力学效应等效转化理论,本章重点以工程中常用的水泥砂浆圆筒、混凝土圆柱体输水管道、混凝土棱柱体承载柱为例,分析硫酸根侵蚀下混凝土的宏微观化学–力学响应,进而对混凝土的服役性能进行评估和预测。

4.1　硫酸盐侵蚀下混凝土的化学–力学响应预测

4.1.1　水泥砂浆圆筒

1. 研究对象

　　为降低试验误差,验证模型的精度和可靠性,结构工程中通常采用砂浆试样,本章首先选用工程中水泥砂浆圆筒试件,开展其在 Na_2SO_4 不同侵蚀条件下的力学性能演变。水泥砂浆圆筒尺寸外半径为 25mm,内半径为 15mm,高度为 100mm,在标养环境下养护 28d 后,浸泡于 Na_2SO_4 溶液中 120d,具体的三种侵蚀条件如下。

　　条件 I:砂浆圆筒试件外表面暴露于 Na_2SO_4 溶液中,而内表面不接触 Na_2SO_4 溶液,硫酸根离子由试件外表面向内表面侵蚀;

　　条件 II:砂浆圆筒试件内表面暴露于 Na_2SO_4 溶液中,而外表面不接触 Na_2SO_4 溶液,硫酸根离子由试件内表面向外表面侵蚀;

　　条件 III:砂浆圆筒试件内外表面均暴露于 Na_2SO_4 溶液中,硫酸根离子同时由试件内外表面向试件内部侵蚀。

　　水泥砂浆圆柱试件采用普通硅酸盐水泥制作,水灰比为 0.45,砂灰比为 2.75。在 28d 时试件取样进行 MIP 测量,孔结构结果如图 4.1 所示。从图 4.1 中可以看出,圆筒试件的总孔隙率为 20.2%,最概然孔径为 40.1nm。此外,浸泡的 Na_2SO_4 浓度为 312.5mol/m³,环境温度为 25℃。

2. 模型参数

　　根据砂浆圆筒的材料组成,养护条件、侵蚀环境,预测其力学性能演变规律所需的主要参数,包括水泥砂浆圆筒试件的尺寸和孔隙率、代表性体积单元 RVE 的尺寸、Na_2SO_4 溶液浓度、水泥浆体力学性能参数、孔溶液体积模量及硫酸盐侵蚀产物的摩尔体积,如表 4.1 所示。

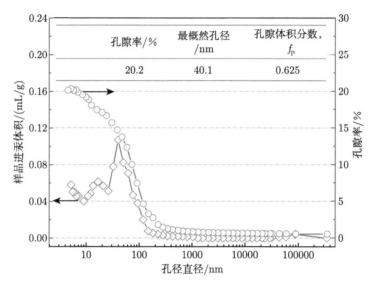

图 4.1　水泥砂浆孔尺寸分布图

表 4.1　水泥砂浆圆筒算例中涉及的主要参数

参数	模型	单位	数值	文献
圆筒外径	R_{e}	mm	25	已知
圆筒内径	R_{i}	mm	15	已知
圆柱高度	H	mm	100	已知
临界损伤程度	D_{cr}	—	0.9	[1]
孔隙率	φ_0^{M}	%	20.2	MIP 测试
Na$_2$SO$_4$ 溶液	c_0^{M}	mol/m^3	312.5	已知
RVE 内径	a	nm	20	MIP 测试
RVE 外径	b	nm	40	已知
砂浆孔体积中小于 100nm 孔径的体积分数	f_{eq}	—	0.625	MIP 测试
RVE 外球壳体积模量	k_0^{s}	GPa	18.3	[2]
RVE 内球体积模量	μ_0^{s}	GPa	9.6	[2]
RVE 孔溶液体积模量	k_{w}	GPa	2.2	[3]
钙矾石摩尔体积	$v_{\mathrm{mol\text{-}AFt}}$	m^3/mol	707×10^{-6}	[1]
石膏摩尔体积	$v_{\mathrm{mol\text{-}Gyp}}$	m^3/mol	75×10^{-6}	[1]

3. 数值结果

1) 宏观力学响应

　　根据第 2 章和第 3 章所建立的模型，微孔中钙矾石生长所引起的膨胀应力应变等宏观力学响应可通过计算获得。图 4.2 给出了不同暴露条件和浸泡时间下水泥砂浆试件内部宏观径向和环向应力 (σ_r^{M} 和 $\sigma_\varphi^{\mathrm{M}}$) 随截面位置的变化规律。由图 4.2(a) 可见，在硫酸盐暴露条件 I 和 III 下，水泥砂浆试件内产生径向拉伸应力；随着浸泡时间的增长，径向拉应力略微有所增大，且它们的峰值位置从试件

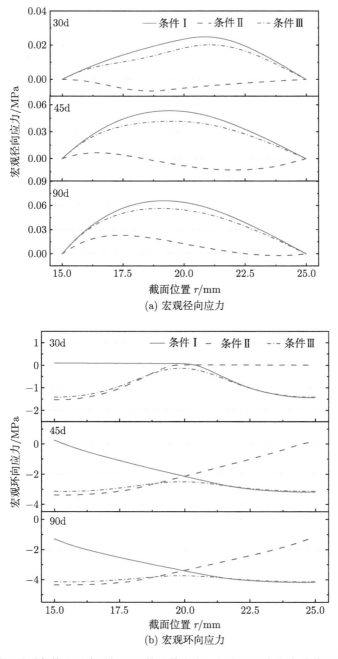

图 4.2　不同暴露条件和浸泡时间下圆筒试件内宏观径向和环向应力随截面位置的变化

外表面 (r=25mm) 逐渐向内表面 (r=15mm) 移动。然而，在暴露条件 Ⅱ 下，试件内径向应力随浸泡时间的变化较为复杂；在硫酸盐侵蚀的开始阶段，试件整个截面上径向应力均为压应力；随着浸泡时间的增长，试件内表层区域附近出现径向拉应力，最后试件整个截面上径向应力均变成拉应力。由图 4.2(b) 可见，在暴露条件 I 和 II 下硫酸盐侵蚀 30d 后，砂浆试件外表面附近区域以及内表面附近区域分别产生了环向压应力，且随浸泡时间的增长，试件整个截面上的环向应力均变为了压应力。对于硫酸盐暴露条件 III，由于圆筒试件内、外表面同时与硫酸钠溶液接触，在硫酸盐浸泡 30d 后，试件整个截面内产生了环向压应力。这种膨胀应力分布与空心圆柱体的热膨胀结果较为相似 [4]。

　　引起上述应力分布的原因是，在硫酸盐侵蚀的开始阶段 (30d)，暴露条件 I 和 II 的硫酸盐传输分别引起试件外表面和内表面附近区域的混凝土体积膨胀，从而分别在这两个区域产生了环向压应力 [5]。同时，由于力的平衡，暴露条件 I 下的试件外表面附近区域产生了径向拉应力，而暴露条件 II 下的试件内表面附近区域产生了径向压应力。考虑到暴露条件 III 为暴露条件 I 和 II 的耦合情况，因此，由暴露条件 I 和 II 下试件的应力状态可推断得到，暴露条件 III 下试件处于径向拉伸和环向压缩的应力状态。然而，在硫酸盐侵蚀 90d 后，三种暴露条件下的砂浆试件整个横截面内均生成了大量的钙矾石，使得整个截面的水泥浆体体积膨胀；因此，三种暴露条件下的水泥砂浆处于相同的应力状态，即径向拉伸、环向压缩状态 [6]。

　　图 4.3 给出了不同暴露条件和浸泡时间下水泥砂浆试件内宏观径向和环向应变 (ε_r^M 和 ε_φ^M) 随截面位置的变化规律。对比图 4.2 可见，圆筒试件截面内径向应力明显小于环向应力，而在图 4.3 中径向应变远大于环向应变。在硫酸盐侵蚀过程中，水泥砂浆圆筒试件内应力状态受硫酸盐暴露条件的影响而变化。图 4.4 给

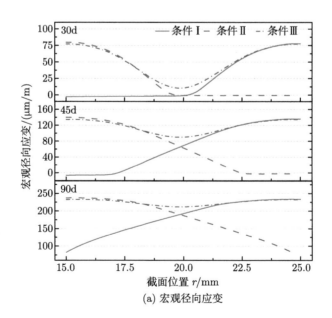

(a) 宏观径向应变

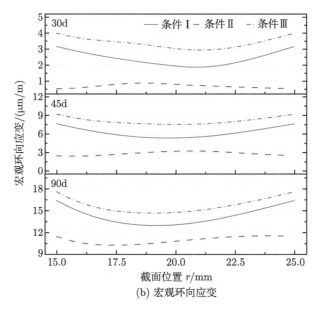

(b) 宏观环向应变

图 4.3 不同暴露条件和浸泡时间下圆筒试件内宏观径向和环向应变随截面位置的变化

出了硫酸盐暴露条件 I 下圆筒试件内宏观径向、环向和轴向膨胀应力随浸泡时间的变化规律。由图 4.4(a) 可知，在圆筒试件外表面 r=25mm 处，宏观径向应力为零，环向和轴向压应力随浸泡时间迅速降低；也就是说，试件外表面水泥浆体处于双轴压缩状态 (C/C，$\sigma_r^M = 0$)。在圆筒试件内部 (如 r=20mm 处)，在硫酸盐浸泡初期，宏观径向、环向和轴向应力均为拉应力；当硫酸盐浸泡 30d 后，径向应力随浸泡时间不断增大，而环向和轴向应力随之逐渐减小，其中环向应力和轴向应力几乎同时减小变为压应力，如图 4.4(b) 所示。因此，在硫酸盐侵蚀作用下，圆筒试件内部 r=20mm 处水泥砂浆应力从三拉状态变为拉–压–压状态。

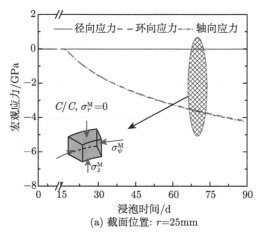

(a) 截面位置: r=25mm

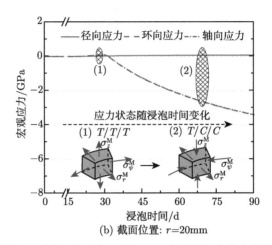

(b) 截面位置: $r=20\text{mm}$

图 4.4　暴露条件 I 作用下圆筒试件内宏观径向、环向和轴向膨胀应力随浸泡时间的变化规律

此外，图 4.5 给出了三种硫酸盐暴露条件下水泥砂浆圆筒试件内径向和环向应力的时空分布情况。

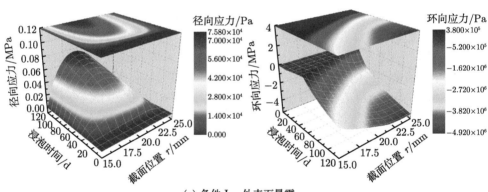

(a) 条件 I：外表面暴露

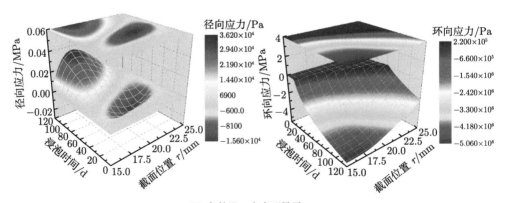

(b) 条件 II：内表面暴露

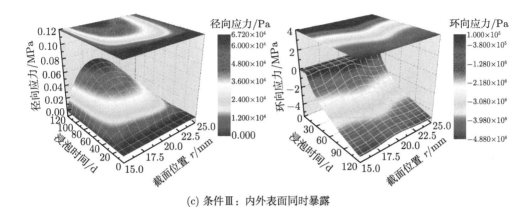

(c) 条件Ⅲ：内外表面同时暴露

图 4.5 水泥砂浆圆筒试件内宏观径向和环向应力随浸泡时间和截面位置的变化规律

2) 微观力学响应

孔隙附近水泥浆体内微裂纹的萌生和扩展是硫酸盐侵蚀引起水泥基材料膨胀劣化的重要表现形式，而这种劣化是由于微观水泥浆体内应力集中或应变突变所引起的。前文主要描述了水泥砂浆圆筒试件内宏观时变应力应变分布，但无法反映在 RVE 附近微观局部水泥浆体中的应力集中和应变突变现象。因此，下文以硫酸盐暴露条件Ⅰ为例，主要描述硫酸盐侵蚀下 RVE 内微观力学响应。图 4.6 给出了硫酸盐浸泡 30d 时圆筒试件内 RVE 所在位置处 ($r_{\mathrm{RVE}}^{\mathrm{M}} = 23\mathrm{mm}$ 和 $r_{\mathrm{RVE}}^{\mathrm{M}} = 17\mathrm{mm}$) 微观径向和环向应力 ($\sigma_\rho^{\mathrm{m}}$ 和 $\sigma_\theta^{\mathrm{m}}$) 的分布情况。此外，作为微观应力分布的对比，图中也给出了对应的宏观径向和环向应力 (σ_ρ^{M} 和 $\sigma_\theta^{\mathrm{M}}$)。

由图 4.6 可知，在 $r_{\mathrm{RVE}}^{\mathrm{M}} = 23\mathrm{mm}$ 处，宏观应力 σ_ρ^{M} 和 $\sigma_\theta^{\mathrm{M}}$ 分别为拉应力 (0.16MPa) 和压应力 (−1.18MPa)。然而，RVE 内球体中的微观应力 σ_ρ^{m} 和 $\sigma_\theta^{\mathrm{m}}$ 都为均布压应力，且数值上等于孔溶液中结晶压力 (−5.9MPa)；在 RVE 外球壳中，微观径向应力 σ_ρ^{m} 逐渐从 −5.9MPa 降低至 −0.4MPa，同时，在 RVE 内球体与外球壳的交界面 (ρ=20nm) 处，微观环向应力 $\sigma_\theta^{\mathrm{m}}$ 产生突变现象，即 $\sigma_\theta^{\mathrm{m}}$ 瞬间从压应力 (−5.9MPa) 变为拉应力 (3.5MPa)，随后在 RVE 外球壳中逐渐从 3.5MPa 降低至 0.75MPa。显然，当孔溶液中存在高浓度硫酸根离子时，RVE 内由结晶压力引起微观膨胀应力的最大值明显大于 RVE 所在位置处水泥浆体的宏观应力。在 $r_{\mathrm{RVE}}^{\mathrm{M}} = 17\mathrm{mm}$ 处，RVE 内球体中微观径向应力 σ_ρ^{m} 和环向应力 $\sigma_\theta^{\mathrm{m}}$ 近似为零，而 RVE 外球壳内为压应力且数值很小；但是，该 RVE 所在位置处水泥浆体的宏观应力 σ_ρ^{M} 和 $\sigma_\theta^{\mathrm{M}}$ 分别为拉应力 0.12MPa 和 0.1MPa。这是由于，该位置处孔溶液中硫酸根离子浓度太低，不足以产生结晶压力，因此，RVE 内几乎无微观应力分布。然而，由于试件表层水泥砂浆的孔溶液中存在较大结晶压力，导致砂浆试件整体产生宏观力学响应，即水泥砂浆试件内部 (包括 $r_{\mathrm{RVE}}^{\mathrm{M}} = 17\mathrm{mm}$ 处) 均存在宏观应力。

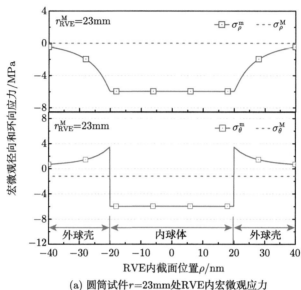

(a) 圆筒试件 $r=23$mm 处 RVE 内宏微观应力

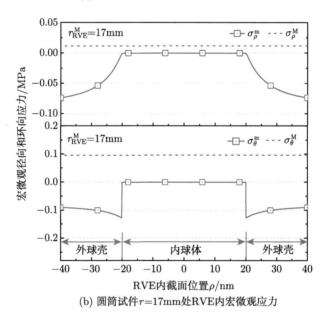

(b) 圆筒试件 $r=17$mm 处 RVE 内宏微观应力

图 4.6　水泥砂浆圆筒试件内 $r=23$mm 和 $r=17$mm 处的 RVE 内宏、微观应力分布

图 4.7 给出了硫酸盐浸泡 30d 时圆筒试件内 RVE 所在位置处 ($r_{\mathrm{RVE}}^{\mathrm{M}} = 23$mm 和 $r_{\mathrm{RVE}}^{\mathrm{M}} = 17$mm) 微观径向和环向应变 ($\varepsilon_\rho^{\mathrm{M}}$ 和 $\varepsilon_\theta^{\mathrm{M}}$) 的分布情况。此外，水泥砂浆圆筒试件内 $r=23$mm 处 RVE 内微观应力的时空变化规律如图 4.8 所示。

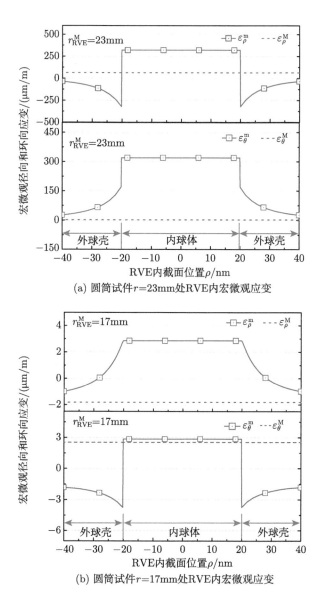

(a) 圆筒试件 $r=23$mm 处 RVE 内宏微观应变

(b) 圆筒试件 $r=17$mm 处 RVE 内宏微观应变

图 4.7 水泥砂浆圆筒试件内 $r=23$mm 和 $r=17$mm 处的 RVE 内宏微观应变分布

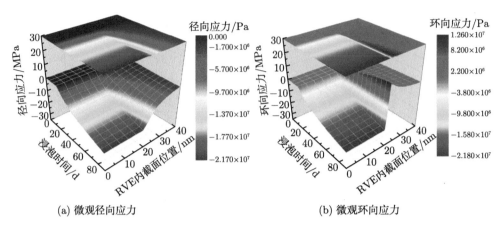

(a) 微观径向应力   (b) 微观环向应力

图 4.8　水泥砂浆圆筒试件 $r=23$mm 处 RVE 内微观应力的时空分布

目前，硫酸盐侵蚀诱发的水泥砂浆损伤和失效总是通过其宏观膨胀响应来评估 [7-9]。但是，从上述试件内宏观和微观力学响应的对比可知，在水泥砂浆试件内某些位置处，其宏观膨胀应力有时远小于微观膨胀应力。同时，应力集中、应变突变等微观膨胀响应会导致水泥浆体产生微结构损伤，使得孔隙附近水泥浆体内微裂纹的萌生扩展，这些力学行为无法通过宏观膨胀响应分析来描述或是评估。特别是 RVE 水泥基体外球壳中的环向拉应力，该应力随浸泡时间迅速增大，导致孔隙附近水泥浆体的微裂缝沿径向开展，这与文献 [10, 11] 中报道的扫描电镜观察结果一致，如图 4.9 所示。因此，在评价硫酸盐侵蚀引起的混凝土等水泥基材料的损伤程度时，还需考虑其微观膨胀力学响应的影响。

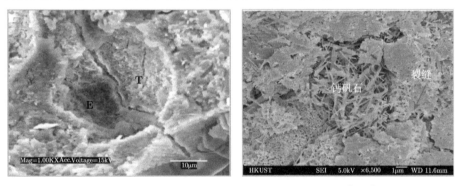

图 4.9　硫酸盐侵蚀引起的水泥浆体微观局部开裂 [10,11]

4.1.2　混凝土输水管

1. 研究对象

调查浅埋于含硫酸盐的土层中的混凝土输水管在外部硫酸盐侵蚀下的宏微观

膨胀力学响应，包括宏微观膨胀应力应变及损伤程度，该模拟的研究对象为混凝土输水管，管内半径为 250mm，外半径为 300mm，高度为 2000mm，如图 4.10 所示。浇筑输水管的混凝土采用 C40 混凝土，其配合比水：水泥：细骨料：粗骨料 =0.44:1:1.36:3.03。其中，密度 3100kg/m^3 的 42.5 级普通硅酸盐水泥 (P.O 42.5)、细度模数 2.3 ~ 3.3 的细集料以及小于壁厚三分之一的粗集料被采用以拌制 C40 混凝土。利用饱水称重法，对养护 28d 后的 C40 混凝土取样进行测量，可获得 C40 混凝土的平均孔隙率 (φ_0^M) 为 10%。此外，根据文献可知，水泥基材料中孔隙的最概然孔径在 40nm 左右，而材料总孔隙体积中孔径小于 100nm 的孔隙其体积分数 f_{eq} 大约为 64%。因此，取微观研究对象 RVE 的内半径 a 为 20nm，其孔隙率 φ_0^m ($\varphi_0^m = \varphi_0^M f_{eq}$) 为 6.4%。此外，混凝土输水管所暴露的硫酸盐环境中硫酸根离子浓度为 70.4mol/m^3，环境温度为 25℃。

需要指出的是，该模拟腐蚀时间为 5 年；在硫酸盐侵蚀过程中，当输水管内混凝土的总损伤程度达到其临界损伤程度时，混凝土处于开裂/剥落状态，从而导致外部环境中的腐蚀溶液直接进入输水管内部。因此，该算例数值模拟过程中考虑了硫酸盐侵蚀导致混凝土开裂剥落所引起的边界移动。

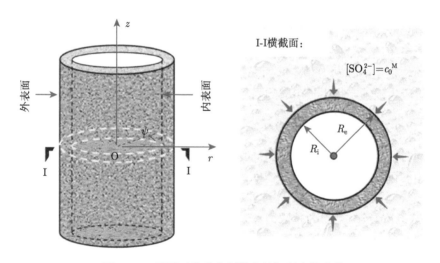

图 4.10 暴露于硫酸盐环境中的混凝土输水管

2. 模型参数

开展数值模拟所需的主要参数如表 4.2 所示。

表 4.2　　混凝土输水管算例中涉及的主要参数

参数	符号	单位	数值	文献
输水管内径	R_i	mm	250	已知
输水管外径	R_e	mm	300	已知
输水管长度	H	mm	2000	已知
混凝土孔隙率	φ_0^M	%	10	测得
Na$_2$SO$_4$ 溶液浓度	c_0^M	mol/m^3	70.4	已知
临界损伤程度	D_{cr}	—	0.9	[1]
RVE 内径 (孔径)	a	nm	20	[12]
混凝土孔体积中小于 100nm 孔径的体积分数	f_{eq}	—	0.64	测得
理想气体常数	R_g	J/(mol·K)	8.314	已知
环境温度	T	°C	25	已知
钙矾石摩尔体积	$v_{mol\text{-}AFt}$	m^3/mol	707×10^{-6}	[1]
石膏摩尔体积	$v_{mol\text{-}Gyp}$	m^3/mol	75×10^{-6}	[1]
孔隙空间中钙矾石/石膏晶体填充的体积分数	f	—	0.17	[12]
外球壳体积模量	k^s	GPa	19.8	[2]
外球壳剪切模量	μ^s	GPa	15	[2]
孔溶液体积模量	k_w	GPa	2.25	[3]

3. 数值结果

1) 微观力学响应

如上所述,在硫酸盐侵蚀混凝土的膨胀潜伏期和显著膨胀期,RVE 内微观应力集中及损伤劣化的驱动力是不同的。第一阶段为孔溶液过饱和度驱动的结晶压力,而第二阶段为侵蚀产物生长引起的固相体积增加。因此,以混凝土管内 $r=297$mm 处的 RVE 为分析对象,图 4.11 给出了硫酸盐侵蚀 0.5 年后 (该处混凝土处于膨胀潜伏期) 该 RVE 内径向和环向名义应力 (σ_ρ^m 和 σ_θ^m)、有效应力 ($\bar{\sigma}_\rho^m$ 和 $\bar{\sigma}_\theta^m$) 的分布;同时,为便于描述名义应力的变化规律,图中也给出微观损伤程度 (d^m) 的分布。由图可见,在 RVE 内球体中,有效应力 ($\bar{\sigma}_\rho^p$ 和 $\bar{\sigma}_\theta^p$) 为均匀压应力,且两者数值相等 (-6.7MPa);在 RVE 外球壳中,径向有效应力 $\bar{\sigma}_\rho^s$ 由内而外逐渐从压应力 (-6.7MPa) 增长为拉应力 (7.3MPa),而在外球壳的内表面 $\rho=20$nm 处,环向有效应力 $\bar{\sigma}_\theta^s$ 发生应力突变,即应力突然从压应力 (-6.7MPa) 变为了拉应力 (15.8MPa),随后由内而外逐渐从 15.8MPa 降低至 8.7MPa。至于名义应力,RVE 内球体中 σ_ρ^p 和 σ_θ^p 也为压应力,且两者数值相等 (-2.2MPa),但小于有效应力。在 RVE 外球壳中,径向名义应力 σ_ρ^s 逐渐从 -2.2MPa 增大至 0.8MPa,而在外球壳的内表面 $\rho=20$nm 处,环向有效应力 σ_θ^s 也发生了应力突变,应力突然从压应力 (-2.2MPa) 变为了拉应力 (0.4MPa),随后逐渐增大至 1MPa。在图 4.11 中,最严重的损伤发生在 RVE 外球壳内表面 $\rho=20$nm 处,且损伤程度由内而外逐渐降低,但是内球体无损伤。随着 RVE 外球壳的损伤程度逐渐加剧,其对内球体膨胀的抑制作用逐渐减弱,则两者之间的相互作用力大幅度降低,即出现应力松弛现象。

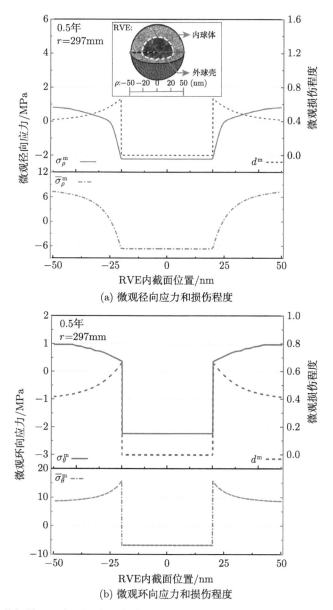

(a) 微观径向应力和损伤程度

(b) 微观环向应力和损伤程度

图 4.11   硫酸盐侵蚀 0.5 年后混凝土管中 $r=297\text{mm}$ 位置处 RVE 内微观应力和损伤程度的空间分布

同时，图 4.12 给出了硫酸盐侵蚀 1 年后混凝土管中 $r=297\text{mm}$ 处 (此时该处混凝土处于显著膨胀期)RVE 内径向和环向名义应力 (σ_ρ^{m} 和 σ_θ^{m})、有效应力 ($\overline{\sigma}_\rho^{\text{m}}$ 和 $\overline{\sigma}_\theta^{\text{m}}$) 和损伤程度的分布。由图 4.12 可知，不同暴露时间下，RVE 外表层

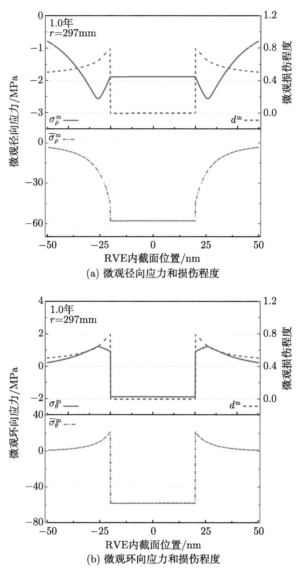

图 4.12　硫酸盐侵蚀 1.0 年后混凝土管中 $r=297$mm 位置处 RVE 内微观应力和损伤程度的空间分布

区域内微观应力的分布明显不同，这是由于该处混凝土宏观膨胀状态的不同所造成的。此外，图 4.13 给出了混凝土管中 $r=297$mm 处 RVE 内微观名义应力的时空分布。除微观应力外，RVE 内微观损伤 d^m 分布也是表征硫酸盐侵蚀引起的微观劣化程度的重要参数。同时，微观损伤程度 d^m 也是求解 RVE 平均损伤程度 $\overline{d^m}$ 的必要参数，进而计算混凝土的总损伤程度 D_{total}，以判断混凝土管的横截面边界是否向内移动。本研究将混凝土临界损伤程度 D_{cr} 定为 0.9，Sarkar 等 [1] 也将取该值作为临界特征，以判断混凝土是否发生开裂破坏。图 4.14 给出了混凝土管中 $r=297$mm 处 RVE 内微观损伤程度随暴露时间和截面位置的变化。由图可见，微观损伤首先出现在 RVE 外球壳的内界面 $\rho=20$nm 处，且随着暴露时间的增加，RVE 内损伤区域由外球壳的内界面逐渐向外扩展。

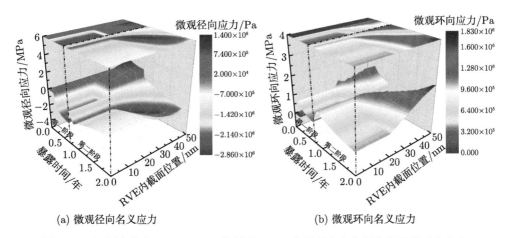

(a) 微观径向名义应力　　　　　　　(b) 微观环向名义应力

图 4.13　混凝土管中 $r = 297$mm 位置处 RVE 内微观应力和损伤程度的时空分布

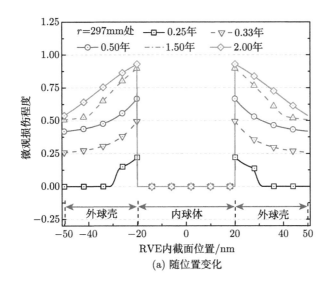

(a) 随位置变化

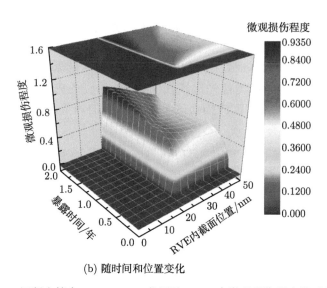

(b) 随时间和位置变化

图 4.14　混凝土管中 $r = 297\text{mm}$ 位置处 RVE 内微观损伤程度的时空分布

2) 宏观力学响应

宏观膨胀应力是表征硫酸盐侵蚀引起的混凝土管膨胀力学响应的重要参数。图 4.15 给出了硫酸盐侵蚀 0.5 年后混凝土管横截面内宏观径向、环向和轴向应力 (σ_r^{M}、$\sigma_\varphi^{\text{M}}$ 和 σ_z^{M}) 的分布情况。由图可知，在混凝土管的外表面附近区域 (硫酸盐溶液从管外表面向内扩散)，径向应力首先迅速增大；随着截面位置 r 逐渐靠近管

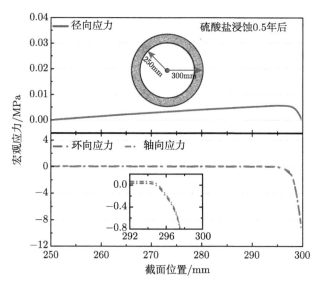

图 4.15　硫酸盐侵蚀 0.5 年后混凝土管内宏观应力的空间分布

内表面,应力逐渐减小,然而始终为拉应力。环向和轴向应力在混凝土管整个横截面(除外表层附近区域)内均为拉应力,且分布均匀,但是在管外表层附近,两者迅速减小,最后变为压应力。这是因为,在硫酸盐侵蚀 0.5 年后,混凝土管外表层区域生成了大量钙矾石/石膏等侵蚀产物,而侵蚀产物的生成引起混凝土膨胀,进而产生环向压应力和轴向压应力[12]。根据力的平衡可知,混凝土管外表层附近径向应力为拉伸应力。

图 4.16 和图 4.17 分别给出了混凝土输水管外表层处宏观径向应力和环向应力随暴露时间的变化。为便于描述宏观应力的时变规律,图中也给出了外表层各深度处混凝土的宏观损伤程度。以图 4.16(c) 为例,在混凝土管横截面内 $r=292m$ 处,径向拉应力在硫酸盐侵蚀初期逐渐增大,随后突然下跌,但仍为拉应力。然后,随暴露时间的增长,径向应力重复上述逐渐增大–突然下跌的循环变化过程;在此过程中,管内混凝土的宏观损伤程度始终为零。然而,在硫酸盐侵蚀 4 年后,混凝土的宏观损伤程度迅速增大,与此同时,混凝土内径向应力逐渐降低,最后突然跌落至零。上述径向应力增加-下跌的循环变化主要由硫酸盐侵蚀下混凝土逐层开裂剥落的破坏过程所致。在硫酸盐侵蚀过程中,钙矾石/石膏等侵蚀产物首先

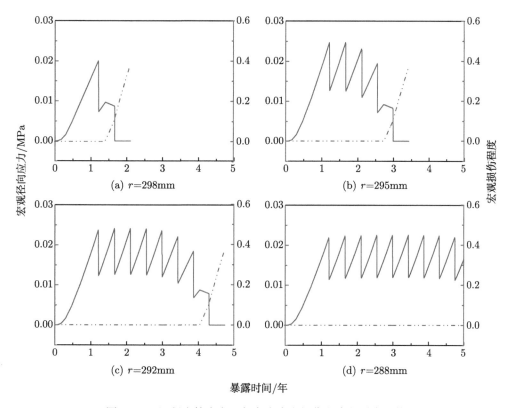

图 4.16　混凝土管内宏观径向应力和损伤程度的时变规律

在管外表层附近生成，引起该区域混凝土体积膨胀，并产生径向拉应力。随着侵蚀产物的持续生长，管外表层附近混凝土发生宏观开裂剥落，引起膨胀应力的释放，故混凝土管内径向应力急剧下降。因此，在裂纹区域向内扩展过程中，混凝土管内未开裂区域的径向应力呈逐渐增加和突然下降的循环变化趋势。

对比图 4.17 和图 4.16 可以看出，在硫酸盐侵蚀前期，混凝土管内环向应力的时变规律与径向应力的时变规律相似，但侵蚀一段时间后，两者变化规律仍存在一定差异。以混凝土管内 $r=292m$ 处的宏观应力为例，径向应力最终变为零，而环向应力在硫酸盐侵蚀 2.1 年后由拉应力变为了压应力。引起上述现象的原因是，在环向方向上，硫酸盐侵蚀产物生长产生的体积膨胀受到其周围混凝土挤压约束作用，使得环向应力为压应力，且随着侵蚀产物持续生长，环向压应力也随之增大。然而，在硫酸盐侵蚀 4.1 年后，由于混凝土宏观损伤程度 d^M 迅速增大，环向压应力有所降低。此外，图 4.18 和图 4.19 给出了混凝土管内宏观径向、环向应力和损伤程度随暴露时间及截面位置的变化规律。

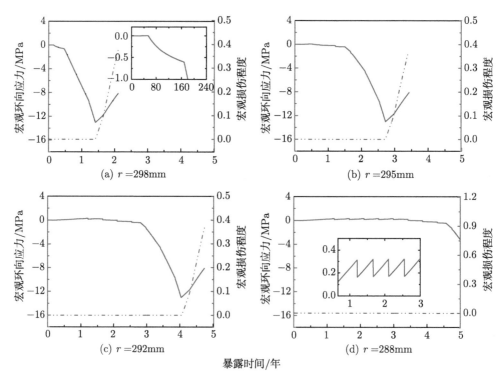

图 4.17　混凝土管内宏观环向应力和损伤程度的时变规律

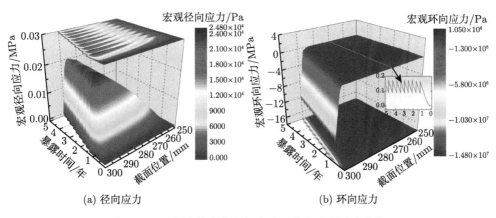

(a) 径向应力   (b) 环向应力

图 4.18 混凝土管内宏观径向和环向应力的时空变化

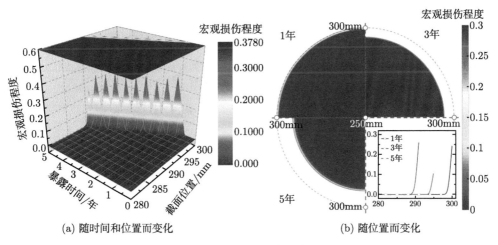

(a) 随时间和位置而变化   (b) 随位置而变化

图 4.19 混凝土管内宏观损伤程度的时空分布

图 4.20 给出了硫酸盐侵蚀 1 年、3 年和 5 年后混凝土管横截面上的总损伤程度 D_{total} 分布。从图中可以看出，损伤区 (damage region，$0<D_{total}<D_{cr}$) 位于管外表层附近，且存在较大梯度。此外，随着暴露时间的增长，混凝土管宏观开裂/剥落区域 (macro-cracking/spalling region，$D_{total}>D_{cr}$) 逐渐增大 [13]，这直接反映了硫酸盐侵蚀引起的混凝土劣化程度。图 4.21 给出了暴露于 Na_2SO_4 溶液中的混凝土输水管内宏观开裂/剥落、钙矾石形成和硫酸盐扩散等硫酸盐侵蚀深度随暴露时间的变化规律。由图可见，在硫酸盐侵蚀最初的 1.2 年内，混凝土中无宏观裂缝，而硫酸盐扩散和钙矾石形成的深度迅速增长，且增长速率逐渐减小。然而，在硫酸盐侵蚀 1.2 年后，上述三种深度以几乎相同的速率逐渐增大。当硫酸盐侵蚀 5 年时，混凝土管内宏观开裂/剥落深度为 9mm，而钙矾石形成深度和硫酸盐扩散深度分别为 17mm 和 18mm。该结果表明，硫酸盐侵蚀诱发的混凝土开裂剥落行为明显滞后于硫酸盐扩散和钙矾石生成 [14]。

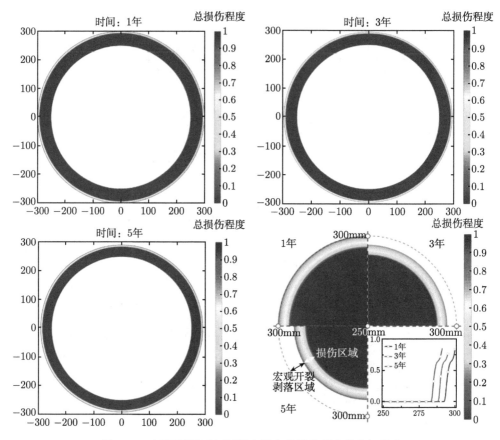

图 4.20　不同暴露时刻混凝土管中总损伤程度的空间分布

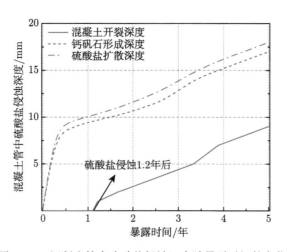

图 4.21　混凝土管中硫酸盐侵蚀深度随暴露时间的变化

4.1.3 混凝土棱柱

1. 研究对象

该模拟的研究对象为混凝土棱柱,其横截面边长为 1000mm,高度为 3000mm,如图 4.22 所示。采用 C40 混凝土浇筑试件,其余条件同 4.1.2 节第 1 部分。

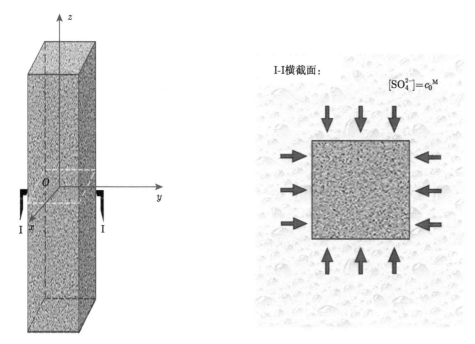

图 4.22 暴露于硫酸盐环境中的混凝土棱柱

该算例模拟海洋环境下的硫酸盐侵蚀混凝土模拟研究,模拟腐蚀时间为 5 年。在硫酸盐长期腐蚀作用下,混凝土表面会膨胀开裂,导致硫酸盐溶液直接进入混凝土内部。同时,该算例数值模拟过程中考虑了硫酸盐侵蚀导致混凝土开裂剥落所引起的边界移动。在开展数值模拟前,假设混凝土棱柱在硫酸盐侵蚀前已处于饱和状态,且硫酸根离子沿混凝土表面由外而内二维传输。

2. 模型参数

开展数值模拟所需的主要参数如表 4.3 所示。

表 4.3　　混凝土棱柱算例中涉及的主要参数

参数	符号	单位	数值	文献
棱柱边长	L	mm	1000	已知
棱柱高度	H	mm	3000	已知
混凝土孔隙率	φ_0^M	%	10	测得
Na_2SO_4 溶液浓度	c_0^M	mol/m^3	70.4	已知
临界损伤程度	D_{cr}	—	0.9	[1]
内部单元半径	a	nm	20	[12]
混凝土孔体积中小于 100nm 孔径的体积分数	f_{eq}	—	0.64	测得
理想气体常数	R_g	J/(mol·K)	8.314	已知
环境温度	T	℃	25	已知
钙矾石摩尔体积	$v_{mol\text{-}AFt}$	m^3/mol	707×10^{-6}	[1]
石膏摩尔体积	$v_{mol\text{-}Gyp}$	m^3/mol	75×10^{-6}	[1]
孔隙空间中钙矾石/石膏晶体填充的体积分数	f	—	0.17	[12]
外部单元体积模量	k^s	GPa	19.8	[2]
外部单元剪切模量	μ^s	GPa	15	[2]
孔溶液体积模量	k_w	GPa	2.25	[3]

3. 数值结果

1) 微观力学响应

与 4.1.2 节结果类似, 在硫酸盐侵蚀混凝土的膨胀潜伏期和显著膨胀期, RVE 内微观应力集中及损伤劣化的驱动力是不同的。第一阶段为孔溶液过饱和度驱动的结晶压力, 而第二阶段为侵蚀产物生长引起的固相体积增加。因此, 以混凝土棱柱内 x=497mm 处的 RVE 为分析对象, 图 4.23 给出了硫酸盐侵蚀 0.5 年后 (该处混凝土处于膨胀潜伏期) 该 RVE 内名义应力 (σ_x^m 和 τ_x^m)、有效应力 ($\bar{\sigma}_x^m$ 和 $\bar{\tau}_x^m$) 和损伤程度的分布; 同时给出微观损伤程度的分布。由图可见, 在 RVE 内部, 有效应力为均匀压应力, 且两者数值相等; 在 RVE 外部中, 有效正应力由内

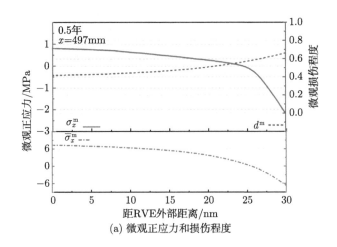

(a) 微观正应力和损伤程度

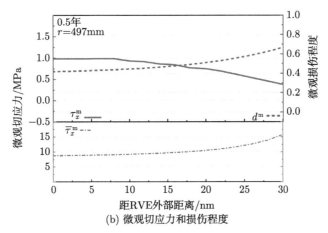

图 4.23 硫酸盐侵蚀 0.5 年后混凝土棱柱中 $x=497$mm 位置处 RVE 内微观应力和损伤程度的空间分布

而外逐渐从压应力增长为拉应力，而在距 RVE 外部 $l=25$nm 处，有效切应力发生应力突变，即应力方向改变。至于名义应力，RVE 内部中为压应力，且两者数值相等，但小于有效应力。在 RVE 外部中，名义正应力逐渐增大，而在距 RVE 外部 $l=25$nm 处，有效切应力也发生了应力突变。

图 4.24 给出了硫酸盐侵蚀 1 年后混凝土棱柱中 $x=497$mm 处 (此时该处混凝土处于显著膨胀期)RVE 内名义应力、有效应力和损伤程度的分布。可以看出，在不同暴露时间下，RVE 外表层区域内微观应力的分布不同，且在距 RVE 外部 $l=23.75$nm 处，名义应力发生应力突变。

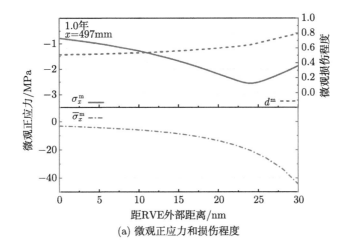

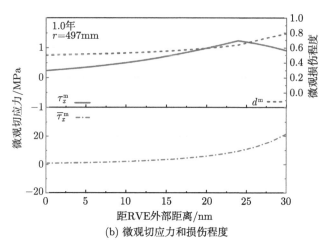

图 4.24　硫酸盐侵蚀 1.0 年后混凝土棱柱中 $x=497\mathrm{mm}$ 位置处 RVE 内微观应力和损伤程度的空间分布

2) 宏观力学响应

图 4.25 给出了硫酸盐侵蚀混凝土棱柱横截面内宏观正应力和切应力的分布情况。由图 4.25(a) 可知，在混凝土棱柱的外表面附近区域，正应力首先迅速增大；随着截面位置 x 逐渐靠近棱柱内表面，应力逐渐减小，然而始终为拉应力。由图 4.25(b) 可知，切应力在混凝土棱柱横截面内均为负，且分布均匀。

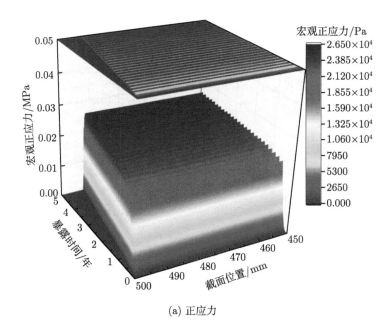

(a) 正应力

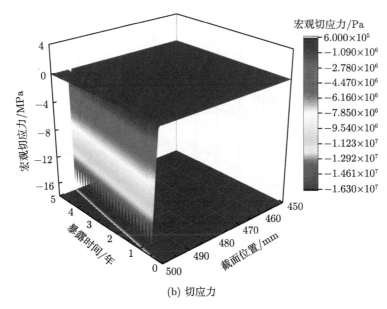

图 4.25   混凝土棱柱内宏观应力的时空变化

4.2   滨海地区荷载–硫酸盐共同侵蚀下结构混凝土桩的服役性能预测

4.2.1   工程概况

本节开展上述硫酸盐环境下 C50 抗硫酸盐 (sulfate resistant Portland cement，SRPC) 混凝土桩服役性能以及服役寿命的预测评估。该工程位于青岛市区西部，混凝土桩服役环境如图 4.26 所示，其中，地下水中的侵蚀介质浓度如表 4.4 所示，由该表可知，在回填土前后地下水中侵蚀介质浓度未发生明显降低。此外，据 1898 年以来百余年气象资料查考，市区年平均气温 12.7℃，极端高气温 38.9℃ (2002 年 7 月 15 日)，极端低气温 −16.9℃ (1931 年 1 月 10 日)。全年 8 月份最热，平均气温 25.3℃；1 月份最冷，平均气温 −0.5℃。同时，为了体现不同类型混凝土在抗硫酸盐性能方面的差异，还选取 C50 普通 (ordinary Portland cement，OPC) 混凝土、C30 抗硫酸盐混凝土和 C30 普通混凝土进行服役寿命的对比，它们的配合比见表 4.5。

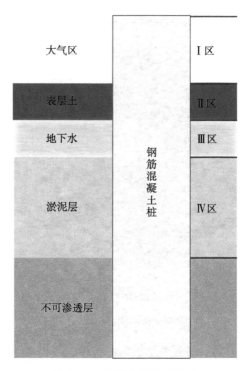

图 4.26　混凝土桩服役环境

表 4.4　服役环境中的侵蚀介质浓度

深度 /m	回填土前				回填土后			
	Mg^{2+} /(mg/L)	Cl^- /(mg/L)	SO_4^{2-} /(mg/L)	pH	Mg^{2+} /(mg/L)	Cl^- /(mg/L)	SO_4^{2-} /(mg/L)	pH
3.7	2266.91	43863.55	4298.69	8.48	1739.69	34139.8	4110.94	8.51
2.9	2272.99	43897.16	4346.72	8.54	1724.13	36738.27	4123.01	8.45
4.8	2269.34	43874.76	4308.29	8.50	1551.83	41101.74	3821.01	8.37

表 4.5　C50 和 C30 混凝土的配合比

混凝土等级		配合比				CA 含量
		水	水泥	砂	砾石	
C30	普通混凝土 (OPC)	0.38	1	1.11	2.72	7%
	抗硫酸盐混凝土 (SRPC)					3%
C50	普通混凝土 (OPC)	0.33	1	1.30	2.32	7%
	抗硫酸盐混凝土 (SRPC)					3%

4.2.2　计算参数

　　基于第 2 章和第 3 章所建立的一系列关于硫酸盐传输–反应–损伤引起的混凝土膨胀响应的分析模型及荷载作用下的损伤本构模型，分析了 40mol/m³ 硫酸盐浓度下

C50 抗硫酸盐混凝土 (SRPC C50)、C50 普通混凝土 (OPC C50)、C30 抗硫酸盐混凝土 (SRPC C30) 和 C30 普通混凝土 (OPC C30) 桩内硫酸根离子浓度、离子扩散深度和混凝土开裂深度随服役时间的变化规律、桩截面内应力重分布规律以及时变承载力演变规律。其中，混凝土力学性能及该数值模拟所需主要参数如表 4.6 所示。

表 4.6 C50 和 C30 抗硫酸盐/普通混凝土力学性能及数值模拟所需初始参数

混凝土等级	SRPC C50	OPC C50	SRPC C30	OPC C30
半径/mm	500	500	500	500
初始孔隙率/%	8	8	10	10
初始 CA 含量/%	3	7	3	7
水灰比	0.33	0.33	0.38	0.38
拉伸强度/MPa	2.64	2.64	2.01	2.01
抗压强度/MPa	32.4	32.4	23.4	23.4
弹性模量/GPa	34.5	34.5	30	30
体积模量/GPa	19.2	19.2	16.7	16.7
剪切模量/GPa	14.4	14.4	12.5	12.5
泊松比	0.2	0.2	0.2	0.2
环境中硫酸盐浓度/(mol/m³)	40	40	40	40
轴压荷载/kN	10000	10000	10000	10000

4.2.3 模型结果

1. 硫酸根离子浓度分布

图 4.27 和图 4.28 给出了 OPC/SRPC C50 和 C30 混凝土桩内硫酸根离子浓度随服役时间和桩表层深度的变化规律, 图 4.29 给出了服役时间分别 5 年和 10 年时 OPC/SRPC C50 和 C30 混凝土桩内硫酸根离子浓度沿表层深度的分布规律, 图 4.30 给出了上述四种混凝土桩中硫酸根离子扩散深度随服役时间的变化规律。

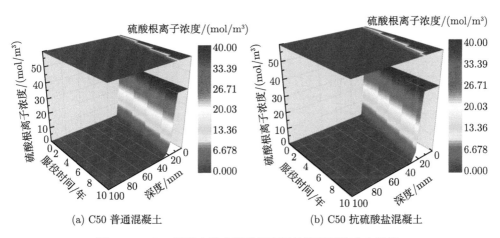

(a) C50 普通混凝土 (b) C50 抗硫酸盐混凝土

图 4.27 C50 混凝土桩中硫酸根离子浓度的时空分布规律

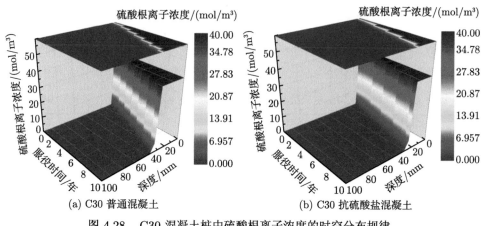

(a) C30 普通混凝土　　　　　　　　　　　(b) C30 抗硫酸盐混凝土

图 4.28　C30 混凝土桩中硫酸根离子浓度的时空分布规律

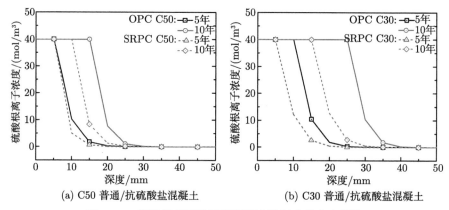

(a) C50 普通/抗硫酸盐混凝土　　　　　　　(b) C30 普通/抗硫酸盐混凝土

图 4.29　硫酸根离子浓度沿混凝土桩深度的分布规律

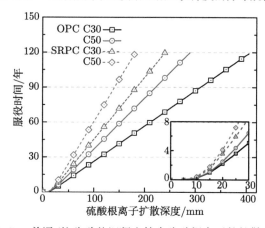

图 4.30　C50 和 C30 普通/抗硫酸盐混凝土桩中硫酸根离子的扩散深度随服役时间的
变化规律

由图 4.27 和图 4.28 可以看出，C50 混凝土桩内的硫酸根离子浓度略微低于 C30 混凝土桩内浓度，而 SRPC 混凝土桩内的硫酸根离子浓度明显低于 OPC 混凝土桩内浓度；这表明 SRPC 的抗硫酸盐侵蚀能力明显强于 OPC。这也可由图 4.30 看出：在同一服役时间，上述四种混凝土桩内硫酸根离子的扩散深度由深到浅依次为 OPC C30、OPC C50、SRPC C30 和 SRPC C50；服役 60 年时，OPC C30、OPC C50、SRPC C30 和 SRPC C50 混凝土桩内硫酸根离子的扩散深度分别为 100mm、126mm、150mm 和 206mm。

2. 桩截面内应力重分布

图 4.31 和图 4.32 分别给出了轴压荷载 10000kN 作用下 OPC/SRPC C50 和 C30 混凝土桩内应力重分布现象。由图可见，未受硫酸盐腐蚀的混凝土桩截面内压应力均匀分布，其值为 12.7MPa；随着服役时间的增长，截面边缘混凝土的压应力逐渐减小，直至混凝土被完全腐蚀破坏，不再承担轴压荷载，其压应力变为 0。同时，由于硫酸盐腐蚀深度的增加，混凝土桩截面内核心未损伤区面积逐渐减小，该区域混凝土承担的轴压荷载逐渐增加，使得其压应力也逐渐增大；由于核心未损伤区的混凝土其力学性能未受损伤，该区内的压应力处处相等。当混凝土桩服役 10 年后，OPC C30、OPC C50、SRPC C30 和 SRPC C50 混凝土桩截面内核心未损伤区的混凝土其压应力分别从腐蚀前的 12.7MPa 逐渐增加到了 13.5MPa、13.7MPa、13.9MPa 和 14.4MPa。上述混凝土桩截面内应力变化即为应力重分布现象，其根本原因是桩截面内硫酸盐侵蚀引起的混凝土化学损伤程度沿深度方向呈梯度分布，引起各深度位置处混凝土弹性模量的不均匀降低，导致轴向荷载作用下混凝土桩截面内压应力发生不均匀变化。此外，对比图 4.31 与图 4.32 也可看出，服役 10 年后，SRPC C50 混凝土桩截面内腐蚀区域最小，而 OPC C30 混凝土桩截面内腐蚀区域最大，这也反映了它们抗硫酸盐侵蚀的能力强弱。

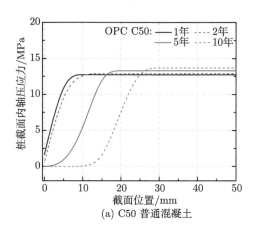

(a) C50 普通混凝土

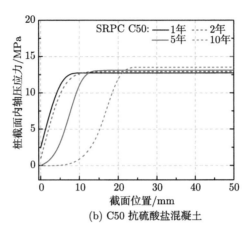

(b) C50 抗硫酸盐混凝土

图 4.31　C50 普通/抗硫酸盐混凝土桩内应力重分布

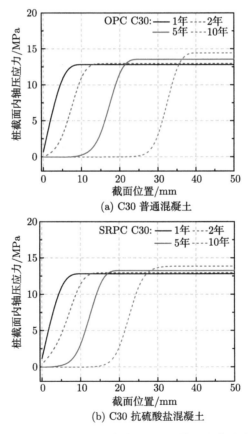

(a) C30 普通混凝土

(b) C30 抗硫酸盐混凝土

图 4.32　C30 普通/抗硫酸盐混凝土桩内应力重分布

3. 混凝土桩时变承载力

受硫酸盐侵蚀的混凝土桩截面被分为未损伤区、损伤区及完全破坏区。由于完全破坏区的混凝土对桩截面承载力无贡献，可认为混凝土桩承载力主要来源于未损伤区和损伤区两部分。图 4.33 为 OPC/SRPC C50 和 C30 混凝土桩其承载力随服役时间的变化规律。由图可知，服役前 C50 混凝土桩的抗压承载能力 (25446.9kN) 高于 C30 混凝土桩 (18378.3kN)；在服役过程中，SRPC 混凝土桩和 OPC 混凝土桩的抗压承载能力不断降低，但是前者始终大于后者；其中，服役 10 年后，SRPC C50 混凝土桩和 OPC C50 混凝土桩的抗压承载力分别降低了 6.36％、7.92％。此外，在分别服役 39.5 年、56.5 年和 97.8 年后，OPC C30、SRPC C30 和 OPC C50 混凝土桩其承载能力低于轴向外荷载 (10000kN)，而 SRPC C30 混凝土桩在服役 120 年其承载力为 11210kN (大于轴向外荷载)，仍可安全服役。

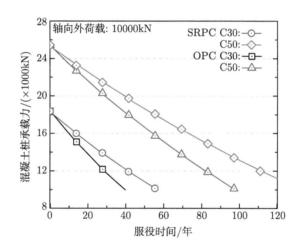

图 4.33 C50 和 C30 混凝土桩承载力随服役时间的变化规律

4. 混凝土桩内开裂深度

图 4.34 给出了暴露于 Na_2SO_4 溶液中的服役混凝土桩内由硫酸盐侵蚀引起的混凝土开裂深度随服役时间的变化规律。由图可见，在服役过程中，混凝土桩内开裂深度不断增大，且开裂深度的增长速率前期较慢、随后加快、最后基本呈线性增长；其中，增长速率由高到低依次为 OPC C30 混凝土桩、OPC C50 普通混凝土桩、SRPC C30 混凝土桩和 SRPC C50 混凝土桩。在硫酸盐侵蚀 60 年后，OPC C30 混凝土桩、OPC C50 混凝土桩、SRPC C30 混凝土桩和 SRPC C50 混凝土桩的开裂深度分别为 200mm、135mm、110mm 和 80mm。因此，采用 SRPC C50 且保护层厚度不小于 80mm 的混凝土桩能实现上述硫酸盐环境下桩内钢筋不裸露。

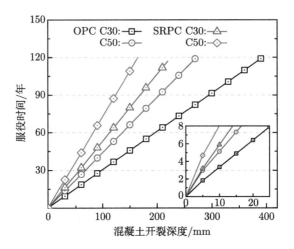

图 4.34　C50 和 C30 普通/抗硫酸盐混凝土桩截面内开裂深度随服役时间的变化规律

此外，图 4.35 给出了 SRPC C50 和 C30 混凝土桩中硫酸盐扩散深度和开裂深度的对比，由图可知，相同的服役时间，混凝土桩内硫酸盐扩散深度明显大于混凝土开裂深度，这表明硫酸盐侵蚀引起的混凝土开裂行为明显滞后于硫酸根离子的扩散行为。

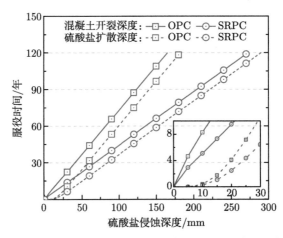

图 4.35　C50 和 C30 抗硫酸盐混凝土桩内硫酸盐扩散深度和开裂深度随服役时间的变化规律

4.3　北方盐渍土地区荷载–硫酸盐共同侵蚀下结构混凝土桩的服役性能预测

4.3.1　工程概况

北方某铁路沿线终至渤海新区，桥梁的桩基途经强盐渍土地区，经地质勘察部分地区水中硫酸盐浓度：17000mg/L、水中氯离子浓度：78000mg/L、水中镁离子浓度：7900mg/L，该浓度远超过国家耐久性设计标准（《混凝土结构耐久性设计标准》GB—T50476—2019）的上限要求，需对服役的桩基开展专门研究。另外，根据地质专业提供气象资料：桥址区年最冷月的平均最低气温 (℃) 为 −6.8℃。根据《铁路混凝土结构耐久性设计规范》规定：严寒和寒冷条件，且混凝土处于含氯盐水体的水位变动区 (寒冷条件：−8℃< t <−3℃)，桥墩部分主体及桩基的冻融环境作用等级为 D4。

桩基所有的水泥为低碱 P·O 42.5 水泥，其中 MgO 含量为 3.75%、游离氧化钙含量为 0.68%、SO_3 含量为 2.42%、熟料中 C_3A 含量为 4.8%，砂、骨料的技术指标符合国家现行标准要求，其中粗骨料为 5~20mm 的连续级配。按照工程施工需求承台和桩基混凝土强度等级采用的是 C50，桩基直径为 1m，单桩最大荷载 3600kN。为了体现不同强度等级混凝土的抗硫酸盐侵蚀性能，还选用了 C60 和 C80 混凝土进行服役性能的预测对比。各强度等级混凝土的配合比设计如表 4.7 所示。根据地质勘察结构结果，盐渍土地区还存在 Mg^{2+}，为便于进行混凝土桩的性能预测，将 Mg^{2+} 也换算为硫酸根离子浓度预测，这样硫酸根离子浓度分别取 200mmol/L、240mmol/L、280mmol/L，水中氯离子浓度：2194.64mmol/L，Na^++K^+ 浓度：1818.94mol/L，pH：8.6。

表 4.7 C50 等级混凝土配合比

名称	水泥	粉煤灰	砂	中石 10~20 mm	小石 5~10 mm	水	减水剂	引气剂	水胶比
C50 桩基混凝土	386	166	625	744	319	156	5.52	4.42	0.30
C50 墩承台混凝土	336	144	667	762	327	140	4.80	4.32	0.31
C60 混凝土	329	141	666	792	340	124	4.70	3.76	0.28
C80 混凝土	350	150	672	768	329	122	5.00	4.00	0.26

根据第 2 章和第 3 章给出的模型，这里重点给出了服役 100 年内混凝土桩轴向抗压承载力、桩截面保护层破坏失效深度、桩承载截面的有效直径 (破坏失效后的剩余直径)、氯离子渗入到桩截面内的侵蚀深度 (氯离子渗入前沿线深度)、硫酸根离子渗入到桩截面内的侵蚀深度 (硫酸根离子渗入前沿线深度)。

4.3.2 荷载作用的轴向承载力

根据《混凝土结构设计规范》(GB50010—2010)C50 桩基混凝土的轴心抗压强度的设计值 23.1N/mm²，计算 1m 桩初始的设计承载力为 18143kN，其承载力随硫酸根离子浓度的退化结果如图 4.36 所示，在硫酸根离子浓度为 200mmol/L 和 240mm/L 时，侵蚀的 5 年期内承载力几乎没有变化，甚至在侵蚀初期，混凝土柱总承载力稍微有所提升，随后开始降低，且降低的速率随服役时间呈线性变化，具体承载力降低的结果如表 4.8 所示；而当硫酸根离子浓度达到 280mmol/L 时，侵蚀的 3 年期承载开始降低。出现这种变化的原因与 4.2.3 节第 3 部分原因相同，主要是侵蚀的早期，生成的钙矾石、石膏等膨胀性产物填充到混凝土中，使混凝土的密实度提高，进而使混凝土的强度和弹性模量等力学性能提高，侵蚀后期侵蚀产物挤压混凝土，引起局部膨胀开裂，使承载力下降。由表 4.8 进一步可知，在三种硫酸盐侵蚀下，混凝土桩服役的 50 年后，混凝土桩的抗压承载力分别降低了 20.91%、24.48% 和 27.91%，服役 100 年后降低的幅度更大，分别是 40.89%、46.27% 和 51.95%。

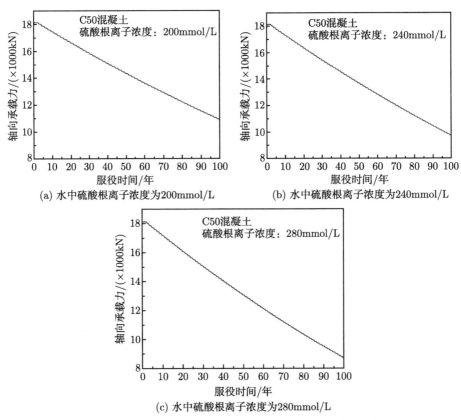

(a) 水中硫酸根离子浓度为200mmol/L　　　(b) 水中硫酸根离子浓度为240mmol/L

(c) 水中硫酸根离子浓度为280mmol/L

图 4.36　C50 混凝土桩轴向承载力随服役时间的变化规律

表 4.8　　不同服役年限的 C50 桩轴向承载力　　　　（单位：kN）

SO$_4^{2-}$ 浓度 /(mmol/L)	服役时间/年										
	0	10	20	30	40	50	60	70	80	90	100
200	18143	17464	16635	15900	15124	14349	13743	13164	12635	11600	10724
240	18143	17321	16351	15446	14578	13701	12838	12007	11241	10498	9749
280	18143	17180	16077	15049	14066	13079	12118	11223	10372	9535	8718

同样，根据《混凝土结构设计规范》(GB50010—2010)C60 和 C80 混凝土桩基，其初始承载力的设计值分别为 21598KN 和 28196KN，其在不同浓度的硫酸盐侵蚀下的承载力退化结果如图 4.37 和图 4.38 以及表 4.9 和表 4.10 所示。与 C50 混凝土相比，随混凝土强度等级的提高，侵蚀初期的 10 年内承载力退化的程度较小，尤其是 C80 混凝土在硫酸盐浓度相对小 (图 4.38(a)) 的时候，承载力基本无变化，之后承载力随侵蚀时间的延长而降低，混凝土桩自身强度越低，降低的程度也越大。例如，硫酸盐的侵蚀浓度为 240mmol/L 且服役 50 年时，C50、C60 和 C80 混凝土相应承载力分别降低了 24.48%、13.66% 和 2.84%。

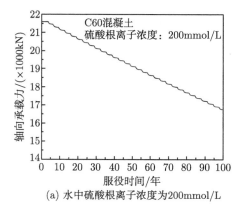

(a) 水中硫酸根离子浓度为200mmol/L

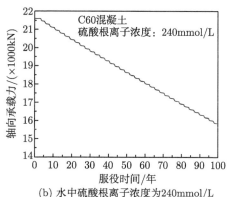

(b) 水中硫酸根离子浓度为240mmol/L

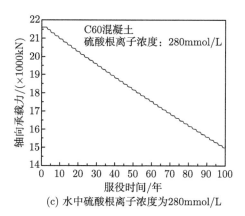

(c) 水中硫酸根离子浓度为280mmol/L

图 4.37 C60 混凝土桩轴向承载力随服役时间的变化规律

表 4.9 不同服役年限的 C60 桩轴向承载力 （单位：kN）

SO_4^{2-} 浓度 /(mmol/L)	服役时间/年										
	0	10	20	30	40	50	60	70	80	90	100
200	21598	21171	20642	20132	19631	19136	18648	18167	17693	17225	16764
240	21598	21121	20455	19825	19283	18647	18044	17529	16922	16348	15858
280	21598	20970	20281	19602	18839	18172	17534	16899	16190	15576	14986

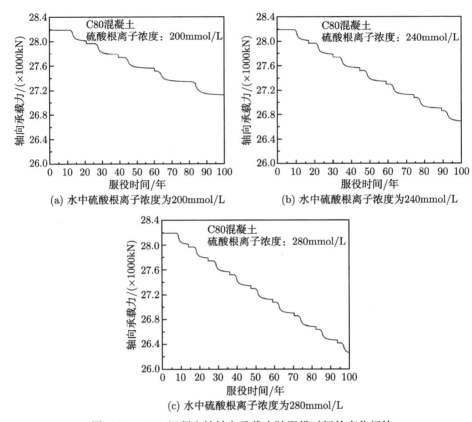

(a) 水中硫酸根离子浓度为200mmol/L   (b) 水中硫酸根离子浓度为240mmol/L

(c) 水中硫酸根离子浓度为280mmol/L

图 4.38   C80 混凝土桩轴向承载力随服役时间的变化规律

表 4.10   不同服役年限的 C80 桩轴向承载力   (单位：kN)

SO₄²⁻ 浓度 /(mmol/L)	服役时间/年										
	0	10	20	30	40	50	60	70	80	90	100
200	28196	28196	28018	27825	27746	27586	27568	27364	27347	27151	27130
240	28196	28175	27971	27791	27579	27394	27301	27131	26935	26859	26690
280	28196	28053	27823	27616	27457	27297	27079	26904	26688	26474	26266

4.3.3　保护层破坏深度和桩的剩余直径

　　C50、C60 和 C80 混凝土圆柱桩基在不同硫酸盐侵蚀下，其保护层破坏深度和 1m 桩的剩余直径结果如图 4.39 ~ 图 4.41 以及表 4.11 ~ 表 4.13 所示。以工程上桩基常用的 C50 强度等级混凝土为例，由图 4.39 知，服役 5 年时，保护层基本未受损伤，但随着硫酸盐浓度和服役时间的增加，混凝土保护层破坏深度增加，桩剩余的直径减少。由表 4.11 具体模拟数值统计表明在三种硫酸盐侵蚀下，混凝土桩服役 50 年时，其破坏深度分别达到了 54mm、64mm 和 74mm，直径分别减小了 10.8%、12.8% 和 14.8%。不同强度等级混凝土桩在硫酸盐侵蚀下的对比结果见表 4.11 ∼ 表 4.13, 若以设计服役寿命为 50 年, 要求混凝土保护层不低于 50mm, 则 C50 混凝土桩不能满足耐久性设计要求, 需采取附加防护措施, C60 在硫酸侵蚀浓度超过 200mmol/L 时, 也需要采取附加防护措施, 相对而言, C80 混凝土由第 2 章的微结构分析知, 因其孔隙率小, 曲折度大, 硫酸盐在混凝土中的传输的速率相对小, 对混凝土的保护层的破坏深度相对小, 可满足耐久性设计要求。但对混凝土结构而言, 混凝土强度等级越高, 所用胶凝材料用量增加, 原材料的成本相应增加, 对大体积混凝土而言结构开裂的潜在风险也增大。

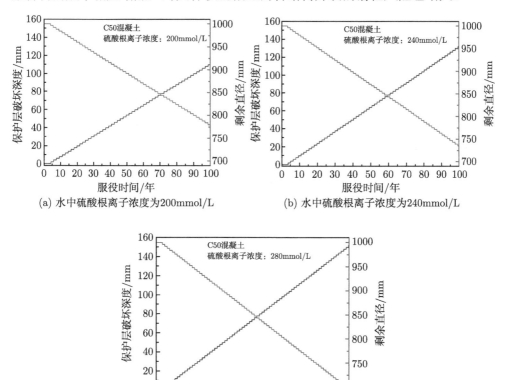

(a) 水中硫酸根离子浓度为200mmol/L
(b) 水中硫酸根离子浓度为240mmol/L
(c) 水中硫酸根离子浓度为280mmol/L

图 4.39　C50 混凝土桩保护层破坏深度和剩余直径随服役时间的变化规律

表 4.11　不同服役年限的 C50 桩保护层破坏深度和剩余直径 　　　 (单位: mm)

服役时间/年	保护层破坏深度			剩余直径		
	SO_4^{2-} 浓度/(mmol/L)			SO_4^{2-} 浓度/(mmol/L)		
	200	240	280	200	240	280
0	0	0	0	1000	1000	1000

续表

服役时间/年	保护层破坏深度			剩余直径		
	SO_4^{2-} 浓度/(mmol/L)			SO_4^{2-} 浓度/(mmol/L)		
10	8	10	12	984	980	976
20	20	24	28	960	952	944
30	30	36	42	940	928	916
40	42	50	58	916	900	884
50	54	64	74	892	872	852
60	64	78	90	872	844	820
70	76	92	104	848	816	792
80	88	104	120	824	792	760
90	100	118	136	800	764	728
100	110	132	152	780	736	696

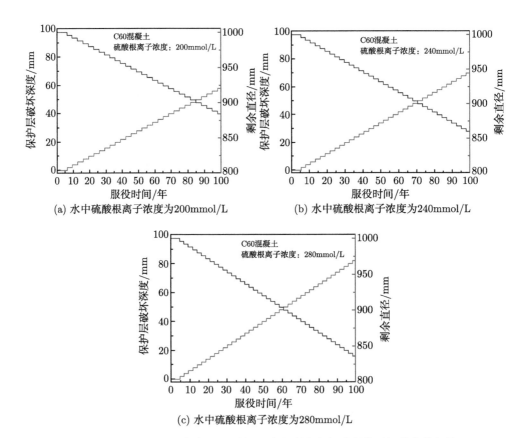

图 4.40　C60 混凝土桩保护层破坏深度和剩余直径随服役时间的变化规律

表 4.12 不同服役年限的 C60 桩保护层破坏深度和剩余直径 （单位：mm）

服役时间/年	保护层破坏深度			剩余直径		
	SO_4^{2-} 浓度/(mmol/L)			SO_4^{2-} 浓度/(mmol/L)		
	200	240	280	200	240	280
0	0	0	0	1000	1000	1000
10	4	4	6	992	992	988
20	10	12	14	980	976	972
30	16	20	22	968	960	956
40	22	26	32	956	948	936
50	28	34	40	944	932	920
60	34	42	48	932	916	904
70	40	48	56	920	904	888
80	46	56	66	908	888	868
90	52	64	74	896	872	852
100	58	70	82	884	860	836

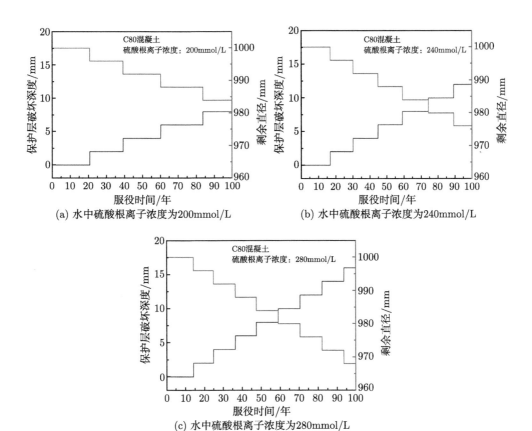

(a) 水中硫酸根离子浓度为200mmol/L

(b) 水中硫酸根离子浓度为240mmol/L

(c) 水中硫酸根离子浓度为280mmol/L

图 4.41 C80 混凝土桩保护层破坏深度和剩余直径随服役时间的变化规律

表 4.13 不同服役年限的 C60 桩保护层破坏深度和剩余直径 (单位：mm)

服役时间/年	保护层破坏深度			剩余直径		
	SO_4^{2-} 浓度/(mmol/L)			SO_4^{2-} 浓度/(mmol/L)		
	200	240	280	200	240	280
0	0	0	0	1000	1000	1000
10	0	0	0	1000	1000	1000
20	0	2	2	1000	996	996
30	2	2	4	996	996	992
40	4	4	6	992	992	988
50	4	6	8	992	988	984
60	4	8	10	992	984	980
70	6	8	10	988	984	980
80	6	10	12	988	980	976
90	8	12	14	984	976	972
100	8	12	16	984	976	968

4.3.4 混凝土桩硫酸根离子浓度前沿

C50、C60 和 C80 混凝土圆柱桩基在不同硫酸盐侵蚀下，其前沿深度的变化结果如图 4.42 ~ 图 4.44 以及表 4.14 ~ 表 4.16 所示。这里的前沿定义为硫酸根离子浓度达到 0.5mmol/L 的位置。从图 4.42 中可以看出，随着服役时间的增加，不同硫酸根离子浓度下的硫酸根离子前沿均不断增大；由表 4.14 可知，C50 混凝土桩基在服役 100 年时，水中硫酸根离子浓度为 200mmol/L 的条件下硫酸根离子前沿为 120mm，相比硫酸根离子浓度为 240mmol/L 和 280mmol/L 的条件下，前沿分别降低 22mm 和 41mm。出现此现象的原因是随着服役时间的不断增加，硫酸根离子向内扩散，硫酸根离子前沿增加；硫酸根离子浓度越高，硫酸根离子扩散深度越大，硫酸根离子前沿越大。不同强度等级混凝土桩在硫酸盐侵蚀下前沿深度对比结果见表 4.14 ~ 表 4.16，若以设计服役寿命为 100 年，要求混凝土保护层不低于 50mm，C50 和 C60 混凝土桩不能满足耐久性设计要求，需采取附

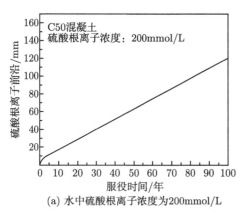

(a) 水中硫酸根离子浓度为200mmol/L   (b) 水中硫酸根离子浓度为240mmol/L

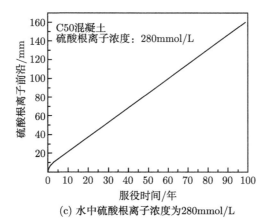

(c) 水中硫酸根离子浓度为280mmol/L

图 4.42　C50 混凝土桩中硫酸根离子前沿随服役时间的变化规律

表 4.14　不同服役年限的 C50 桩硫酸根离子前沿　　(单位：mm)

服役时间/年	SO_4^{2-} 浓度/(mmol/L)		
	200	240	280
0	0	0	0
10	18	20	22
20	29	32	38
30	40	46	53
40	52	60	68
50	63	74	83
60	74	88	100
70	85	101	116
80	97	116	131
90	109	128	146
100	120	142	161

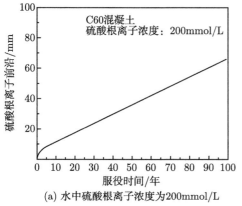

(a) 水中硫酸根离子浓度为200mmol/L

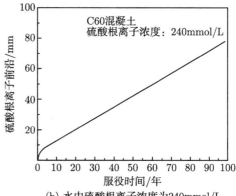

(b) 水中硫酸根离子浓度为240mmol/L

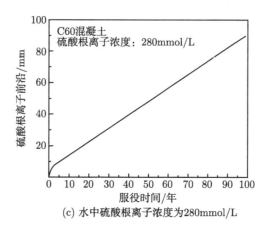

(c) 水中硫酸根离子浓度为280mmol/L

图 4.43   C60 混凝土桩中硫酸根离子前沿随服役时间的变化规律

表 4.15   不同服役年限的 C60 桩硫酸根离子前沿   （单位：mm）

服役时间/年	SO_4^{2-} 浓度/(mmol/L)		
	200	240	280
0	0	0	0
10	11	13	14
20	18	20	23
30	24	28	32
40	30	35	40
50	36	43	48
60	42	50	57
70	48	57	66
80	54	65	74
90	61	72	83
100	66	79	91

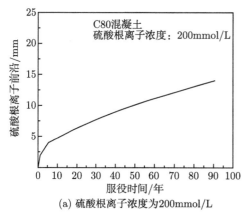

(a) 硫酸根离子浓度为200mmol/L

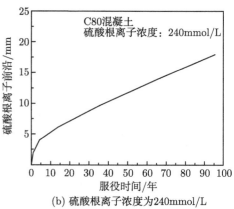

(b) 硫酸根离子浓度为240mmol/L

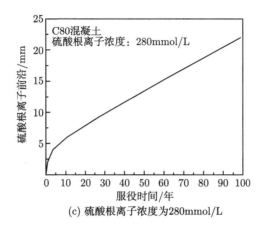

(c) 硫酸根离子浓度为280mmol/L

图 4.44 C80 混凝土桩中硫酸根离子前沿随服役时间的变化规律

表 4.16 不同服役年限的 C80 桩硫酸根离子前沿 （单位：mm）

服役时间/年	SO_4^{2-} 浓度/(mmol/L)		
	200	240	280
0	0	0	0
10	5	5	6
20	6	7	8
30	8	9	10
40	9	10	12
50	10	12	13
60	11	13	15
70	12	15	17
80	13	16	19
90	14	17	20
100	15	18	22

加防护措施，相对而言，C80 混凝土的前沿深度相对小，可满足耐久性设计要求，具体原因在 4.3.3 节已简要分析，这里不再赘述。

4.4 本章小结

基于第 2 章和第 3 章所给出的理论，分析硫酸盐侵蚀下混凝土化学–力学响应的宏微观响应，还通过混凝土化学–力学响应分析，将硫酸盐侵蚀产生的化学损伤转化为由膨胀应力驱动的力学损伤，从而实现了硫酸盐侵蚀引起的混凝土化学损伤程度的定量化。此外，还分析了荷载与硫酸盐共同作用下桩的服役性能评估及寿命预测工作。

水泥砂浆圆筒的数值模拟结果表明：①圆筒内宏观应力受硫酸盐暴露条件影

响，且其应力状态随浸泡时间而变化。在硫酸盐侵蚀潜伏膨胀期，宏观径向应力在暴露条件 I 和 III 下始终为拉应力，但在条件 II 下，径向应力起初为压应力，随后在试件内表面附近变为拉应力，最后在试件整个截面内都变为拉应力。宏观环向应力在条件 III 下始终为压应力，但在条件 I 和 II 下，环向应力起初分别在试件外表面和内表面附近为压应力，然后在试件整个截面内变成压应力。②RVE 中微观应力是由孔溶液内结晶压力引起的，这主要与硫酸盐浓度相关。当 RVE 孔溶液中硫酸盐浓度较高时，RVE 外球壳与内球体的交界面处产生应力集中和应变突变现象。特别是，RVE 外球壳的水泥浆体内存在较大的微观环向拉应力，这可能就是 RVE 水泥浆体内微裂纹沿径向萌生和扩展的原因。

混凝土输水管的数值模拟结果表明：在输水管整个截面中，宏观径向应力始终为拉应力；对于宏观环向和轴向应力，两者在除外表面层的管截面区域为拉应力且均匀分布，而在管外表层区域，两者迅速降低变为压应力。在硫酸盐侵蚀过程中，宏观径向拉应力随侵蚀时间而逐渐增大，然后突然下跌 (但仍为拉应力)，随后重复上述逐渐增大–突然下跌的循环变化过程；最终，应力急剧降低，并突然跌落至零。对于宏观环向应力，其变化过程与径向应力的变化过程较为相似；环向应力也为拉应力，并经历逐渐增大–突然下跌的循环变化过程，最后，急剧降低变为压应力。

对滨海地区的 C50 抗硫酸盐混凝土桩的服役性能评估及寿命预测工作表明，服役过程中，SRPC 和 OPC 混凝土桩的抗压承载能力不断降低，但是前者始终大于后者；其中，OPC C30、SRPC C30 和 OPC C50 混凝土桩在服役 39.5、56.5 和 97.8 年后其承载能力低于轴向外荷载 (10000kN)，而 SRPC C50 混凝土桩在服役 120 年后其承载力仍大于轴向外荷载，可安全服役。对北方强盐渍土地区的不同强度等级混凝土桩结果表明，设计服役寿命为 100 年，要求的混凝土保护层不低于 50mm 时，C50 和 C60 混凝土桩不能满足耐久性设计要求，需采取附加防护措施。

参 考 文 献

[1] Sarkar S, Mahadevan S, Meeussen J C L, et al. Numerical simulation of cementitious materials degradation under external sulfate attack [J]. Cement and Concrete Composites, 2010, 32: 241-252.

[2] Bary B, Leterrier N, Deville E, et al. Coupled chemo-transport-mechanical modelling and numerical simulation of external sulfate attack in mortar [J]. Cement and Concrete Composites, 2014, 49: 70-83.

[3] Jin L, Du X, Ma G. Macroscopic effective moduli and tensile strength of saturated concrete [J]. Cement and Concrete Research, 2012, 42(12): 1590-1600.

[4] 李维特, 黄保海, 毕仲波. 热应力理论分析及应用 [M]. 北京: 中国电力出版社, 2004.

[5] Massaad G, Rozière E, Loukili A, et al. Advanced testing and performance specifications for the cementitious materials under external sulfate attacks [J]. Construction and Building Materials, 2016, 127: 918-931.

[6] Ikumi T, Cavalaro S H P, Segura I, et al. Simplified methodology to evaluate the external sulfate attack in concrete structures [J]. Materials and Design, 2016, 89: 1147-1160.

[7] ASTM. Standard test method for length change of hydraulic-cement mortars exposed to a sulfate solution [S]. West Conshohocken (PA): ASTM International, 2004.

[8] Yu X, Chen D, Feng J, et al. Behavior of mortar exposed to different exposure conditions of sulfate attack [J]. Ocean Engineering, 2018, 157: 1-12.

[9] Tanyildizi H. Long-term performance of the healed mortar with polymer containing phosphazene after exposed to sulfate attack [J]. Construction and Building Materials, 2018, 167: 473-481.

[10] Rahman M M, Bassuoni M T. Thaumasite sulfate attack on concrete: Mechanisms, influential factors and mitigation [J]. Construction and Building Materials, 2014, 73: 652-662.

[11] Zhang J, Sun M, Hou D, et al. External sulfate attack to reinforced concrete under drying-wetting cycles and loading condition: Numerical simulation and experimental validation by ultrasonic array method [J]. Construction and Building Materials, 2017, 139: 365-373.

[12] Müllauer W, Beddoe R E, Heinz D. Sulfate attack expansion mechanisms [J]. Cement and Concrete Research, 2013, 52: 208-215.

[13] Yao M, Li J. Effect of the degradation of concrete friction piles exposed to external sulfate attack on the pile bearing capacity [J]. Ocean Engineering, 2019, 173: 599-607.

[14] Qiao X, Chen J. Correlation of propagation rate of corrosive crack in concrete under sulfate attack and growth rate of delayed ettringite [J]. Engineering Fracture Mechanics, 2019, 209: 333-343.

第 5 章　物理–力学效应等效转化方法及物理作用下的混凝土损伤

5.1　引　　言

处于荷载与低温环境作用下的混凝土结构,特别是,我国西部、北部等地区,混凝土结构冻融破坏极其严重,如何实现冻融环境的作用"力"与外荷载相统一,是冻融环境下混凝土结构耐久性设计的关键,也是精准评估混凝土结构服役性能、服役寿命的基础。这里的物理–力学效应等效转化方法指的是低温下水分侵蚀结构混凝土冻融结晶的物理行为所引起的微宏观力学效应,描述物理结晶引起混凝土内应力重分布及其损伤程度的方法。低温环境下水泥基材料的冻融破坏的机理是建立其物理–力学等效转化的基础,由第 1 章冻融机理分析知,结晶压、静水压和渗透压相结合才能科学描述多相、多尺度孔隙混凝土的水分传输—结晶—膨胀—损伤—剥落的全过程。本章重点给出冻融环境下结构混凝土的物理–力学效应等效转化方法。

5.2　混凝土的物理–力学效应等效转化方法

冻融作用下结构混凝土的物理–力学效应等效转化的方法与第 3 章给出的化学–力学效应转化的思路相似。首先,基于热力学定律,建立了环境作用下水泥基材料物理响应的临界判据,确定了孔隙尺寸与冻结的量化关系,区分了对应环境温度下不同孔径的孔隙中液态水、冰晶体和气孔的体积分数;其次,优先选取孔隙最小尺度的水泥浆体,基于水在孔隙中的传输–冻结机制,结合了结晶压、静水压、渗透压和热膨胀因素,构建了微观尺度水泥基材料物理–力学响应模型,量化了微观等效荷载力和微观等效应变;最后,根据均匀化理论和坐标转化方法,将代表性体积单元 RVE 在微观尺度上的微观应力应变场转换为宏观尺度上 RVE 所在位置点的宏观应力应变,建立分析宏观尺度上混凝土的热–水–力多场耦合模型,利用弹塑性损伤理论搭建冻融作用的物理–力学效应之间的等效转化,确定宏观应力应变时变规律,量化混凝土宏观劣化和 RVE 微观尺度的损伤程度以及冻融作用下的混凝土剥落判据。简要的转化思路如图 5.1 所示。

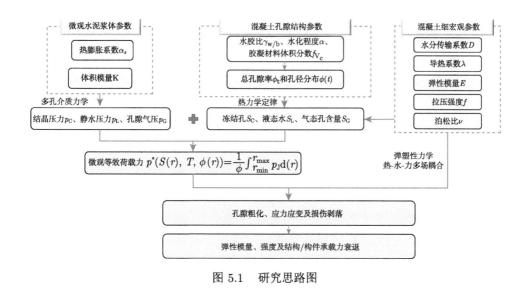

图 5.1　研究思路图

5.3　物理–力学响应过程

5.3.1　微观孔隙结构量化

混凝土是一种多相、多孔材料，其孔形各异、孔隙结构极为复杂，孔径分布范围显著广于其他多孔材料，跨越了微观、细观、宏观三个尺度，对孔隙结构的量化是冻融作用下，微观尺度力学的基础。目前关于孔隙尺度的量化有各种试验方法，如压汞法[1-3]、低场核磁共振法等[4,5]，但对微观物理–力学效应等效转化而言，孔隙结构进行数值计算更有利于数学建模。

在孔隙的数值计算方面，最受广泛认可的为 Powers 模型[6]。该模型中总孔隙率包含了毛细孔隙率和凝胶孔孔隙率，但凝胶孔尺度小，一般水结冰在 −70℃以下才能实现，对我国的冻融地区影响较小，因此孔隙结构的计算中剔除了凝胶孔。依据 Powers 毛细孔隙率和凝胶孔孔隙率的关系，可确定净浆中凝胶孔和毛细孔之间存在一个比例关系，该关系与水化程度有关，此外，混凝土中，除考虑毛细孔外，仍需考虑混凝土骨料对孔隙率的影响，故混凝土总孔隙率可依据下式计算[7]

$$\phi_{\mathrm{cp}} = f_{\mathrm{Vc}} \frac{\gamma_{\mathrm{w/c}} - 0.36\alpha}{\gamma_{\mathrm{w/c}} + 0.32} \tag{5.1}$$

$$\phi_{\mathrm{gl}} = f_{\mathrm{Vc}} \frac{0.19\alpha}{\gamma_{\mathrm{w/c}} + 0.32} \tag{5.2}$$

$$\phi_{\mathrm{t}} = \phi_{\mathrm{cp}} + \phi_{\mathrm{gl}} \tag{5.3}$$

式中，ϕ_{t} 为混凝土的总孔隙率，ϕ_{cp} 为毛细孔隙率，ϕ_{gl} 为凝胶孔孔隙率，α 为水化程度，f_{Vc} 为混凝土试件中水泥的体积分数，可表示为

$$f_{\mathrm{Vc}} = \left(1 + \frac{\rho_{\mathrm{c}}}{\rho_{\mathrm{s}}}\frac{m_{\mathrm{s}}}{m_{\mathrm{c}}} + \frac{\rho_{\mathrm{c}}}{\rho_{\mathrm{w}}}\gamma_{\mathrm{w/c}}\right)^{-1} \tag{5.4}$$

式中，ρ_{c} 为水泥堆积密度，$\mathrm{g/m^3}$；ρ_{s} 和 ρ_{w} 分别为骨料 (石子与砂粒) 和水的密度，$\mathrm{g/m^3}$；m_{s} 和 m_{c} 分别为骨料与水泥的质量，g。

水泥的水化度与水胶比和水化时间有关。对于普通硅酸盐水泥，水化程度可根据下式计算

$$\alpha = 0.697 t^{0.097} \exp\left[-0.133 t^{0.026}/\gamma_{\mathrm{w/c}}\right] \tag{5.5}$$

通过综合式 (5.1)∼ 式 (5.5) 可以确定混凝土总孔隙率值。然而，冻融发生在每一个孔隙，不同孔隙受冻情况不同，因此还需分析混凝土孔径分布，以确定不同孔隙受冻情况。混凝土中的孔隙包括从纳米级凝胶孔隙到毫米级宏观孔隙，孔径分布是连续的，学者在实验中分析了多组样品 [8]，通过拟合方式得到了接近实际测试结果的孔径分布函数，且可考虑最概然孔径对孔径累积分布的影响

$$\phi\left(r\right) = \frac{1 - \phi_{\mathrm{t}}}{1 + \left(\dfrac{\lg r}{2.0783}\right)^{3.8059}} \tag{5.6}$$

式中，$\phi\left(r\right)$ 为孔径分布函数，r 为孔径，nm。结合式 (5.1)∼ 式 (5.6) 可得到基于水胶比和水化程度的混凝土孔径分布，并生成不同水胶比和水化龄期的几种孔径分布，如图 5.2 和图 5.3 所示。

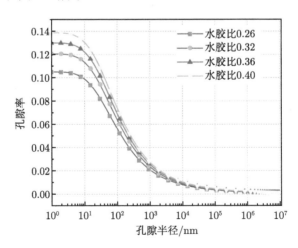

图 5.2   孔径累积分布曲线

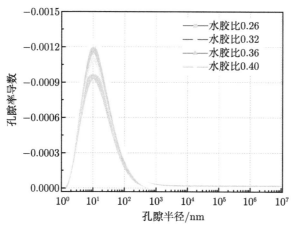

图 5.3 孔径微分曲线

5.3.2 物理响应临界判据

大多数寒冷地区的水泥基材料都是不饱和的, 即使水泥基材料长时间浸泡在冰冻的水中, 也很难达到完全饱和[9,10]。此外, 水泥基材料是一个连续体, 水化产物主要包括硅酸钙凝胶、水化硅酸盐、氢氧化钙等, 这些产物的结构中存在着不规则的短程排列, 同时也存在着规则的长程排列。水泥基材料是一种典型的短程无序、长程有序的材料, 在此取水泥基材料的一个无穷小的代表性体积单元 (RVE) 作为研究对象, 如图 5.4 所示。

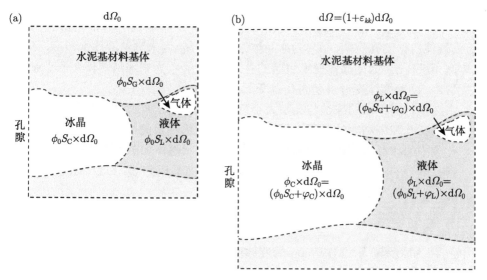

图 5.4 发生变形前后的水泥基材料基体代表性体积单元

如图 5.4 所示，假定 RVE 中仅存在基体和孔隙，且其孔隙中只有三种物质：冰晶、液体和气体。RVE 在变形前的体积为 $\mathrm{d}\Omega_0$，则所有孔隙相的体积可由孔隙率得到，即 $\phi_0\mathrm{d}\Omega_0$。则对应当前状态下冰晶、液体和气体三相体积分别为 $\phi_0 S_\mathrm{C}\times\mathrm{d}\Omega_0$、$\phi_0 S_\mathrm{L}\times\mathrm{d}\Omega_0$ 和 $\phi_0 S_\mathrm{G}\times\mathrm{d}\Omega_0$。当经历过一定的时间后，RVE 发生了体积变形 (图 5.4(b))，其孔隙中仍存在冰晶、液体和气体三相，但其体积分数均发生了变化，该变化的体积分数可由 φ_J 表示，即变形引起的冰晶、液体和气体孔隙体积的增量。这一孔隙增量分别来源于两个过程：①温度降低至冰点后，孔隙冰晶体生长，冰晶向液体存在方向生长，推动液体和气体的迁移，这一孔隙增量与液体、冰晶和基体之间的内部界面变化有关；②冰晶和被排挤的液体、气体在受限空间内，会对基体的内壁面产生压力 (静水压力和结晶压力)，引起基体的变形。在此，定义变形后的 RVE 中冰晶、液体和气体孔隙为 ϕ_C、ϕ_L 和 ϕ_G。在此，按作用机制，将孔隙变形定义为两种类型引起的：$\phi_\mathrm{J}=\phi_0 S_\mathrm{J}+\varphi_\mathrm{J}$，式中，$\mathrm{J}=\mathrm{C},\mathrm{L},\mathrm{G}$ 分别指冰晶、液体和气体相。第一项 $\phi_0 S_\mathrm{J}$ 可以认为是由作用过程①带来的孔隙变化，这里的 S_J 是与初始孔隙结构相关的孔隙物相饱和度，而不是发生变形后的孔隙物相饱和度；第二项 φ_J 为作用过程②带来的孔隙变化，$\varphi_\mathrm{J}\mathrm{d}\Omega_0$ 表示 J 相在孔隙物相变形产生的压力 p_J 作用下所经历的无穷小变化。在一定温度状态下的孔隙中，RVE 中的这三相物质遵循如下关系

$$\phi = \phi_\mathrm{C} + \phi_\mathrm{L} + \phi_\mathrm{G} \tag{5.7}$$

$$S_\mathrm{C} + S_\mathrm{L} + S_\mathrm{G} = 1 \tag{5.8}$$

$$\phi = \phi_0 + \varphi_\mathrm{C} + \varphi_\mathrm{L} + \varphi_\mathrm{G} \tag{5.9}$$

式中，ϕ_C 为冻结产生的冰晶体占据的孔隙率，ϕ_L 为未冻结孔隙液占据的孔隙率，ϕ_G 为气体占据的孔隙率，S_C 为冰晶体饱和度，S_L 为未冻结液体饱和度，S_G 为气体饱和度，φ_C 为冰晶体变形引起的孔隙变形，φ_L 为未冻结液体变形引起的孔隙变形，φ_G 为气体变形引起的孔隙变形。

水泥基材料中水的冻结与孔隙大小密切相关，由于水泥基材料孔隙结构的复杂性，水在孔隙中结冰的过程不同于自然界中大体积水的结冰过程。当冰晶产生时，孔隙中的冰晶与液体一直维持在一定的平衡状态，如图 5.5 所示。

当孔隙中的液态水和冰晶处于稳定状态时，冰晶压力 p_C 和液体压力 p_L 满足 Young-Laplace 方程

$$p_\mathrm{C} - p_\mathrm{L} = \frac{2\gamma_\mathrm{CL}}{\varrho} = \frac{2\gamma_\mathrm{CL}\cos\theta}{r} \tag{5.10}$$

式中，p_C 为冰晶压力，MPa；p_L 为液体压力，MPa；γ_CL 为冰晶体和液体的界面能，当接触角为 $0°$ 时，可取为 $0.0409\ \mathrm{J/m^2}$；ϱ 为冰晶曲率半径，m；r 为孔隙的半径，m；θ 为晶体和液体的接触角。

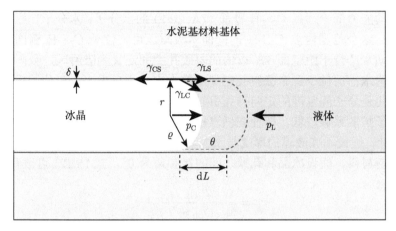

图 5.5 微观层面上的理想孔隙冻结

根据孔隙中水冰相变的热力学理论，冰晶与液态水共存的热力学平衡要求它们的化学势相等 [11]。当过冷度 $\Delta T = T_\mathrm{m} - T$ 不大且可忽略热膨胀和高阶项时，意味着水冰界面压力差 [12-14]

$$p_\mathrm{C} - p_\mathrm{L} = \Sigma_\mathrm{m} (T_\mathrm{m} - T) \tag{5.11}$$

式中，T_m 为冰点温度，K；T 为当前温度，K；Σ_m 为每单位体积的冰在温度为 273K 时溶解为水的融化熵，MPa/K。对于水来说，在 273.15K 时，$\Sigma_\mathrm{m} = 1.2\mathrm{MPa/K}$[15]。

结合方程 (5.10) 和方程 (5.11)，可以得到著名的 Gibbs-Thomson 方程

$$r_\mathrm{c} = \frac{2\gamma_\mathrm{CL} \cos \theta}{\Sigma_\mathrm{m} (T_\mathrm{m} - T)} \tag{5.12}$$

式中，r_c 为当前的温度为 T 时，可形成冰晶体的最小孔隙半径，又称为临界冻结孔隙半径，nm。

然而，在一般情况下，并不是整个孔隙均会发生冻结，即使在绝对零度下，也很难观察到水泥基材料的纳米级孔隙中的结冰过程 [16]。冰晶不直接接触孔壁，在固体基质的边缘有一层水膜，这一层水膜的厚度一般认为是 0.5~1.2nm。水冰相变在分子尺度上的表现是水分子有规律地重新分布。然而，水膜很难通过实验和模拟来验证。

对于水泥基材料，Liu 等和 Xu[17,18] 通过分子动力学发现，凝胶孔中的水分子的密度以凝胶孔中心为轴呈现出高度对称分布，靠近边壁的水分子密度比凝胶孔中心大，靠近壁面的凝胶孔区域分别在距壁面 1.9Å、4.6Å 处出现了两个较高的峰值，密度分别达到 1.05g/cm³ 和 1.03g/cm³，较大幅度的波动一直延续到距壁面约 7Å 处，随后密度稳定在 0.99g/cm³，这说明了距离 C-S-H 凝胶壁 7Å 内的

水分子运动能力低于远离 C-S-H 壁面 (7Å 以外) 的水分子，水分子在距离 C-S-H 凝胶壁 7Å 这个范围内被 C-S-H 的壁面所吸附。可将位于 C-S-H 壁面以内的水定义为层间水；位于距壁面 7Å 以内的凝胶孔空间定义为吸附区，吸附区中的水定义为吸附水；而位于剩余凝胶孔空间中的水定义为自由水。在分子尺度上，水向冰的转化是分子间氢键的定向排列引起的，而在 C-S-H 近壁面上，水分子被吸附，其分子扩散系数较低，即使在低温作用下水分子仍难以产生定向排列的稳定氢键，因此，假设不冻液膜的厚度与水泥基材料孔壁附近的水吸附区的厚度一致。对于水泥基材料，假设冰晶和孔壁之间的接触角为 0°，式 (5.12) 可改写为

$$r_{c} = \frac{2\gamma_{CL}}{\Sigma_{m}\left(T_{m} - T\right)} + \delta \tag{5.13}$$

式中，δ 取 0.7nm。

根据式 (5.13)，可以得到临界冻结孔隙半径和温度之间的相应关系，如图 5.6 所示。

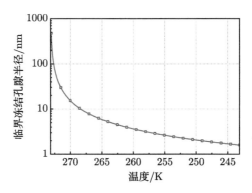

图 5.6   温度与临界冻结孔隙半径之间的关系

当温度降至冰点时，大孔隙中的水首先结冰。随着温度的降低，冰晶逐渐长入小孔中，冻结含冰量也将逐步增大。根据混凝土的孔径分布曲线，可以确定相应的冻结孔隙和未冻结孔隙，即孔隙中确定各物相的饱和度。

冰晶饱和度与温度之间的关系可基于式 (5.14) 计算

$$S_{C} = \phi\left(r_{c}\right)/\phi_{t} \tag{5.14}$$

当孔隙完全饱和时，可以认为气相饱和度为零，那么液相饱和度就可以通过式 (5.15) 计算得到，不同温度下冰晶饱和度和液相饱和度如图 5.7 所示。

$$S_{L} = 1 - \phi\left(r_{c}\right)/\phi_{t} \tag{5.15}$$

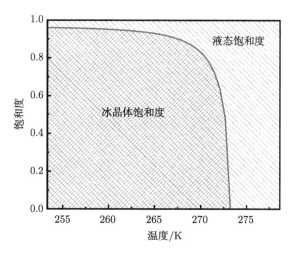

图 5.7 温度和饱和度之间的关系

在非饱和水泥基材料中，孔隙水仍应先饱和于小孔隙，然后再饱和于大孔隙。然而，现有研究难以表征每个孔隙中水的真实充盈状态。因此，假定孔径小于 r_{sc} 的孔隙为饱和孔隙，其他孔隙为非饱和孔隙。根据这一关系，孔隙饱和度为

$$S_{l0}(r) = \begin{cases} 1 - S_G - (\phi_t - \phi(r_{sc})), & r > r_{sc} \\ 1, & r \leqslant r_{sc} \end{cases} \tag{5.16}$$

式中，$S_{l0}(r)$ 为未冻结时孔隙半径为 r 的孔隙中的液体饱和度，r_{sc} 为临界饱和孔隙半径，nm，S_G 为基质的不饱和程度。

当温度降至冰点以下时，孔隙中的液体会结冰，此时孔隙的饱和度为

$$S_C(r) = \begin{cases} \begin{cases} S_{l0}(r)/0.917, & S_{l0}(r) < 0.917, \\ 1, & S_{l0}(r) \geqslant 0.917, \end{cases} & r > r_c \\ 0, & r \leqslant r_c \end{cases} \tag{5.17}$$

$$S_L(r) = \begin{cases} 0, & r > r_c \\ S_{l0}(r), & r \leqslant r_c \end{cases} \tag{5.18}$$

式中，$S_C(r)$ 为孔隙半径为 r 的孔隙中的晶体饱和度，$S_L(r)$ 为孔隙半径为 r 的孔隙中的液体饱和度，0.917 是指冰晶和液体的密度比。

图 5.8 所示为在同一温度下不同孔隙状态 (液态孔、冻结孔、气态孔) 的孔分布情况，但在实际计算过程中较为复杂。为方便计算，可以不考虑混凝土孔隙的非饱和分布。假设每个孔隙的气体饱和度值相同，则孔隙相饱和度可根据式 (5.8)、式 (5.14) 和式 (5.15) 计算。

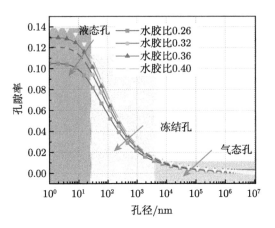

图 5.8　不同温度下孔隙状态分布

5.4　微观尺度物理–力学响应模型

5.4.1　微观代表性体积单元体积变形

在冻结过程中，混凝土的变形和力学行为非常复杂，包括温度变化引起的变形、水分迁移引起的体积变形以及水冰相变引起的体积膨胀。多孔介质力学是研究水泥基材料在冻结过程中力学行为的有效方法之一。

应用热力学第一定律和第二定律到开放的多孔介质材料 RVE 中，假定水泥基材料力学性能为线弹性，且忽略在冻融循环过程中存在的应力滞后效应，忽略压缩气体引起的气体压力变化，可得到只考虑基体能量耗散的 Clausius-Duhem 不等式

$$\sigma_{ij}\mathrm{d}\varepsilon_{ij} + p_\mathrm{L}\mathrm{d}\phi_\mathrm{L} + p_\mathrm{C}\mathrm{d}\phi_\mathrm{C} - \Sigma_{sk}\mathrm{d}T - \mathrm{d}\psi_{sk} \geqslant 0 \qquad (5.19)$$

式中，σ_{ij} 为 RVE 的总应力，MPa；ε_{ij} 为 RVE 的总应变，Σ_{sk} 为水泥基体的熵，MPa/K；T 为温度，K；ψ_{sk} 为水泥基体的亥姆霍兹 (Helmholtz) 自由能，J。

在理想条件下，假定冻结和融化过程中多孔介质材料的基体始终处于平衡状态，即不考虑能量耗散，则不等式 (5.18) 可转化为等式 (5.19)

$$\sigma_{ij}\mathrm{d}\varepsilon_{ij} + p_\mathrm{L}\mathrm{d}\phi_\mathrm{L} + p_\mathrm{C}\mathrm{d}\phi_\mathrm{C} - \Sigma_{sk}\mathrm{d}T - \mathrm{d}\psi_{sk} = 0 \qquad (5.20)$$

式 (5.20) 表明，多孔介质材料基体的基体自由能 ψ_{sk} 只能是 ε_{ij}、ϕ_L、ϕ_C 和 T 的函数，因此可以得到饱水多孔介质弹性材料的状态方程为

$$\sigma_{ij} = \frac{\partial\psi_{sk}}{\partial\varepsilon_{ij}}, \quad p_\mathrm{L} = \frac{\partial\psi_{sk}}{\partial\phi_\mathrm{L}}, \quad p_\mathrm{C} = \frac{\partial\psi_{sk}}{\partial\phi_\mathrm{C}}, \quad \Sigma_{sk} = -\frac{\partial\psi_{sk}}{\partial T} \qquad (5.21)$$

根据式 (5.21)，引入与多孔介质材料基体体积变形有关的应变 ε_{ij}、液体孔隙率变化 φ_{L}、晶体孔隙率变化 φ_{C} 和液体饱和度 S_{L} 来表示多孔介质材料基体的 Helmholtz 自由能

$$\psi_{sk}\left(\varepsilon_{ij}, \phi_{\mathrm{L}}, \phi_{\mathrm{C}}, T\right) = \Psi_{sk}\left(\varepsilon_{ij}, \varphi_{\mathrm{L}}, \varphi_{\mathrm{C}}, S_{\mathrm{L}}, T\right) \tag{5.22}$$

依据能量的附加特征 Helmholtz 自由能 Ψ_{sk} 可以分为两部分：①多孔介质材料固体部分的弹性自由能 W；②多孔介质材料内部各组分之间的界面能 U。假定界面能 U 与多孔水泥基材料的基体变形变量 ε_{ij}、φ_{L}、φ_{C} 无关，且忽略温度对界面能 U 的影响，则 Helmholtz 自由能 Ψ_{sk} 可表示为

$$\Psi_{sk} = p_0 + W\left(\varepsilon_{ij}, \varphi_{\mathrm{L}}, \varphi_{\mathrm{C}}, S_{\mathrm{L}}, T\right) + \phi_0 U\left(S_{\mathrm{L}}\right) \tag{5.23}$$

式中，W 为多孔介质材料固体部分的弹性自由能，J；U 为多孔介质材料内部各组分之间的界面能，J。

此外，冻结前后的孔隙率变化遵循下式规则

$$\phi_{\mathrm{J}} = \phi_0 S_{\mathrm{J}} + \varphi_{\mathrm{J}} \tag{5.24}$$

式中，ϕ_{J} 为 J 相的当前孔隙度 (J=L,C)，φ_{J} 为 J 相孔隙度的变化。将式 (5.22) 和式 (5.24) 代入式 (5.20) 可得

$$\sigma_{ij}\mathrm{d}\varepsilon_{ij} + p_{\mathrm{L}}\mathrm{d}\varphi_{\mathrm{L}} + p_{\mathrm{C}}\mathrm{d}\varphi_{\mathrm{C}} - \phi_0\left(p_{\mathrm{C}} - p_{\mathrm{L}}\right)\mathrm{d}S_{\mathrm{L}} - \Sigma_{sk}\mathrm{d}T - \mathrm{d}\Psi_{sk} = 0 \tag{5.25}$$

因此，可以得到一个新的状态方程

$$\sigma_{ij} = \frac{\partial \Psi_{sk}}{\partial \varepsilon_{ij}}, \quad p_{\mathrm{L}} = \frac{\partial \Psi_{sk}}{\partial \varphi_{\mathrm{L}}}, \quad p_{\mathrm{C}} = \frac{\partial \Psi_{sk}}{\partial \varphi_{\mathrm{C}}}, \quad \phi_0\left(p_{\mathrm{C}} - p_{\mathrm{L}}\right) = -\frac{\partial \Psi_{sk}}{\partial S_{\mathrm{L}}}, \quad \Sigma_{sk} = -\frac{\partial \Psi_{sk}}{\partial T} \tag{5.26}$$

随后，将 Ψ_{sk} 代入新的状态方程中，可以得到弹性自由能的表达式

$$p_{\mathrm{L}} - p_0 = \frac{\partial W}{\partial \varphi_{\mathrm{L}}}, \quad p_{\mathrm{C}} - p_0 = \frac{\partial W}{\partial \varphi_{\mathrm{C}}}, \quad \Sigma_{sk} = -\frac{\partial W}{\partial T} \tag{5.27}$$

在此，引入 Legendre-Fenchel 变换，将 W 替换为 W^*，可以获得新的表达式

$$W^* = W - \left(p_{\mathrm{L}} - p_0\right)\varphi_{\mathrm{L}} - \left(p_{\mathrm{C}} - p_0\right)\varphi_{\mathrm{C}} \tag{5.28}$$

$$\sigma_{ij} = \frac{\partial W^*}{\partial \varepsilon_{ij}}, \quad \varphi_{\mathrm{L}} = -\frac{\partial W^*}{\partial\left(p_{\mathrm{L}} - p_0\right)}, \quad \varphi_{\mathrm{C}} = -\frac{\partial W^*}{\partial\left(p_{\mathrm{C}} - p_0\right)}, \quad \Sigma_{sk} = -\frac{\partial W^*}{\partial T} \tag{5.29}$$

对于各向同性的线弹性多孔介质材料，其弹性自由能的共轭表达式在忽略 p_0 后可表示为 [14,19]

$$W^* = \frac{1}{2}\left(K - \frac{2G}{3}\right)\epsilon^2 + G\varepsilon_{ij}\varepsilon_{ji} - 3\alpha_s K\epsilon\delta T - \sum_{J,K=L,C}\left(b_J p_J \epsilon - 3a_J p_J \delta T + \frac{p_J p_K}{2N_{JK}}\right) \tag{5.30}$$

式中，K 为体积模量，MPa；G 为剪切模量，MPa；$\epsilon = \varepsilon_{kk}$；$\alpha_s$ 为热膨胀系数，1/K；b_J 为 J 相对应的 Biot 系数；N_{JK} 为广义 Biot 耦合模量；a_J 是与 J 相的热膨胀系数，1/K。将式 (5.30) 代入式 (5.29) 的方程中得到式 (5.31) 和式 (5.32)

$$\sigma_{ij} = (K - 2G/3)\epsilon\delta_{ij} + 2G\varepsilon_{ij} - b_C p_C \delta_{ij} - b_L p_L \delta_{ij} - 3\alpha_s K\delta T\delta_{ij} \tag{5.31}$$

$$\varphi_J = b_J \epsilon - 3a_J \delta T + \frac{p_J}{N_{JJ}} + \frac{p_K}{N_{JK}} \tag{5.32}$$

根据多孔介质力学的规定，可以根据式 (5.30)~ 式 (5.32) 中的多孔介质参数进行计算。

$$b = b_C + b_L = 1 - \frac{K}{k_s} \tag{5.33}$$

$$b_J = bS_J \tag{5.34}$$

$$\frac{1}{N} = \frac{b - \varphi_0}{k_s} = \frac{1}{N_{LL}} + \frac{2}{N_{LC}} + \frac{1}{N_{CC}} \tag{5.35}$$

$$\frac{1}{N_{JJ}} + \frac{1}{N_{LC}} = \frac{b_J - \varphi_0 S_J}{k_s} \tag{5.36}$$

$$\alpha_J = \alpha_s(b_J - \varphi_0 S_J) \tag{5.37}$$

当 RVE 不受外界作用力时，RVE 的应变可以按照如下方式得到

$$\varepsilon = \frac{bp_L + (b_C\Sigma_m - 3\alpha_s K)\Delta T}{K} = -3\left[\alpha_s + \frac{\phi Mb}{K + b^2 M}(S_C\alpha_C + S_L\alpha_L - \alpha_s)\Delta T\right]$$

$$+ \frac{M}{K + b^2 M}\left(\frac{b_C}{K_L} - \frac{b_L}{K_C}\right)\Sigma_m\Delta T + \frac{\phi Mb}{K + b^2 M}S_C\left(1 - \frac{\rho_C^0}{\rho_L^0}\right) \tag{5.38}$$

式中，α_s 为基体的热膨胀系数，1/K；k_s 为基体的体积模量，MPa；b_C 为晶体的 Biot 系数，b_L 为液体的 Biot 系数 [11]。式 (5.38) 包含所有组分的热变形应变、水分迁移过程引起的变形以及冻融循环期间水冰相变引起的变形。

5.4.2 微观代表性体积单元孔隙压力

假设水泥基材料的孔横截面均为圆形，取一孔径为 r 的孔横截面作为研究对象，如图 5.9 所示。

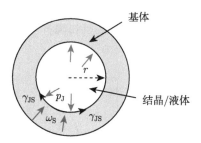

图 5.9 孔隙结构横截面

针对图 5.9 中的孔隙结构，其孔径为 r，在孔隙中可能存在冰晶体、液体和气体三种物质中的一种或两种。假设孔壁只受到一种物质 p_J 的压力影响。根据式 (5.10) 和式 (5.38)，可以计算孔隙的静水压力和结晶压力。

$$p_{\mathrm{L}} = \frac{K\varepsilon - b_{\mathrm{C}}\Sigma_{\mathrm{m}}\Delta T + 3\alpha_s K\Delta T}{b} \tag{5.39}$$

$$p_{\mathrm{C}} = \frac{K\varepsilon + b_{\mathrm{L}}\Sigma_{\mathrm{m}}\Delta T + 3\alpha_s K\Delta T}{b} \tag{5.40}$$

$$p_{\mathrm{G}} = p_{\mathrm{atm}} \tag{5.41}$$

式中，p_{atm} 为水泥基材料制备过程环境大气压力，MPa。

则孔壁应力 ω_{S} 可按下式计算

$$\omega_{\mathrm{S}} = p_{\mathrm{J}}\left(r\right) = \begin{cases} \dfrac{K\varepsilon + b_{\mathrm{L}}\Sigma_{\mathrm{m}}\Delta T + 3\alpha_s K\Delta T}{b} & \mathrm{C} \\[2ex] \dfrac{K\varepsilon - b_{\mathrm{C}}\Sigma_{\mathrm{m}}\Delta T + 3\alpha_s K\Delta T}{b} & \mathrm{L} \\[2ex] p_{\mathrm{atm}} & \mathrm{G} \end{cases} \tag{5.42}$$

式 (5.42) 为单一孔径为 r 的孔壁上的压力，结合孔径分布方程 (式 (5.6)) 和相应孔隙的饱和度分布 (式 (5.17) 和式 (5.18))，通过对孔径分布函数积分可以得到混凝土在冻融过程中受到的总内膨胀力 p^*。

$$p^* = \int_{r_{\min}}^{r_{\max}} \omega_{\mathrm{S}} \frac{\mathrm{d}\phi\left(r\right)}{\mathrm{d}r}\mathrm{d}r \tag{5.43}$$

式中，p^* 为平均孔隙压力，MPa；$r_{\min}$ 代表最小孔径，nm；$r_{\max}$ 代表最大孔径，nm。

5.4.3　微观计算参数

在开展水泥基材料物理–力学等效转化计算时，需使用其体积模量、剪切模量等力学性能参数，由于水泥基材料成分复杂，含有多相介质，需要在计算过程中确定有效模量。预测水泥基材料模量的常用方法有 Mori-Tanaka 方法和自洽法。本书选用自洽法计算含孔隙夹杂的水泥基材料弹性模量、泊松比、体积模量和剪切模量，计算公式如下所示

$$K = \frac{\sum_{j=1}^{2} V_j K_j \left[1 + \alpha_0 \left(\dfrac{K_j}{K_m} - 1\right)\right]^{-1}}{\sum_{j=1}^{2} V_j \left[1 + \alpha_0 \left(\dfrac{K_j}{K_m} - 1\right)\right]^{-1}} \tag{5.44}$$

$$G = \frac{\sum_{j=1}^{2} V_j G_j \left[1 + \beta_0 \left(\dfrac{G_j}{G_m} - 1\right)\right]^{-1}}{\sum_{j=1}^{2} V_j \left[1 + \beta_0 \left(\dfrac{G_j}{G_m} - 1\right)\right]^{-1}} \tag{5.45}$$

$$\alpha_0 = \frac{3K_m}{3K_m + 4G_m} \tag{5.46}$$

$$\beta_0 = \frac{6\left(K_m + 2G_m\right)}{5\left(3K_m + 4G_m\right)} \tag{5.47}$$

式中，K_m 和 G_m 分别为水泥基材料基体的体积模量和剪切模量，MPa。通过迭代法计算不同冻结状态下水泥基材料的有效体积模量和剪切模量。随后，弹性模量和泊松比则可通过下式计算得到

$$E = \frac{9KG}{3K + G} \tag{5.48}$$

$$\nu = \frac{3K - 2G}{6K + 2G} \tag{5.49}$$

5.4.4　物理–力学损伤的试验验证

1. 配合比设计

为研究水泥基材料抗冻性能，设计了不同组水泥基材料开展了室内快速冻融实验分析。本实验主要以砂浆试样为测试对象，表征低温下水泥基材料的传输—损伤—劣化的全过程。砂浆共设计 3 个配合比，对比净浆 1 个配合比，如表 5.1 所示。水胶比分别是 0.5、0.4、0.3 和 0.4，编号分别为 M1、M2、M3 和 P2。

表 5.1 水泥基材料配合比

组别	水胶比	水泥/kg	粉煤灰/kg	砂/kg	水/kg	减水剂/kg
M1	0.5	288	32	729	160	0
M2	0.4	360	40	703	160	1.06
M3	0.3	480	53	659	160	1.55
P2	0.4	360	40	0	160	0

2. 快速冻融实验

采用 TDR-5 混凝土快速冻融试验机进行试验，试件尺寸：采用尺寸为 40 mm×40 mm×160 mm 试件测定 M1、M2、M3 砂浆和 P2 净浆的动弹性模量、质量损失、砂外观表征和抗压抗折强度。具体试验步骤：水泥基材料蒸养养护 4d，从蒸养箱取出置于真空饱水机中饱水 1d，取出并擦拭表面水分，而后进行初始质量和动弹性模量测试，动弹性模量采用非金属超声检测仪进行测定。

3. 孔隙结构测试——压汞法

压汞法是目前测试水泥基材料孔结构的主要方法，此方法主要用来测量孔径分布，同时也可以测量比表面积和孔隙率。压汞技术在既定的外界压力下向多孔材料中强制压入一种非浸润且无反应的液体。压汞法本质上是利用汞溶液更替孔隙中气体的过程。根据孔径与压力之间的对应关系，基于压入汞液体积，确定孔径分布情况。本试验采用全自动压汞仪。样品尺寸需要小于 10mm×10mm×10mm，共需 2g 左右的样品，将样品放入 60℃ 真空干燥箱中烘干，之后进行压汞试验。

4. 孔隙结构测试——低场核磁共振试验

采用纽迈低场核磁共振仪，用于测量不同水泥基材料冻融循环次数下的孔隙结构特征。砂浆和净浆的尺寸都为 20mm×20mm×20mm。测试前将试样置于真空饱水机中饱水 24h。测试前测量试样体积，然后将试样用保鲜膜包裹防止水分蒸发，将样品置于线圈底部，放入磁体箱中，设定合理的参数，以获取信号。

5. 损伤试验分析

压汞试验中通常采用孔径分布、孔隙率、平均孔径、中值孔径等参数来表征水泥基材料的孔结构形态。而在一定的孔径范围内，微分曲线峰值越大，表示该域的总孔隙体积也就越大。水泥基材料受低温冻融作用损伤开裂后，孔隙结构会发生变化，为研究冻融对水泥基材料的孔结构的影响，本节对冻融循环 0 次、50 次、100 次、150 次和 200 次的砂浆试样 (M1、M2、M3) 进行压汞试验测试。如图 5.10~ 图 5.12 所示。

通过观察图 5.10，可以看出孔径范围主要分布在 0.006~0.02μm，并且在 0.02~0.06μm 和大于 70μm 的范围内也有部分孔径分布；经历 50 次冻融循环，可以看到 0.01~0.02μm 的孔径减小，这可能是冻融循环先在稍大的孔中产生裂缝，导致孔径变大，从而原本的孔径体积减小；经历 100 次循环，试样的最概然孔径从 0.006μm 向右偏移到 0.015μm，这是由于大孔和裂缝中的水分结冰膨胀，小孔受到压力，产生裂缝导致孔径增大。随着冻融进行到 150 次，在 0.007μm 处又增加一个峰，而大于 70μm 的孔大幅增多，正如上述扫描电镜发现的，水泥基材料裂缝大多呈楔形，开裂后大孔孔隙率增大的同时小孔孔隙率也同样增加。在 200 次循环，裂缝继续扩大，小孔再次减小，大孔继续增加。

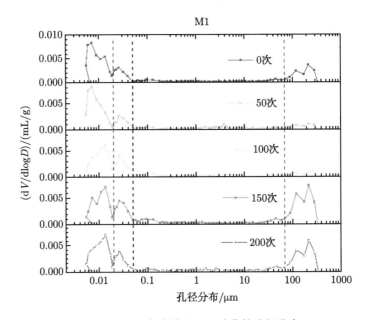

图 5.10　不同冻融循环 M1 砂浆的孔径分布

观察图 5.11 和图 5.10，基本和图 5.10 的规律一致。M2 和 M3 的水胶比更低，微观结构更加密实，在未冻融时，绝大部分孔的孔径在 0.006~0.02μm 和大于 70μm，而 0.02~0.06μm 孔径很少；50 次冻融循环小孔分布几乎不变；到 100 次循环，M2 和 M3 试样的最概然孔径出现偏移，0.2~0.6μm 内的孔径增多，与 M1 试样相比，M2 和 M3 中 0.006~0.009μm 孔径占比更多；M2 试样在 200 次循环时 0.007μm 也产生了峰，而 M3 孔径分布变化较小，说明 M2 冻融损伤更严重。

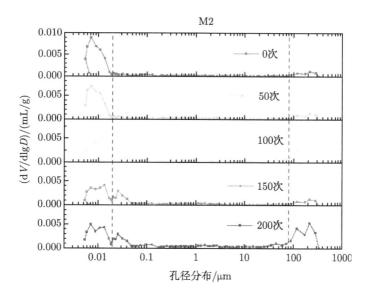

图 5.11 不同冻融循环 M2 砂浆的孔径分布图

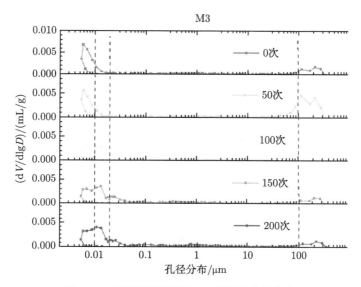

图 5.12 不同冻融循环 M3 砂浆的孔径分布

虽然压汞法被广泛应用于测量材料的微结构特征。但是在压汞测试过程中,受限于孔喉测量、高压对材料微结构破坏等因素的存在,使得压汞测试的结果降低了材料孔结构分析的可靠性,同时,压汞法测试结果依赖于样品粉末,对于整个水泥基材料来说,冻融作用下外部孔隙受损更为严重。而低场核磁共振技术作为获取样品内部孔径分布信息的工具,因其可以原位无损测试孔隙结构,在水泥基材料、岩土介质微结构研究中发挥了重要作用。本试验利用低场核磁共振技术能够快速、无损地获得砂浆中的含水量以及水分分布状态等优势，间接评价水泥基材料的微观结构特征。本节研究不同水泥基材料在冻融循环 0 次、25 次、50 次和 100 次的孔结构变化。冻融循环下不同水泥基材料的孔径分布，如图 5.13 所示。

如图 5.13 可知，在 0 次冻融循环下，所有试样的孔径分布主要分布在小于 0.01μm 范围，还有部分分布在 0.01~0.3μm 范围。M1 试样的最概然孔径在 0.006μm，M2 和 M3 在 0.0015μm 左右，而 P2 净浆试样的最概然孔径有两个，分别是 0.009μm 和 0.001μm。在 25 次冻融循环下，所有试样的最概然孔径都发生了偏移，虽然偏移方向不同，但最概然孔径都向 0.003μm 靠近。

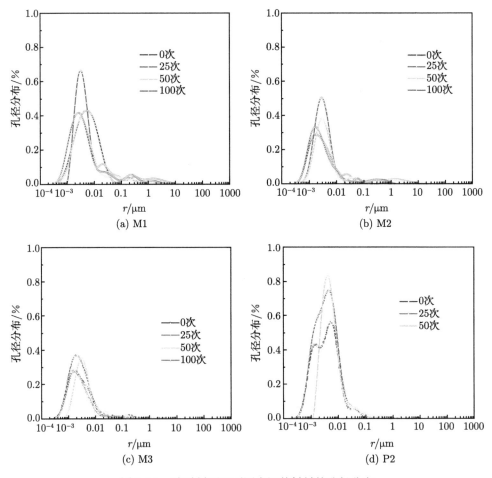

图 5.13　冻融循环下不同水泥基材料的孔径分布

冻融循环下不同水泥基材料的孔隙体积占比，如图 5.14 所示。

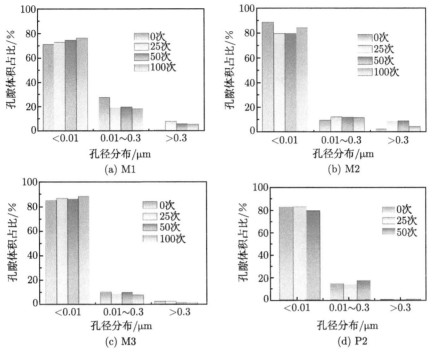

图 5.14 冻融循环下不同水泥基材料的孔隙体积占比

结合图 5.14 可以发现，试样小于 0.01μm 的孔占比少量增大，0.01～0.3μm 的孔占比减少，可能是由于 0.01～0.3μm 的孔径是毛细孔，里面含有水，在早期的冻融循环，最先受到冻融破坏，在冻结膨胀压力下由内向外产生微裂纹，自身孔径增大，所以占比减少；而由于产生的微裂纹呈楔形，有小孔产生，因此小于 0.01μm 的孔隙占比增多。在 50 次循环和 100 次循环下，可以看到无论是砂浆试样还是净浆试样，其最概然孔径再次向左倾斜，高度也不断下降，并且最概然孔径左边的孔隙占比也在慢慢下降。原因可能是冻融循环中较小的孔隙的破坏是根据孔径大小依次进行的。起初毛细孔因为内部含有水分，最先冻融损伤，产生压力和微裂纹。由于最概然孔径代表该孔径数量最多，被膨胀力挤压以及微裂纹延伸进入的概率更大，受到的破坏在图中最为明显；等最概然孔径被破坏后，在裂纹的影响下，孔径向两侧分散。这就导致在中期，冻融破坏最概然孔径在向左倾斜，高度也不断下降。

5.4.5 微观损伤计算

通过上述系列计算，可以确定在不同温度下饱和水泥基材料的冻结孔隙和非冻结孔隙，并结合式 (5.39)～ 式 (5.42) 求解得到不同状态的孔隙所受的变形、静水压力和结晶压力情况。结合 Liu 等[19] 提出的孔隙弹塑性损伤计算方法，确定

圆柱形孔隙的塑性变形可按下式计算

$$\varepsilon_V^p = \begin{cases} 0, & 0 < p_J < p_p \\ \dfrac{(1+v)(1-2v)}{E_p} \dfrac{2r_a^2}{r_b^2 - r_a^2}(p_J - p_p), & p_J \geqslant p_p \end{cases} \tag{5.50}$$

$$E_p = \eta E \tag{5.51}$$

$$p_p = \frac{r_b^2 - r_a^2}{\sqrt{3r_b^4 + r_a^4(1-2v)^2}} \sigma_s \tag{5.52}$$

式中，ε_V^p 为塑性应变；E_p 为不可恢复变形阶段的模量，MPa，不可恢复系数 η 反映了多孔介质材料的不可恢复变形能力，取值为 0~1，可通过试验结果确定；σ_s 为孔壁基体的屈服强度，MPa。由于不同尺度水泥基材料基体的抗拉强度不统一，对于 100nm 以上基体结构，前期研究发现屈服强度可取值 50~150MPa，10~100nm 的孔隙屈服强度可取值 100~500MPa，对于 10nm 及以下的凝胶孔，分子动力学发现其强度均在 1GPa 以上。然而，具体不同水化产物、不同水化程度对强度取值影响非常大，目前尚无准确的水泥基材料尺度信息与强度的关联研究，因此，在本模型中对于基体屈服强度取值分三种阶段进行，取值 50MPa、100MPa 和 1000MPa，分别对应上述三个尺度的孔隙。

在此，假定在模拟的饱和水泥基材料冻融过程中，塑性变形引起的混凝土增大孔隙部分，均会由水分完全填充，故水泥基材料冰晶体饱和度和未冻结液态水饱和度仍满足式 (5.8) 的规定，通过设置降温迭代，即可计算得到水泥基材料受冻融作用时孔隙率的变化情况。

上述模型求解过程所需要用到的参数如表 5.2 所示。

表 5.2 模型求解所需参数

参数名	取值	单位
ρ_L^0	0.9998	g/cm^3
ρ_C^0	0.9167	g/cm^3
k_S	31.8×10^3	MPa
k_L	1.79×10^3	MPa
k_C	7.81×10^3	MPa
α_L	$-286.3/3 \times 10^{-6}$	K^{-1}
α_C	$155/3 \times 10^{-6}$	K^{-1}
α_S	18×10^{-6}	K^{-1}
γ_{CL}	0.0409	J/m^2
$\sum_m$	1.2	MPa/K
η	0.01	

在此, 以 5.4.1 节中的实验中 0.4 水胶比砂浆样品的孔隙结构为例, 取低场核磁测试所得的初始孔径分布函数进行计算, 设定最低温为 −20℃ 进行冻融模拟, 获取水泥基材料 50 次冻融时的孔径累计分布函数。

由图 5.15 可以看到, 在 50 次冻融循环时, 砂浆样品的孔隙率增大, 理论模拟计算的总孔隙率与实际所测孔隙率值相差 4.9%, 对于孔径在 5nm 以下的凝胶孔, 理论模拟计算得到的结果小于实测值。结合扫描电镜测试结果, 发生这一现象的原因为水泥基材料冻胀后, 圆柱形孔和球形孔壁产生裂纹, 而裂纹一般为楔形, 会产生一系列小孔径的孔隙, 这一点是在本书所建立的模型中没有考虑到的, 本书的模型仅考虑了代表性体积单元的塑性孔隙, 并未引入由开裂引起的小孔径孔隙增长情况, 因此引起了一定的孔隙分布预测差异。对于 5~50nm 尺度的孔隙, 本书所建立的模型与实测值相差很小, 证明在这一孔隙尺度范围, 本书的模型具有很好的适用性。对于孔径大于 50nm 的孔隙, 模型预测的孔隙率高于实测值, 尤其在 100~500nm 这一孔隙尺度范围内, 模型预测的孔径分布呈平台状, 且远高出实测值。究其原因, 是在模型的基体屈服强度选取中, 设定了三阶段模型, 并以 100nm 为分界线计算, 而冻融对于百纳米至微米级别孔隙破坏较为严重 (由 SEM 图可知), 在缺少确切的孔隙尺度与强度的关联函数的情况下, 引起的这一孔径累计分布曲线的 "平台段", 在后续研究中若引入准确的孔隙尺度与屈服强度的关联关系, 可在一定程度上降低模型的计算误差。

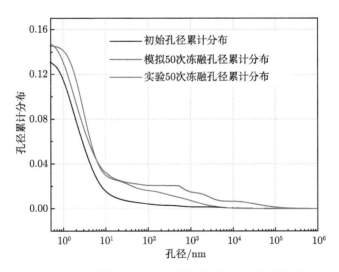

图 5.15 模拟和实验的冻融孔径累计分布曲线比较

结合本书的冻融模型, 可以确定不同冻融过程的孔隙率、两相饱和度、模量、泊松比以及孔隙平均压力, 如下列图所示。

　　图 5.16 为冻融过程总孔隙率、塑性孔隙率的演变情况，由图 5.16 可知，随着冻融次数的增加，砂浆逐步发生塑性变形，产生塑性孔，由于砂浆样品一直处于饱水状态，因此冻融发生时，每一次冻融引起的孔隙增大均会加剧下一次冻融的损伤，导致在某一临界状态时混凝土损伤急剧增大。在砂浆样品中，60 次冻融循环后塑性孔隙率大幅增加，预测的结构快速失效。

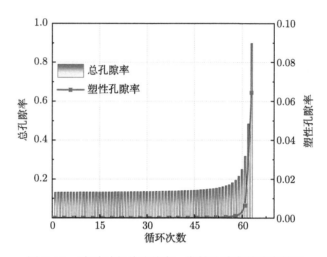

图 5.16　冻融过程总孔隙率、塑性孔隙率的演变情况

　　图 5.17 为冻融过程固相体积分数、结晶饱和度和液体饱和度演变情况，由图 5.17 可知，随着冻融循环次数的增大，水泥基材料逐步发生损伤，孔隙率逐渐

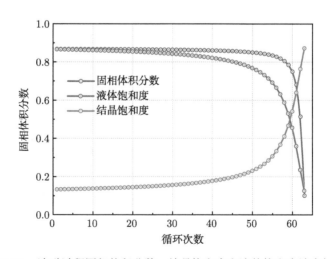

图 5.17　冻融过程固相体积分数、结晶饱和度和液体饱和度演变情况

增大，因此假定的代表性体积单元中基体固相体积分数逐步降低。结合图 5.16~图 5.17 研究可知，随着冻融过程的持续，大孔孔隙率逐渐增大，而砂浆的冻结情况与孔径密切相关，大孔率先冻结，孔径越小，冻结所需温度越低，因此，冻融循环次数越大，冻结孔隙越多。

5.5 宏观物理场

5.5.1 宏观物理–力学响应模型

在寒冷地区，混凝土的冻融损伤是应力场、热场和湿度场相互作用的结果。

1. 温度场控制方程

混凝土中水冰的相变需要吸收一定量的能量，这是一个相变过程。考虑水冰相变潜热的傅里叶定律可以计算如下

$$\rho C_{\mathrm{p}} \frac{\mathrm{d}T}{\mathrm{d}t} = \nabla \left(\lambda \nabla T \right) - L \frac{\mathrm{d}S_{\mathrm{L}}}{\mathrm{d}t} \tag{5.53}$$

$$\lambda = \frac{nS_{\mathrm{L}}\lambda_{\mathrm{L}} + nS_{\mathrm{C}}\lambda_{\mathrm{C}} + \lambda_{\mathrm{s}}}{nS_{\mathrm{L}} + nS_{\mathrm{C}} + 1} \tag{5.54}$$

$$C_{\mathrm{p}} = \frac{nS_{\mathrm{L}}C_{\mathrm{pL}} + nS_{\mathrm{C}}C_{\mathrm{pC}} + C_{\mathrm{ps}}}{nS_{\mathrm{L}} + nS_{\mathrm{C}} + 1} \tag{5.55}$$

式中，C_{p} 为比热容，λ 为热传导系数，L 为液相和冰晶相的相变潜热，对于水可取值为 333.3kJ/kg。通过均质化方法可以计算出 C_{p} 和 λ 的值。

2. 湿度场控制方程

混凝土中的一种湿度形式是饱和度，其控制方程式由 Fick 第二定律 [9,20] 表示

$$\frac{\partial S}{\partial t} = \nabla \left(D_0 \mathrm{e}^{nS} k_{\mathrm{T}} \nabla S \right) \tag{5.56}$$

式中，$S = S_{\mathrm{l}} + S_{\mathrm{c}}$，$D_0$ 为混凝土的湿度传输系数，m^2/s；n 为经验常数，通常取值为 4~6；k_{T} 为温度修正系数，遵循阿伦尼乌斯 (Arrhenius) 方程，其值为 $k_{\mathrm{T}} = \exp \left(U \left(1/T_{\mathrm{ref}} - 1/T \right) / R_{\mathrm{g}} \right)$；$U$ 为混凝土活化能，kJ/mol；R_{g} 为相对气体常数，J/(mol·K)；T_{ref} 为参考温度，K。

3. 应力场控制方程

混凝土在受载时的应力和应变关系如方程 (5.57) 所示

$$\nabla\sigma + F = 0 \tag{5.57}$$

其中，F 代表力，对于多孔介质内部的体积力，该方程可以写成

$$
\begin{cases}
\dfrac{\partial\sigma_x'}{\partial x} + \dfrac{\partial\tau_{xy}}{\partial y} + \dfrac{\partial\tau_{zx}}{\partial z} - b\dfrac{\partial p^*}{\partial x} = 0 \\[3mm]
\dfrac{\partial\tau_{xy}}{\partial x} + \dfrac{\partial\sigma_y'}{\partial y} + \dfrac{\partial\tau_{zy}}{\partial z} - b\dfrac{\partial p^*}{\partial y} = 0 \\[3mm]
\dfrac{\partial\tau_{xz}}{\partial x} + \dfrac{\partial\tau_{yz}}{\partial y} + \dfrac{\partial\sigma_z'}{\partial z} - b\dfrac{\partial p^*}{\partial z} = 0
\end{cases}
\tag{5.58}
$$

5.5.2　宏观损伤本构模型

Mazars 提出了一种基于局部损伤力学方法的模型来描述混凝土的断裂行为，其假设基于弹性损伤各向同性行为。该模型假设以下前提：①损伤仅由于主方向上的正应变而发展，这间接促进了 "弥散裂纹扩展"；②由于损伤模型是各向同性的，因此只定义了一个标量损伤变量 d；③ $d = 1$ 表示材料完全损坏，且仅限于间隔 $0 \leqslant d \leqslant 1$；④不允许出现永久应变。一般认为在峰值应力前，材料没有损伤产生，超过峰值应力后损伤开始发展。且一般认为材料断裂是由于材料拉伸变形所导致的，用等效应变来描述拉应变的局部强度，计算公式如下

$$\varepsilon_{\mathrm{eq}} = \sqrt{\sum_i \varepsilon_i^2} \tag{5.59}$$

式中，$\varepsilon_{\mathrm{eq}}$ 为等效应变；ε_i 为在 i 方向的主应变。

损伤演化的屈服函数表达为

$$f = \varepsilon_{\mathrm{eq}} - \kappa \tag{5.60}$$

$$\dot{\kappa} \geqslant 0,\; f \leqslant 0, \quad \text{且} \dot{\kappa}f = 0 \tag{5.61}$$

式中，κ 是一个状态变量，损伤开始出现之后，κ 等于材料在加载历史过程中达到的最大等效应变值。在主应力平面 $\sigma 1$-$\sigma 2$ 中描述的损伤屈服面上 $\varepsilon_{\mathrm{eq}} = \kappa$ 时的轮廓如图 5.18 所示。

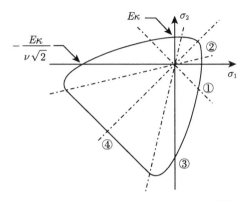

图 5.18 Mazars 模型平面上的屈服面 [21]

修正的 Mazars 模型中，添加一个修正系数 γ 来改善多轴压缩中混凝土破坏面的近似性，如下

$$\varepsilon_{\text{eq}} = \gamma \sqrt{\sum_i \varepsilon_i^2} \tag{5.62}$$

当等效应变达到临界值时，材料开始出现损伤。d 定义为拉伸损伤 d_{t} 和压缩损伤 d_{c} 两者的线性组合关系

$$d = \alpha_{\text{t}}^\beta d_{\text{t}}(\kappa) + \alpha_{\text{c}}^\beta d_{\text{c}}(\kappa) \tag{5.63}$$

式中，β 为系数，影响剪切反应。一般取值为 1.06；α_{t} 和 α_{c} 取决于当前应力状态的权重函数，纯拉状态，$\alpha_{\text{t}} = 1$、$\alpha_{\text{c}} = 0$；纯压状态，$\alpha_{\text{t}} = 0$、$\alpha_{\text{c}} = 1$。

拉压损伤演化规律分别定义为

$$\begin{cases} d_{\text{t}}(\kappa) = 1 - (1 - A_{\text{t}})\dfrac{\kappa_{0\text{t}}}{\kappa} - A_{\text{t}}\exp\left(-B_{\text{t}}(\kappa - \kappa_{0\text{t}})\right), & \kappa \geqslant \kappa_{0\text{t}} \\ d_{\text{t}}(\kappa) = 0, & \kappa < \kappa_{0\text{t}} \end{cases} \tag{5.64}$$

$$\begin{cases} d_{\text{c}}(\kappa) = 1 - (1 - A_{\text{c}})\dfrac{\kappa_{0\text{c}}}{\kappa} - A_{\text{c}}\exp\left(-B_{\text{c}}(\kappa - \kappa_{0\text{c}})\right), & \kappa \geqslant \kappa_{0\text{c}} \\ d_{\text{c}}(\kappa) = 0, & \kappa < \kappa_{0\text{c}} \end{cases} \tag{5.65}$$

式中，A_{t}、B_{t} 为受拉损伤演化参数；A_{c}、B_{c} 为受压损伤演化参数；$\kappa_{0\text{t}}$、$\kappa_{0\text{c}}$ 分别为拉、压等效应变的临界值，分别等于 σ_{t}/E_0、σ_{c}/E_0；σ_{t}、σ_{c} 分别为拉、压峰值应力，MPa；E_0 为材料初始弹性模量，GPa。

对于损伤演化模型，还可以采用线性应变软化、指数应变软化形式，分别表示为

线性应变软化

$$\begin{cases} d(\kappa) = \left(1 - \dfrac{\varepsilon_0}{\kappa}\right)\left(\dfrac{\varepsilon_f}{\varepsilon_f - \varepsilon_0}\right), & \kappa \geqslant \varepsilon_0 \\ d(\kappa) = 0, & \kappa < \varepsilon_0 \end{cases} \tag{5.66}$$

$$\varepsilon_f = \frac{2G_f}{\sigma_{ts} h_{cb}} + \frac{\varepsilon_0}{2} \tag{5.67}$$

指数应变软化

$$\begin{cases} d(\kappa) = 1 - \dfrac{\varepsilon_0}{\kappa}\exp\left(-\dfrac{\kappa - \varepsilon_0}{\varepsilon_f - \varepsilon_0}\right), & \kappa \geqslant \varepsilon_0 \\ d(\kappa) = 0, & \kappa < \varepsilon_0 \end{cases} \tag{5.68}$$

$$\varepsilon_f = \frac{G_f}{\sigma_{ts} h_{cb}} + \frac{\varepsilon_0}{2} \tag{5.69}$$

式中，ε_0 为 $\varepsilon_0 = \sigma_t / E_0$；$G_f$ 为单位面积的断裂能，$\mathrm{J/m^2}$；h_{cb} 为特征单元尺寸。

已经研究 [22,23] 证明，Mazars 损伤模型与考虑非局部积分或梯度模型的正则化技术相结合。这些正则化技术在确保数值解的客观性方面非常有效，使用局部连续损伤力学开发的模型不适用于具有软化行为的材料。原因是网格将研究的结构离散化之后，遵循最小作用原理，应变软化过程中的变形仅发生在有限的单元中。网格越细，软化过程中耗散的能量将减少，局部区域损伤对于极细的网格趋向于零，这不符合实际物理现象。为消除损伤模型结果对网格的依赖性，需要对这些模型进行正则化。最简单的正则化方法是直接在应力–应变关系中引入网格尺寸。较复杂的正则化技术是在本构方程中引入单元长度标度，附加方程和限制局部的变量。这些方法包括变量的非局部平均，显式或隐式梯度方法以及其他方法。下面将介绍几种可用于正则化的方法。

1. "裂纹带" 方法

"裂纹带" (Crack band) 方法是最简单的正则化方法，直接使应力–应变曲线或者说损伤演化规律与网格和单元的特性相关。该方法是从全局角度对解进行正则化，从而保证在应变局部化过程中耗散的能量是正确的。使用裂纹带方法的主要困难是找到正确的裂纹带宽度 h_{cb}，这取决于单元的大小和形状以及插值的顺序和当前应力状态 (也就是裂纹相对于网格的倾斜度)。裂纹带宽定义为网格单元中的体积与面积之比，计算如下

$$h_{cb} = \frac{A_e}{V_e} \tag{5.70}$$

式中，A_e 为网格单元的面积；V_e 为网格单元的体积。将 h_{cb} 引入到损伤演化准则中来计算损伤变量 d。值得注意的是在式 (5.64) 和式 (5.65) 中，裂纹扩展方法不影响其损伤演化准则。

2. 非局部平均方法

非局部平均由 Pijaudier-Cabot 和 Bazant[24] 提出，点 x 处变量的实际值视为点 x 附近区域该变量的加权平均值。通过将损伤变量与等效的非局部应变建立联系来消除网格敏感性。非局部应变为靠近点附近体积 V 内局部等效应变的加权平均值，计算如下

$$\bar{\varepsilon}(x) = \frac{1}{V_r(x)} \int_V \alpha(s-x)\varepsilon_{\text{eq}}(s)\,\mathrm{d}V(s) \tag{5.71}$$

$$V_r(x) = \int_V \alpha(s-x)\mathrm{d}V(s) \tag{5.72}$$

式中，$\bar{\varepsilon}(x)$ 为在点 x 处的非局部等效应变；$\alpha(s-x)$ 为加权函数；V 为在点 x 处的代表性体积单元体积；s 为在点 x 附近的点坐标值。为了网格细化后获得更好的收敛性，保证加权函数在点 x 附近是平滑衰减的，因此选择高斯函数

$$\alpha(s-x) = \exp\left[-\left(\frac{4\|x-s\|^2}{l_{\text{c}}^2}\right)\right] \tag{5.73}$$

式中，l_{c} 为特征长度，是损伤模型中的参数，代表一种材料固有属性。l_{c} 可以通过试验或者数值分析来确定。对于混凝土，实验表明 l_{c} 大约等于最大骨料的 3~5 倍 [25]。获得的非局部等效应变将替代等效损伤应变控制材料的损伤演化。代入非局部等效应变到损伤屈服函数中，得到

$$f = \bar{\varepsilon} - \kappa \tag{5.74}$$

3. 隐式梯度方法

隐式梯度方法通过在损伤演化方程中引入非局部应变变量的二阶梯度，定义非局部等效应变与等效应变之间的关系为

$$\bar{\varepsilon} - c\nabla^2\bar{\varepsilon} = \varepsilon_{\text{eq}} \tag{5.75}$$

式中，c 为参数，与特征长度 l_{c} 和几何尺寸维度相关，$c = l_{\text{c}}^2/2n$。

Poh 和 Sun 等在此基础上进行了改进，提出了一种局部梯度法，引入一个相互作用函数 g 考虑非局部微裂纹之间的相互作用，具体如下

$$\bar{\varepsilon} - \nabla \cdot g(d)c\nabla\bar{\varepsilon} = \varepsilon_{\text{eq}} \tag{5.76}$$

$$g(d) = \frac{(1-R)\exp(-\zeta d) + R - \exp(-\zeta)}{1 - \exp(-\zeta)} \tag{5.77}$$

R 为残余相互作用值，约为 0.005；ζ 为校准参数，需要实验数据进行拟合。同样地将获得的非局部等效应变代替等效损伤代入式 (5.74) 中。

5.5.3 宏观物理–力学响应分析

1. 建模过程

用于模拟的混凝土试件的尺寸为 40mm×40mm×160mm，这个模型选择了整个结构的 1/8。其中三个相邻面被设置为与环境接触的边界，另外三个面则是对称边界。最后，整个结构的变形和损伤以对称的形式进行重建。该数值模型的几何模型和边界条件如图 5.19 所示。

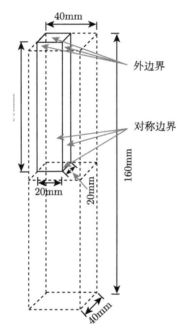

图 5.19   几何模型和边界条件设置

以我国北方某个环境为例，假设该寒冷地区混凝土每日的温度变化为 6 ∼ −6℃，满足余弦函数的关系

$$T_b\left(t\right) = \frac{T_{\max} - T_{\min}}{2}\cos\left(\frac{2\pi t}{t_{\mathrm{cycle}}}\right) + \frac{T_{\max} + T_{\min}}{2} \tag{5.78}$$

式中，$T_b\left(t\right)$ 为外界环境温度变化函数，K；$T_{\max}$ 为外界环境交变时的最高温度，K；$T_{\min}$ 为外界环境交变时的最低温度，K；t_{cycle} 为设定的一次冻融所需时间，d。

2. 模型参数

进行数值建模所需的参数如表 5.3 所示。

表 5.3 建模参数

参数名	参数值	参数单位
ρ_{L}^{0}	0.9998	g/cm^3
ρ_{C}^{0}	0.9167	g/cm^3
k_{L}	1.79×10^{3}	MPa
k_{C}	7.81×10^{3}	MPa
α_{L}	$-286.3/3 \times 10^{-6}$	1/K
α_{C}	$155/3 \times 10^{-6}$	1/K
α_{s}	18×10^{-6}	1/K
γ_{CL}	0.0409	J/m^2
$\sum_{\mathrm{m}}$	1.2	MPa/K
k_{S}	31.8×103	MPa
L	333.3	kJ/kg
D_{0}	1×10^{-11}	m^2/s
U	31	kJ/mol
R_{g}	8.314	J/(mol·K)
T_{ref}	298.15	K

3. 结果分析

当环境温度变化时，混凝土的饱和度和孔隙压力会随着时间变化。图 5.20 展示了最大混凝土表面中心和混凝土中心处的孔隙饱和度随时间的变化关系。

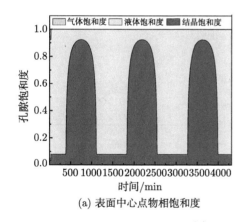

(a) 表面中心点物相饱和度

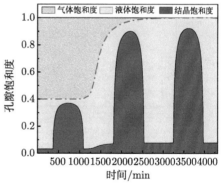

(b) 整体中心点饱和度

图 5.20 孔隙饱和度

图 5.20 展示了水胶比为 0.26 的混凝土中孔隙饱和度的分布情况。初始孔隙液态饱和度为 0.4，边界处的液态饱和度为 1.0。因此，边界处不存在气态饱和度，只有液态饱和度和晶体饱和度在边界处发生变化。然而，随着水分向混凝土中心的迁移，混凝土中心的液态饱和度逐渐增加 (图 5.20(b) 中虚线)，在冻融的影响下，混凝土的冰晶饱和度也逐渐增加。在第一次循环中，水分的第一层传输尚未达到混凝土中心，但是在第二次冻融循环中，混凝土中的孔隙饱和度和晶体饱和

度均有所增加。同时，孔隙饱和度的变化会导致孔隙压力的变化。图 5.21 展示了均质化的孔隙静水压力和结晶压力的演化情况。

图 5.21 显示了液体压力和结晶压力随时间的变化情况。结晶压力对孔隙压力的贡献大于静水压力，孔隙中液体的晶化是冻融损伤的主要因素。图 5.22 中混凝土变形情况也反映了相同的结果。

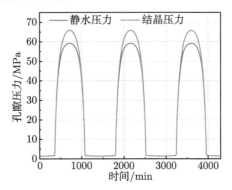

图 5.21 静水压力和结晶压力

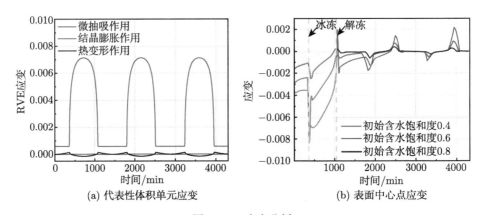

(a) 代表性体积单元应变   (b) 表面中心点应变

图 5.22 应变分析

从图 5.22(a) 可以看出，微抽吸作用、结晶膨胀作用和热变形作用对 RVE 应变的贡献是非常不同的。其中，晶体膨胀是导致 RVE 体积变形的主要因素，而热贡献则主导了混凝土的收缩。因此，混凝土的整体变形如图 5.22(b) 所示。在冻结之前，可以观察到以下有趣的现象：当温度降低时，混凝土发生收缩，同时水侵入未饱和的混凝土，导致混凝土出现一定的湿度膨胀。在温度达到零度以下后的短时间内，混凝土仍然会收缩，这是由微小冷吸收的贡献引起的。随着孔隙中晶体的饱和度增加，混凝土逐渐膨胀，这发生在整个温度低于冰冻温度的过程中。解冻后，混凝土孔隙中的水并没有在第一时间解冻，这是由于水向冰的相变

效应。不同的混凝土饱和度对混凝土的冻融应变有一定的影响。初始水分饱和度
较低的混凝土的冻融峰值应变应该会更大，这是因为初始水分饱和度越低，水吸
收速度越快，混凝土表面的冻胀越明显，初始饱和度越低，混凝土应变峰值出现
的时间越晚。

混凝土表面应力如图 5.23(a) 所示。在冷却过程中会发生收缩应力。随着冻
结的发生，混凝土的应力急剧增加，解冻期间有另一个峰值应力。随着冻融循环
次数的不断增加，混凝土冻结的峰值应力逐渐减小，并逐渐等于解冻产生的峰值
应力。当混凝土应力超过其抗拉强度时，可以认为混凝土的此部分发生了剥落损
伤。随着混凝土强度的增加，混凝土的冻融质量损失可以大大降低。

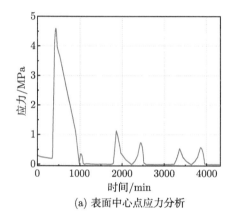

(a) 表面中心点应力分析

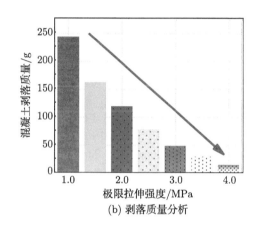

(b) 剥落质量分析

图 5.23　应力和剥落破坏

5.6　本 章 小 结

本节旨在展示多因素耦合数值模拟方法在冷区混凝土损伤中的应用。考虑到
所有组成部分的热膨胀、微观吸附作用引起的变形以及冻融循环中水–冰相变引
起的变形，对温度变化过程中混凝土中流体迁移和结冰的变化进行了研究，建立
了耦合热水力学场的混凝土冻融破坏数值模型。研究结果如下。

(1) 混凝土中冰晶的饱和度与温度和孔径大小直接相关。温度越低，孔隙中的
冰含量越大，孔径越小，冻结难度越大。

(2) 不饱和混凝土中的水运输行为将影响混凝土的抗冻性。初始饱和度越低，
混凝土的水传输速率越快，冻结时的应变越大。

(3) 混凝土表面在冻结过程中的应力高于解冻过程，并且混凝土更容易发生
剥落损伤。增加基质强度可以直观地减少混凝土的损伤和剥落。

参 考 文 献

[1] Aquino R J, Koleva D A, van Breugel K, et al. Characterization of Portland cement paste using MIP, nanoindentation and esem techniques[C]. 1st International Conference on Concrete Sustainability, 2013.

[2] Voigt C, Schramm A, Hubálková J, et al. Impact of carbon binders and carbon fillers on mercury intrusion and extrusion porosimetry of carbon-bonded alumina[J]. J. Eur. Ceram. Soc., 2022, 42(13): 6264-6274.

[3] Wang S, Zhang G, Wang Z, et al. Evolutions in the properties and microstructure of cement mortars containing hydroxyethyl methyl cellulose after controlling the air content[J]. Cem. Concr. Compos., 2022, 129: 104487.

[4] Gao F, Wei T, Cheng X. Investigation of moisture migration of MWCNTs concrete after different heating-cooling process by LF-NMR[J]. Construction and Building Materials, 2021, 288(11): 123146.

[5] Li Z, Qi Z, Shen X, et al. Research on quantitative analysis for nanopore structure characteristics of shale based on NMR and NMR cryoporometry[J]. Energy & Fuels, 2017, 31(6): 5844-5853.

[6] Powers T C, Brownyard T L. Studies of the physical properties of hardened Portland cement paste[C]. Journal Proceedings, 1946: 101-132.

[7] Clifton J R, Bentz D P, Ponnersheim J M. Sulfate Diffusion in Concrete[M]. Gaithersburg, United States of America: National Institute of Standards and Technology, 1994.

[8] Duan A. Research on constitutive relationship of frozen-thawed concrete and mathematical modeling of freeze-thaw process[D]. Beijing: Tsinghua University, 2009.

[9] Liu Z, Wang Y, Wang J, et al. Experiment and simulation of chloride ion transport and binding in concrete under the coupling of diffusion and convection[J]. Journal of Building Engineering, 2022, 45: 103610.

[10] Wang Y. Investigation of moisture and chloride transport properties of unsaturated hardened cement-based materials by non-contact electrical resistivity measurement[D]. Jiangsu: China University of Mining and Technology, 2020.

[11] Gibbs J W. On the equilibrium of heterogeneous substances[J]. American Journal of Science, 1878, S3-16(96): 441-458.

[12] Scherer G W. Freezing gels[J]. J Non-Cryst Solids, 1993, 155(1): 1-25.

[13] Markov I V. Crystal Growth for Beginners[M]. Singapore: World Scientific, 2003.

[14] Coussy O. Poromechanics of freezing materials[J]. Journal of the Mechanics & Physics of Solids, 2005, 53(8): 1689-1718.

[15] Petrenko V F, Whitworth R W. Physics of Ice[M]. Oxford: Oxford University Press, 2002.

[16] Matsumoto M, Saito S, Ohmine I. Molecular dynamics simulation of the ice nucleation and growth process leading to water freezing[J]. Nature, 2002, 416(6879): 409-413.

[17] Liu Z, Wang Y, Xu D, et al. Multiple ions transport and interaction in calcium silicate hydrate gel nanopores: Effects of saturation and tortuosity[J]. Construction and

Building Materials, 2021, 283: 122638.

[18] Xu D. Molecular dynamics study on water and ion transport behavior in unsaturated calcium silicate hydrated gel pore[D]. Xuzhou: China University of Mining and Technology, 2019.

[19] Liu L, Qin S, Wang X. Poro-elastic-plastic model for cement-based materials subjected to freeze–thaw cycles[J]. Construction and Building Materials, 2018, 184: 87-99.

[20] Jin Z, Sun W, Zhao T, et al. Chloride binding in concrete exposed to corrosive solutions[J]. Kuei Suan Jen Hsueh Pao/ Journal of the Chinese Ceramic Society, 2009, 37(7): 1068-1072, 1078.

[21] Torrenti J M, Pijaudier-Cabot G, Reynouard J M. Mechanical Behavior of Concrete[M]. Hoboken: John Wiley & Sons, 2013.

[22] de Borst R, Mühlhaus H B. Gradient-dependent plasticity: Formulation and algorithmic aspects[J]. International Journal for Numerical Methods in Engineering, 1992, (3): 521-539.

[23] Bazant Z P. Mechanics of distributed cracking[J]. Applied Mechanics Reviews, 1986, 39(5): 675.

[24] Pijaudier-Cabot G, Bazant Z P. Nonlocal damage theory[J]. Journal of Engineering Mechanics, 1987, 113(10): 1512-1533.

[25] Bazant Z P, Pan J, Pijaudier-Cabot G. Softening in reinforced concrete beams and frames[J]. 1987, 113(12): 2333-2347.

第 6 章　严酷环境下钢筋混凝土寿命预测及耐久性设计

混凝土结构的耐久性设计是保证混凝土结构长期安全服役的基础，现有的耐久性设计方法主要采用经验和半定量相结合的方法，给混凝土结构的耐久性设计提供了一定的指导作用，然而随着混凝土结构服役环境日益严酷，如高温、高湿度、严寒、浓度超现行规范的高盐侵蚀环境，现有的耐久性设计方法无法满足实际工程需求，尤其是传统的半定量设计方法中假定侵蚀介质的传输系数是恒定的，与混凝土结构损伤、侵蚀介质交互作用诱发的加速腐蚀，未能客观反映，导致混凝土结构耐久性设计方法往往与结构百年服役寿命需求相差甚远，本章在冻融、硫酸盐的物理/化学–力学效应等效的基础上，提出了考虑混凝土保护层剥落以及侵蚀介质变系数的耐久性设计方法，以满足混凝土结构服役的严酷环境需求。

6.1　严酷环境下钢筋混凝土服役寿命预测模型

严酷环境下结构混凝土材料的劣化主要是有害物质侵入混凝土内部的结果，引起混凝土保护层损伤剥落、钢筋锈蚀。侵蚀介质中水是传输的媒介，水中溶解的大多是氯盐和硫酸盐，通常用传输系数和传输方程来描述它们的侵入过程[1-3]。环境中有害介质进入混凝土内部的传输机理可以是扩散、渗透或吸收等，所以抗侵入性可用这些物质在混凝土中的扩散系数、渗透系数或吸收率等参数表示，侵蚀介质的传输受环境的温度、湿度影响明显，且混凝土自身对侵蚀介质的结合作用以及孔隙结构也起到关键作用，因此需要考虑上述因素对传输的影响。而混凝土的微结构在介质侵入后不断随时间演变，这也决定了传输系数也是不断变化的，因此，在耐久性设计中要重点确定侵蚀介质的传输时变系数。本节所提出的钢筋混凝土服役寿命预测模型考虑了硫酸盐、盐冻对混凝土保护层剥落的影响，主要针对氯盐侵蚀引起的钢筋锈蚀问题开展寿命预测。

氯离子在混凝土内传输时，恒定温度下，扩散通量与浓度梯度成正比，可用下式表示

$$J = -D\frac{\partial C}{\partial x} \tag{6.1}$$

在一维方向上，离子通量之差 ΔJ 等于体积内离子总量的变化率，即

$$\Delta J = \frac{\partial J}{\partial x}\mathrm{d}x = \frac{\partial C}{\partial t}\mathrm{d}x \tag{6.2}$$

将式 (6.1) 代入式 (6.2)，可以得到下式

$$\frac{\partial C}{\partial t} = \frac{\partial}{\partial x}\left(D\frac{\partial C}{\partial x}\right) \tag{6.3}$$

式 (6.3) 就是氯离子在混凝土内扩散问题上应用最广泛的 Fick 第二定律。一维条件下，假定边界条件和初始条件为

$$C\left(x = 0, t \geqslant 0\right) = C_{\mathrm{s}} \tag{6.4}$$

$$C\left(x > 0, t = 0\right) = C_0 \tag{6.5}$$

式中，C_0 是混凝土初始氯离子浓度 (mol/L)；C_{s} 是混凝土表面氯离子浓度 (mol/L)。

对式 (6.3) 进行拉普拉斯变换，求得 Fick 第二定律的解析解为

$$C\left(x, t\right) = C_0 + (C_{\mathrm{s}} - C_0) \times \left(1 - \mathrm{erf}\left(\frac{x}{2\sqrt{Dt}}\right)\right) \tag{6.6}$$

$$\mathrm{erf}\left(z\right) = \frac{2}{\sqrt{\pi}}\int_0^z \exp\left(-z^2\right)\mathrm{d}z = \frac{2}{\sqrt{\pi}}\sum_{n=0}^{\infty}\frac{(-1)^n x^{2n+1}}{n!\,(2n+1)} \tag{6.7}$$

式中，$C\left(x, t\right)$ 是 x 深度处 t 时刻的氯离子浓度，mol/L。式 (6.6) 即是 Fick 第二定律的解析解，是氯盐条件下混凝土寿命预测的基础。

大量研究表明，氯离子扩散系数是一个时变系数，随着时间的推移，扩散系数会减小[4-6]。现有大多数氯离子扩散系数时间修正模型都是在 Mangat 模型[7] 的基础上修正得到的，但这些修正模型仅仅针对了时间这一个条件进行了研究。在这些模型中，时间衰减系数是一个通用的重要参数。如欧盟标准[8] 表示，时间衰减系数是常数，并且与原材料和环境有关。而 Audenaert 和 Schutter 等[9] 采用非稳态迁移试验确定了氯离子的瞬时扩散系数，并将水泥类型、骨料含量和水胶比等参数对扩散系数的影响归结于孔隙度对其的影响。然而，孔隙率随水化过程是会发生变化的，并且水泥基材料对氯离子的化学结合和物理吸收作用会降低水泥基材料的自由氯浓度和孔隙率，进一步影响氯离子扩散系数[10-12]，显然用孔隙率一个参数来描述时间衰减系数是不准确的。

此外，当考虑环境的温度、湿度、混凝土结合能力、孔隙特征等关键因素对介质传输的影响时，混凝土氯离子传输控制方程可用式 (6.8) 表示

$$\frac{\partial C\left(x, t\right)}{\partial t} = \frac{\partial}{\partial x}\left(K_{\mathrm{T}}K_{\mathrm{H}}K_{\mathrm{R}}K_{\varphi}K_{\mathrm{t}}D_{\mathrm{c}}\left(x, t\right)\frac{\partial C\left(x, t\right)}{\partial x}\right) \tag{6.8}$$

式中，t 是混凝土在滨海强盐渍土腐蚀环境中的侵蚀时间，s；x 是传输深度，mm；$D_c(x,t)$ 是 x 深度处 t 时刻的孔隙溶液中氯离子扩散系数，m^2/s；K_T 是温度对氯离子扩散系数的影响系数；K_H 是湿度对氯离子扩散系数的影响系数；K_R 是混凝土氯离子结合作用对氯离子扩散系数的影响系数；K_φ 是混凝土孔隙结构对氯离子扩散系数的影响系数；K_t 是侵蚀时间对氯离子扩散系数的影响系数。

考虑多离子交互作用的影响，混凝土孔隙溶液中氯离子扩散系数可按下列公式计算

$$D_c(x,t) = \left\{ 1 - \left[\frac{1}{4\sqrt{I}(1+ak_b\sqrt{I})^2} - \frac{0.1 - 4.17 \times 10^{-5}I}{\sqrt{1000}} \right] k_a C(x,t) z^4 \right\}$$
$$\cdot \left[\Lambda^0 - \left(k_c z^2 + k_d z^3 w \Lambda^0 \right) \sqrt{C(x,t)} \right] \cdot \frac{\varphi R_g T_{ref}}{\tau z^2 F^2} \tag{6.9}$$

$$k_a = \frac{\sqrt{2}eF^2}{8\pi \left(\varepsilon_0 \varepsilon_r R_g T_{ref} \right)^{\frac{3}{2}}} \tag{6.10}$$

$$k_b = \sqrt{\frac{2F^2}{\varepsilon_0 \varepsilon_r R_g T_{ref}}} \tag{6.11}$$

$$k_c = \frac{\sqrt{2\pi}eF^2}{3\pi\eta\sqrt{1000\varepsilon_0\varepsilon_r}R_g T_{ref}} \tag{6.12}$$

$$k_d = \frac{\sqrt{2\pi}eF^2}{3\sqrt{1000}\left(\varepsilon_0\varepsilon_r R_g T_{ref} \right)^{3/2}} k_d = \frac{\sqrt{2\pi}eF^2}{3\sqrt{1000}\left(\varepsilon_0\varepsilon_r R_g T_{ref} \right)^{3/2}} \tag{6.13}$$

$$I = \frac{1}{2}\sum_{i=1}^{N} z_i^2 c_i \tag{6.14}$$

式中，I 是孔隙溶液中离子强度；a 是孔隙溶液中离子半径，m，可按表 6.1 确定；Λ^0 是离子的电导率，$S \cdot m^2/mol$，温度 298.15 K 时可按表 6.1 确定；φ 是单位体积混凝土可传输孔隙率；R_g 是相对气体常数，$kJ/(K \cdot mol)$，取值 8.314×10^{-3} $kJ/(K \cdot mol)$；T_{ref} 是氯离子扩散系数的参考温度，K，建议取值 298.15 K；z 是离子化合价，可按表 6.1 确定；F 是法拉第常数，C/mol，取值 9.64853×10^4 C/mol；w 是离子的活度系数；k_a、k_b 是计算参数；k_c、k_d 是计算参数；e 是元电荷，C，取值 1.60218×10^{-19}C；ε_0 是真空介电常量，$C^2/(J \cdot m)$，取值 8.85419×10^{-12} $C^2/(J \cdot m)$；ε_r 是相对介电常量，取值 78.54；η 是水的黏度，$kg/(m \cdot s)$，取值 8.91×10^{-4} $kg/(m \cdot s)$；N 是溶液中离子的种类数；z_i 是溶液中第 i 类离子的化合价，可按表 6.1 确定；c_i 是溶液中第 i 类离子的初始浓度 (mol/m^3)。

表 6.1 溶液中离子的主要参数

名称	化合价	电导率/($S·m^2/mol$)	离子半径/m
OH^-	1	1.992×10^{-2}	1.33×10^{-10}
Ca^{2+}	2	5.950×10^{-3}	0.99×10^{-10}
Cl^-	1	7.635×10^{-3}	1.81×10^{-10}
Na^+	1	5.010×10^{-3}	0.95×10^{-10}
SO_4^{2-}	2	8.000×10^{-3}	2.58×10^{-10}

温度对氯离子扩散系数的影响可按下式计算

$$K_T = \exp\left(\frac{U}{R_g}\left(\frac{1}{T_{\text{ref}}} - \frac{1}{T(t)}\right)\right) \tag{6.15}$$

式中，U 为氯离子扩散过程的活化能 (kJ/mol)，建议取值 30 kJ/mol；$T(t)$ 为环境温度时间函数 (K)。

湿度对氯离子扩散系数的影响可按下式计算

$$K_H = \left[1 + \frac{(1-H)^4}{(1-H_c)^4}\right]^{-1} \tag{6.16}$$

式中，H 为孔隙相对湿度，建议干湿交替环境取 0.86；H_c 为临界相对湿度，建议取值 0.75。

研究发现，氯离子结合作用也受很多因素的影响，不同的原料、外部环境条件对氯离子结合作用的影响程度不同 [12-14]。例如，适量的粉煤灰可有效地提高混合胶凝材料中的铝相，氯离子会与铝相反应生成 Friedel 盐 [14-16]，提高化学结合能力，不同种类和掺量的粉煤灰又有不同的作用效果。现有氯离子结合模型主要有三种：线性结合模型、朗缪尔 (Langmuir) 等温吸附模型和弗罗因德利希 (Freundlich) 等温吸附模型 [13,17]，其中线性结合无疑是最简单的计算方法，也是应用最广的一种方法。总的来看，氯离子结合作用越强，氯离子扩散系数越低，但不同的氯离子结合模型有不同的适用条件。氯离子在混凝土中的线性结合效应对氯离子扩散系数的影响可按下列公式计算

$$K_R = \frac{1}{1 + R_b} \tag{6.17}$$

$$R_b = \left(1.3 + 0.06FA - 28.5 \times 10^{-4}FA^2 + 28.5 \times 10^{-6}FA^3\right)(0.49 - 0.92w/b) \tag{6.18}$$

式中，R_b 为氯离子结合系数，对粉煤灰和矿渣复掺时可取 0.3~0.4；FA 为粉煤灰掺量；w/b 为水胶比。

混凝土可传输的孔隙结构对氯离子扩散系数的影响可按下列公式计算

$$K_\varphi = \varphi/\tau \tag{6.19}$$

$$\varphi = 0.6 \left(\varphi_{\text{cap}} + \varphi_{\text{ITZ}}\right) \tag{6.20}$$

$$\varphi_{\text{cap}} = V_{\text{b}} \left(\frac{w/b - 0.36\alpha_{\text{c}}\left(t_0\right)}{w/b + 0.32}\right) \tag{6.21}$$

$$\varphi_{\text{ITZ}} = k_\varphi \varphi_{\text{cap}} \tag{6.22}$$

$$\alpha_{\text{c}}\left(t_0\right) = 0.716 t_0^{0.0901} \exp\left[-0.103 t_0^{0.0719} / \left(w/b\right)\right] \tag{6.23}$$

$$\alpha_{\max} = 1 - \exp\left(-3.15 w/b\right) \tag{6.24}$$

$$\tau = -1.5 \tanh\left(8\left(\varphi - 0.25\right)\right) + 2.5 \tag{6.25}$$

式中，τ 是混凝土曲折度；φ_{cap} 是单位体积混凝土中毛细孔隙率；φ_{ITZ} 是单位体积混凝土中界面过渡区孔隙率；V_{b} 是单位体积混凝土中胶凝材料所占体积分数；$\alpha_{\text{c}}\left(t_0\right)$ 是硅酸盐水泥、普通硅酸盐水泥在 t_0 时刻的水化程度；k_φ 是界面过渡区孔隙率与基体毛细孔隙率比值，与水胶比、水泥水化程度及界面过渡区厚度有关，取值 1.0~2.5，对水胶比不大于 0.36 的混凝土，养护 28 d 宜取 1.5，养护 180 d 后宜取 1.0；$\alpha_{\max}$ 是硅酸盐水泥、普通硅酸盐水泥可水化的最大水化程度；t_0 是混凝土暴露于滨海强盐渍土腐蚀环境时的养护龄期。

在氯离子向混凝土内部扩散的过程中，一方面混凝土本身的胶凝材料持续水化作用，导致混凝土内部结构逐渐密实；另一方面，氯离子在混凝土内部产生化学结合生成 Friedel 盐也优化了混凝土的孔径分布。因此，混凝土的氯离子扩散系数是随着扩散时间而减小的。研究表明随着服役时间的增加，混凝土氯离子扩散系数存在一个时间依赖系数，时间对氯离子传输系数的影响可按下列公式计算

$$K_t = \begin{cases} \left(\dfrac{t_0}{t}\right)^m, & t \leqslant t_{\text{d}} \\ \left(\dfrac{t_0}{t_{\text{d}}}\right)^m, & t > t_{\text{d}} \end{cases} \tag{6.26}$$

$$m = 0.2 + 0.4 \left(\frac{FA}{0.5} + \frac{SG}{0.7}\right) \tag{6.27}$$

式中，m 为氯离子扩散系数的时间依赖系数，可按式 (6.27) 计算，团体标准《严酷环境混凝土结构耐久性设计标准》(T/CECS 1203—2022) 规定可取值 0.6304，t_{d} 为氯离子扩散系数的稳定时间，建议取值 30 年；t 是混凝土在海洋环境中的侵蚀时间，FA 和 SG 分别是粉煤灰和矿渣掺量。

综上，考虑多因素耦合作用下的混凝土寿命预测方程如式 (6.28) 所示。

$$C\left(X,t\right)=\begin{cases}C_0+(C_s-C_0)\times\left(1-\mathrm{erf}\left(\dfrac{X-\Delta X-\Delta X_\mathrm{d}}{2\sqrt{D_0K_\mathrm{T}K_\mathrm{H}K_\mathrm{R}K_\varphi\dfrac{t_0^m}{(1-m)}t^{1-m}}}\right)\right),t\leqslant t_\mathrm{d}\\[6mm]C_0+(C_s-C_0)\times\left(1-\mathrm{erf}\left(\dfrac{X-\Delta X-\Delta X_\mathrm{d}}{2\sqrt{D_0K_\mathrm{T}K_\mathrm{H}K_\mathrm{R}K_\varphi t_0^m\left(\dfrac{t}{t_\mathrm{d}^m}+\dfrac{mt_\mathrm{d}^{1-m}}{1-m}\right)}}\right)\right),t>t_\mathrm{d}\end{cases}$$

$$(6.28)$$

式中，X 是保护层厚度设计值，mm，ΔX 是保护层厚度裕度值，mm，建议取值 10mm，ΔX_d 是本书第 4 章和第 5 章获取的硫酸盐和冻融引起的混凝土保护层剥落厚度，mm。

当式 (6.28) 中 $C\left(X,t\right)$ 达到钢筋临界锈蚀浓度时，即可认为钢筋混凝土达到服役寿命。钢筋锈蚀临界氯离子浓度宜采用电化学测试方法确定，当无试验结果时，可取为混凝土质量分数的 0.05%。

6.2 严酷环境下钢筋混凝土耐久性可靠度设计方法

严酷环境下结构耐久性极限状态设计的表达式与现行国家标准《混凝土结构设计规范》(GB 50010—2010) 的有关规定本质上是一致的，都是荷载作用下混凝土结构设计，这里是环境作用荷载，如环境的温、湿度变化、侵蚀介质浓度梯度等。R 是混凝土结构或构件承受环境作用效应影响的能力，对混凝土结构的耐久性设计而言，选用的耐久性极限状态不同，R 的含义不同。若以钢筋开始锈蚀极限状态进行耐久性设计，R 为临界氯离子浓度，若以保护层损伤极限状态进行耐久性设计，R 为混凝土保护层厚度。S 则为严酷环境作用下混凝土结构或构件的反应情况，若以钢筋开始锈蚀极限状态进行耐久性设计，则 S 为混凝土钢筋保护层厚度处的氯离子浓度，若以保护层损伤极限状态进行耐久性设计，则 S 为保护层厚度设计值。基于工程结构可靠度理论，滨海强盐渍土腐蚀环境下混凝土结构耐久性极限状态设计应满足下式要求

$$G=R-S\geqslant 0 \tag{6.29}$$

式中，G 是混凝土结构的耐久性功能函数；R 是混凝土结构的耐久性抗力；S 是混凝土结构的环境作用效应。

假设耐久性抗力 R 和环境作用效应 S 均服从正态分布, 即

$$R \sim N \left(\mu_R, \sigma_R^2\right) \tag{6.30}$$

$$S \sim N \left(\mu_S, \sigma_S^2\right) \tag{6.31}$$

则结构失效概率为

$$P_f = P \left(Z < 0\right) = \Phi \left(-\beta\right) \tag{6.32}$$

式中, β 是结构的可靠度 (可靠指标)。

假设结构的功能函数 $Z = G(X_1, X_2, \cdots, X_i, \cdots, X_n)$, X_1、X_2、X_i、X_n 分别是影响结构可靠度的随机变量。

蒙特卡罗 (Monte Carlo) 方法是一种通过随机模拟和统计试验来求解数学或者工程技术问题近似解的数值计算方法, 它是模拟和近似求解随机问题的有力工具。Monte Carlo 方法的基本原理是: 某事件的概率可以由大量试验中该事件发生的频率来估算, 因此可以先对影响其可靠度的随机变量进行大量随机抽样, 然后把这些抽样值一组一组地代入功能函数式, 确定结构是否失效, 最后从中求得失效概率, 这就是 Monte Carlo 方法求解失效概率的基本思路。应用 Monte Carlo 方法模拟和求解随机性问题时, 首先根据问题的物理性质建立随机模型, 然后根据模型中各个随机变量的分布产生随机数, 并进行大量的统计试验, 取得所求问题的大量试验值, 失效概率就是试验失效次数占总抽样量的频率。

假设抽样次数为 N, 结构失效事件发生次数为 n, 则失效概率可表示为

$$P_f = \frac{n \left(g \left(x\right) < 0\right)}{N} \tag{6.33}$$

依据可靠度理论, 混凝土结构耐久性设计功能函数如式 (6.34) 所示, 混凝土结构耐久性设计需考虑混凝土表面氯离子浓度分项系数、氯离子扩散系数分项系数、钢筋锈蚀临界氯离子浓度分项系数, 混凝土结构或构件的耐久性设计分项系数, 可按下列公式计算

$$X_{id} = X_i^* = F_{X_i}^{-1} \left[\Phi \left(\beta_{X_i}\right)\right] \tag{6.34}$$

$$X_i^{'*} = \frac{d}{d\beta_{X_i}} F_{X_i}^{-1} \left[\Phi \left(\beta_{X_i}\right)\right] \tag{6.35}$$

$$\beta_{X_i} = \beta \times \alpha_{X_i} \tag{6.36}$$

$$\alpha_{X_i} = \frac{-\frac{\partial G}{\partial X_i}|_{P^*} X_i^{'*}}{\sqrt{\sum_1^n \left(\frac{\partial G}{\partial X_i}|_{P^*} X_i^{'*}\right)^2}} \tag{6.37}$$

$$\gamma_{X_i} = \frac{F_{X_i}^{-1}\left[\Phi\left(\beta_{X_i}\right)\right]}{X_{ik}} \tag{6.38}$$

式中，G 是耐久性设计功能函数；$-\frac{\partial G}{\partial X_i}\big|_{P^*}$ 是函数 $G(X_1, X_2, \cdots, X_i, \cdots, X_n)$ 在设计运算点 p^* 处的偏导数，设计运算点坐标为 $(X_1^*, X_2^*, \cdots, X_i^*, \cdots, X_n^*)$；$X_i^*$ 是基本变量 X_i 在分位概率 $\Phi^{-1}(\beta_{X_i})$ 处的分位值；X_{id}、X_{ik} 是变量 X_i 的设计值和特征值；β_{X_i} 是基本变量 X_i 的分项可靠度指标值；$F_{X_i}^{-1}$ 是基本变量 X_i 的分布函数的反函数；α_{X_i} 是基本变量 X_i 的敏感系数，应通过迭代计算得到。

混凝土结构或构件的耐久性极限状态通常分为三种：钢筋开始锈蚀极限状态，保护层锈胀开裂极限状态和保护层损伤极限状态。

对于钢筋开始锈蚀极限状态，忽略碳化引起的钢筋锈蚀问题。因此，钢筋开始锈蚀极限状态是指钢筋表面氯离子浓度达到临界氯离子浓度的状态。氯盐引起的钢筋锈蚀一旦开始后就发展很快，对混凝土产生锈胀力，引起混凝土保护层开裂，进一步加速混凝土结构的腐蚀破坏。氯盐环境下常以钢筋表面的氯离子浓度达到临界值的时刻作为使用期限终结的极限状态。与普通钢筋不同，预应力筋或高强钢筋发生应力腐蚀后会出现脆断，因此对于锈蚀敏感的预应力钢筋、冷加工钢筋或直径不大于 6 mm 的普通热轧钢筋作为受力主筋时，更不宜考虑锈蚀发展期，而且不允许混凝土发生顺筋开裂，而以钢筋开始锈蚀作为极限状态，综合考虑选用钢筋开始锈蚀极限状态进行耐久性设计。

保护层锈胀开裂极限状态是指钢筋锈蚀产物引起的混凝土保护层胀裂状态。高浓度氯盐侵蚀引起的钢筋锈蚀速率较快，尤其是炎热海洋环境，这种速率是普通氯盐环境的 2~3 倍。在保护层开裂前，氯盐侵蚀引起的钢筋锈蚀相对均匀，锈蚀速率相对较慢，保护层开裂后，随着氯离子侵蚀路径的增多，传输速度加快，引发钢筋锈蚀速率以及体积膨胀增加，混凝土结构或者构件的服役寿命显著缩短。但从混凝土结构耐久性的设计角度来讲，混凝土保护层锈胀的极限状态判据以及钢筋锈蚀的定量化模型目前仍有争议，尚未有确切、可靠的损伤量化和每一种混凝土结构的保护层锈胀开裂极限状态的确定方法，因此未采用该类极限状态进行耐久性设计。

保护层损伤极限状态是指冻融、硫酸盐侵蚀或硫酸盐–氯盐耦合侵蚀作用下，混凝土保护层剥落厚度值达到临界值的现象。处于冻融、硫酸盐侵蚀环境中的混凝土结构，混凝土的破坏分为表层剥落和强度损失，上述两种破坏形式都会降低混凝土结构服役寿命。对混凝土结构而言，冻融和硫酸盐的侵蚀都是由表及里的过程，冻融是物理膨胀结晶破坏，硫酸盐是其与水泥水化产物形成石膏或者钙矾石类膨胀的化学破坏，二者都导致混凝土表面损伤剥落，会危害到结构寿命。

关于损伤剥落厚度的临界值，国家标准《既有混凝土结构耐久性评定标准》(GB/T 51355—2019) 规定混凝土保护层剥落值达到 20 mm 时，或者钢筋表面混凝土的硫酸盐含量达到 4%(以 SO_3 计，相对于胶凝材料的质量百分数) 时的状态。重点参考了国家标准《混凝土结构设计规范》(GB 50010—2010) 中第 8.2.1 条第 1 款的规定："构件中受力钢筋的保护层厚度不应小于钢筋的公称直径 d"。因此以剥落的剩余保护层厚度达到混凝土构件最外侧受力钢筋公称直径 1 倍时的状态为极限状态。

混凝土结构耐久性的设计方法有经验方法和定量方法。再细分分别是经验的方法、半定量方法和定量控制耐久性失效概率的方法。对缺乏侵蚀作用或作用效应统计规律的结构或结构构件，宜采取经验方法确定耐久性的系列措施，具有一定侵蚀作用和作用效应统计规律的结构构件，可采取半定量的耐久性极限状态设计方法，如环境等级以及环境的作用程度。而关于环境作用下混凝土构件的性能时变模型，各国学者开展了大量理论分析、试验研究和既有结构的服役状况调研，目前日渐成熟，已逐步用于混凝土结构的耐久性设计。因环境多变复杂，单一的设计方法仍无法准确反映结构的时变，目前在耐久性设计中仍部分采用半定量和定向相结合方法确定。将传统的设计方法 (即主要通过对混凝土材料的技术要求和保护层厚度等构造措施，来满足不同环境条件和不同设计使用年限的混凝土结构耐久性) 与概率理论法相结合进行耐久性设计，形成了以分项系数为表达形式的可靠度设计方法。

严酷环境混凝土结构耐久性定量设计，应分别考虑钢筋开始锈蚀极限状态和混凝土保护层损伤极限状态。

1. 钢筋开始锈蚀极限状态

以钢筋锈蚀极限状态进行耐久性设计时，耐久性抗力 R 就是临界氯离子浓度，但作用效应 S 中的传输系数取决于混凝土的微结构，因侵蚀介质与混凝土相互作用，微结构不断变化，因此，传输系数是时变的，严格意义讲，在 Fick 第二定律中进行数值解更合理，故在本书 6.1 节中详细给出传输时变系数的求解过程以及模型中的参数选取。在现行的标准中都是基于 Fick 第二定律，当不考虑扩散系数时变效应时，假定传输系数恒定可给出近似解。在式 (6.7) 中扩散系数的解析解充分考虑了环境温度、湿度、混凝土对氯离子的结合能力、初始混凝土的孔结构、冻融或硫酸盐侵蚀下保护层剥落厚度。需要注意的是，使用式 (6.7) 进行设计时，保护层剥落厚度也不应该随时间变化。

钢筋开始锈蚀极限状态下混凝土结构的耐久性抗力可按式 (6.39) 计算，环境作用效应的时变数值解可按本书 6.1 节的规定计算，不考虑扩散系数时变效应的环境作用效应近似解可按式 (6.40) 计算

$$R = \frac{C_{\mathrm{cr}}}{\gamma_{\mathrm{Ccr}}} \tag{6.39}$$

$$S = \begin{cases} C_0 + (C_\mathrm{s} - C_0) \times \left(1 - \mathrm{erf}\left(\dfrac{X - \Delta X - \Delta X_\mathrm{d}}{2\sqrt{D_0 K_\mathrm{T} K_\mathrm{H} K_\mathrm{R} K_\varphi \dfrac{t_0^m}{(1-m)} t^{1-m}}} \right) \right), t \leqslant t_\mathrm{d} \\[6mm] C_0 + (C_\mathrm{s} - C_0) \times \left(1 - \mathrm{erf}\left(\dfrac{X - \Delta X - \Delta X_\mathrm{d}}{2\sqrt{D_0 K_\mathrm{T} K_\mathrm{H} K_\mathrm{R} K_\varphi t_0^m \left(\dfrac{t}{t_\mathrm{d}^m} + \dfrac{m t_\mathrm{d}^{1-m}}{1-m} \right)}} \right) \right), t > t_\mathrm{d} \end{cases} \tag{6.40}$$

2. 保护层剥落极限状态

对盐冻、高浓度硫酸盐侵蚀和以硫酸盐为主的高浓度硫酸盐–氯盐耦合侵蚀环境引起的混凝土保护层损伤剥落，可通过保护层剥落厚度进行耐久性设计。保护层剥落厚度的计算具体见本书第 4 章和第 5 章。国家标准《既有混凝土结构耐久性评定标准》(GB/T 51355—2019) 和 ACI 365 模型都给出了剥落厚度的计算表达式。ACI 365 给出的模型，以净浆和砂浆为研究对象，当砂浆保护层达到损伤极限时，整个剥落厚度呈线性增加，这与实际情况不符。国家标准《既有混凝土结构耐久性评定标准》(GB/T 51355—2019) 给出的剥落厚度表达式对 ACI 365 模型进行了改进，也给出了模型中参数的经验值，但对不同侵蚀浓度以及不同等级的混凝土预测有一定差异。本书 6.1 节中的模型有较大进步，充分反映了硫酸盐在混凝土中的传输—反应—填充—损伤的历程，而且可预测不同环境下混凝土的剥落情况。

本书所述保护层剥落厚度未考虑盐结晶作用。对于一端置于水和土而另一端露于空气中的混凝土构件，水和土中的盐会通过混凝土毛细孔隙的吸附作用上升，并在干燥的空气中蒸发，最终因浓度的不断提高产生盐结晶。我国盐渍土地区电杆、墩柱、墙体等混凝土构件在地面以上 1 m 左右高度范围内常出现这类破坏。对于盐结晶环境可参考行业标准《铁路混凝土结构耐久性设计规范》(TB 10005—2010) 的盐类结晶环境进行耐久性设计。

保护层损伤极限状态下混凝土结构的耐久性抗力和环境作用效应满足下列公式要求

$$\Delta X + \Delta X_\mathrm{d} \leqslant X_{\mathrm{cr}} \tag{6.41}$$

$$X_{\mathrm{cr}} = X - d \tag{6.42}$$

式中，X_{cr} 为允许的最大保护层剥落厚度 (mm)；d 为最外侧受力筋的公称直径 (mm)。

高浓度硫酸盐–氯盐耦合侵蚀环境和盐冻环境的混凝土保护层剥落厚度可按本书第 4 章和第 5 章确定。钢筋锈蚀临界氯离子浓度宜采用电化学测试方法确定，当无试验结果时，可取为混凝土质量分数的 0.05%。

6.3　严酷环境下钢筋混凝土结构耐久性设计参数

6.3.1　分项系数

严酷环境下耐久性极限状态相对应的结构设计使用年限应具有保证率，根据适用性极限状态失效后果的严重程度，保证率应为 90% 以上，相应的可靠度指标值应大于 1.28。分项系数取值应进行当年当地调研，当缺乏当地环境调研参数，考虑到各类严酷环境、各种材料所具有的统计数据在质与量两个方面都会有很大差异，或在某些领域根本没有统计数据，当缺乏统计数据时，可直接参考表 6.1 给出的数值。耐久性设计分项系数可按表 6.2 选取，1.28 可靠度对应 90% 保证率，2.57 可靠度对应 99.5% 保证率，3.72 可靠度对应 99.9% 保证率。

表 6.2　分项系数取值表

可靠度指标值	γ_{Ccr}	γ_s	γ_D
1.28	1.03	1.20	1.50
2.57	1.06	1.40	2.35
3.72	1.20	1.70	3.25

6.3.2　混凝土氯离子扩散系数

氯离子扩散系数 D 是反映混凝土对氯化物侵蚀抵抗能力的参数。在工程建设过程中，混凝土的原材料、生产配料、浇筑振捣与养护等的质量均会有一定波动，混凝土的质量与性能也因此而波动，而混凝土内在的渗透性也因此受到影响。

目前，氯离子扩散系数分布特性的研究结果还不太统一，有的认为服从正态分布，也有的认为服从对数正态分布、极值 I 型分布或者其他分布类型。

中港桥隧试验室进行了共计 264 组 (每组 3 个试件) 混凝土试件的电迁移试验。结果表明，扩散系数服从正态分布，变异系数最大为 20%，最小为 5%。此外，将挪威 Gimsøystraumen 桥的详细调查和北海混凝土石油平台的调查结果 (表 6.3) 描述在正态概率纸上为一条直线 (图 6.1 和图 6.2)，表明氯离子扩散系数服从正态分布，用 Kolmogorov-Smirnov 检验和 Jarque-Bera 检验其正态分布函数，结果也都不否定氯离子扩散系数服从正态分布的假设。

表 6.3 挪威、北海石油平台混凝土氯离子扩散系数调查结果

测点	扩散系数/($\times 10^{-12} m^2/s$)		
	平均值 D_{mean}	标准偏差 σ_D	特征值 ($D_{mean} + \sigma_D$)
Troll B 石油平台	0.41	0.13	0.54
Gullfaks A 石油平台	0.19	0.1	0.29
Gullfaks C 石油平台	0.89	0.25	1.14
Oseberg A 石油平台	0.54	0.22	0.76
Ekofisk 石油平台	0.79	0.16	0.95

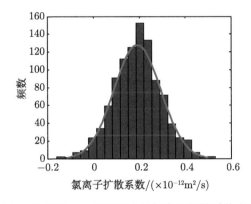

图 6.1　Gullfaks A 石油平台的氯离子扩散系数直方图

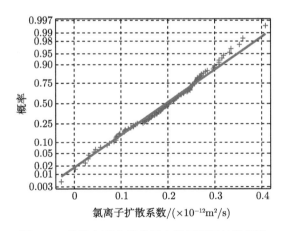

图 6.2　描绘在正态概率纸上的氯离子扩散系数

6.3.3 氯离子扩散系数的衰减系数

随着时间的延长，混凝土中的氯离子扩散系数并不是一成不变的。通过实际检测结果可以发现，龄期较长的混凝土结构的氯离子扩散系数较小，尤其在开始的 1~3 年内，扩散系数的降低尤为明显，因此扩散系数是一个时间的函数。

根据胶凝材料类型和暴露条件的不同，DuraCrete 建立的数据库中给出了衰减指数 α 的统计分布规律，如表 6.4 所示。

表 6.4　氯离子扩散系数的衰减指数的统计规律

胶凝材料的类型	暴露条件					
	水下区		潮汐区、浪溅区		大气区	
	均值	方差	均值	方差	均值	方差
普通硅酸盐水泥	0.30	0.05	0.37	0.07	0.65	0.07
硅酸盐水泥添加粉煤灰	0.69	0.05	0.93	0.07	0.66	0.07
硅酸盐水泥添加矿渣	0.71	0.05	0.80	0.07	0.85	0.07
硅酸盐水泥添加硅粉	0.62	0.05	0.39	0.07	0.79	0.07

6.3.4　临界氯离子浓度

诸多文献对临界氯离子浓度开展了深入调研分析，Cl^- 临界浓度受到多种因素的影响，如水泥中 C_3A 含量、碱含量、硫酸盐含量、温度、混凝土中粉煤灰掺量、钢筋品种和施工质量等。国内外对 Cl^- 临界浓度进行大量试验研究，结果汇总如表 6.5 所示。

由于 Cl^- 临界浓度 C_{cr} 受多种客观因素和试验条件的影响，理论上它是一个随机变量，Cl^- 临界浓度 C_{cr} 应在大量统计的基础上进行取值。从表 6.5 可看出，游离 Cl^- 临界浓度 C_{cr} 基本上占胶凝材料重的 $0.15\%\sim0.4\%$，从实用角度来看，可用于预测寿命的上下限。

Enright 和 Frangopol 认为临界氯离子浓度服从对数正态分布，Odd E. Gjørv 等则在其研究分析中采用正态分布，后文在分析中采用正态分布。图 6.3 为临界氯离子浓度统计分析。

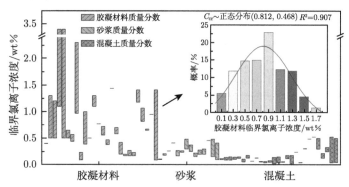

图 6.3　临界氯离子浓度统计分析

此外，也有文献给出了临界氯离子浓度的拟合关系式 (6.43)

$$C_{cr} = -1.49w/b - 0.06\alpha_{ma} + 0.31\alpha_{rb} + 0.0002t + 0.95 \tag{6.43}$$

表 6.5　临界氯离子浓度调研结果

临界氯离子浓度		实验细节						
自由氯离子浓度	总氯离子浓度	氯盐环境	氯离子侵入方式	水胶比 (w/b)	水泥类型	钢筋类型	侵蚀时间	测试时间
	0.10%M	Seawater	CAP + DIF	C (NR)	NR	HPB	NR	1968 年
	0.18%~0.21%M	Seawater	CAP + DIF	C (0.55, 0.65)	OPC	HPB	< 10 年	1982 年
	>0.26%M	—	—	C (0.65)	OPC	—	—	—
	> 0.41%M	—	—	C (0.65)	OPC, FA	—	—	—
0.235~0.264%M	0.17%~0.27%M	Seawater	CAP + DIF	C (0.50~0.65)	C	NR	< 32 年	1989 年
	0.10%~0.12%C	Seawater	CAP + DIF	C (NR)		NR	< 8 年	1998 年
0.298~0.483%M	0.20%~0.28%M	Seawater	DIF	C(0.55, 0.65)	OPC	NR	5 ~ 10 年	1999 年
0.250%M	0.091%~0.142%C	—	CAP + DIF	C(0.45...0.55)	—	—	—	—
0.379%M	0.20%~0.30%M	—	DIF		—	—	—	—
0.154~0.221%M	0.091%~0.150%C	—	—	C(0.40...0.55)	—	—	—	—
	0.105%~0.145%C	Seawater	CAP + DIF	C (NR)	NR	NR	~ 10 年	2000 年
	0.125%~0.150%C	Seawater	CAP + DIF	C (NR)	NR	NR	< 10 年	2001 年
	0.059%~0.107%C	—	—		—	—	—	—
< 0.457%M	0.13%~0.18%C	Seawater	CAP + DIF	C	NR	NR	NR	2002 年
	0.07%C	Seawater	CAP + DIF	C	NR	NR	< 10 年	2004 年
	0.13%C	(Na)	CAP + DIF	C(NR)	NR	NR	NR	2005 年
	0.0571%~0.064%C	Seawater	CAP + DIF				< 12 年	2006 年
	0.0427%~0.0649%C	—	—	C(NR)	NR	NR	< 20 年	2010 年

续表

| 临界氯离子浓度 | | 实验细节 | | | | | | 测试时间 |
自由氯离子浓度	总氯离子浓度	氯盐环境	氯离子侵入方式	水胶比(w/b)	水泥类型	钢筋类型	侵蚀时间	测试时间
	0.0518%~0.0824%C	—	—	—	—	—	—	—
	0.025%~0.143%C	—	—	—	—	—	—	—
	0.0405%~0.151%C	—	—	—	—	—	—	—
	0.052%~0.060%C	Seawater	CAP + DIF	C(NR)	NR	NR	< 20 年	2013 年
	0.12%~0.18%C	Seawater	CAP + DIF	C(0.54)	NR	NR	8.2 年	2014 年
	0.5%~1.3%B	Seawater	CAP + DIF	C(NR)	NR	NR	< 12 年	2014
	0.5%~1.2%B	Seawater	CAP + DIF	—	—	—	—	—
	1.1%~3.4%B	—	DIF	—	—	—	—	—
0.154~0.483%M	0.5%~3.4%B; 0.10%~0.41%M;							
	0.025%~0.18%M							

注: M 表示砂浆质量分数, C 表示混凝土质量分数, CAP 表示毛细作用, DIF 表示扩散作用, Seawater 表示海洋环境, B 表示胶凝材料质量分数。

式中，w/b 为水胶比，α_{ma} 为矿掺影响因子，α_{rb} 为钢筋影响因子。图 6.4 为临界氯离子浓度计算分析。

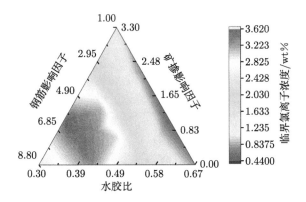

图 6.4 临界氯离子浓度计算分析

实际工程中，钢筋锈蚀临界氯离子浓度应采用电化学测试方法确定，无试验结果时，可依据中国土木工程学会标准《混凝土结构耐久性设计与施工指南》(CCES 01—2004) 建议取为混凝土质量分数的 0.06%。

6.3.5 表面氯离子浓度

对于混凝土表面氯离子浓度有两种认知，一是在数值模型中认为混凝土表面氯离子浓度即边界孔隙充满海水时的氯离子浓度，在不考虑干湿交替的条件下，可认为表面氯离子浓度是恒定不变的，这样能够得到简单的氯离子扩散理论模型；二是认为在实际氯盐暴露环境中混凝土结构的 C_{s} 并非一成不变，而是一个浓度由低到高、逐渐达到饱和的时间过程。

通过调研与分析，推导出混凝土氯离子浓度时变规律，见式 (6.44) 和式 (6.45)

$$C_{\mathrm{s}} = kt^{1-m} + C_0 \tag{6.44}$$

$$C_{\mathrm{s}} = kt^{\frac{1-m}{2}} + C_0 \tag{6.45}$$

式中，C_{s} 是混凝土表面氯离子浓度，C_0 是初始氯离子浓度，k 是表面氯离子含量的时间依赖性常数。

许泽启等统计了来自中国、韩国、日本、英国、美国、加拿大以及沙特阿拉伯众多研究机构于 1965~2015 年发表的大量实验室、现场暴露站和实际工程结构的 144 组混凝土表面氯离子含量数据，分析研究发现，混凝土表面氯离子含量与暴露时间符合关系式 (6.44) 和式 (6.45) 且关系式 (6.45) 具有较好的适用性。余红发基于 $(1-m)/2$ 幂函数边界条件 (即式 (6.45))，建立了混凝土氯离子扩散理论新模

型，该模型考虑混凝土的边界条件持续增长——扩散系数持续降低，即

$$c_{\mathrm{f}} = c_0 + kt^{\frac{1-m}{2}} \left\{ \exp\left[-\frac{(1+R)(1-m)x^2}{4KD_0 t_0^m t^{1-m}} \right] - \frac{x\sqrt{\pi}}{2\sqrt{\frac{KD_0 t_0^m t^{1-m}}{(1+R)(1-m)}}} \mathrm{erfc} \frac{x}{2\sqrt{\frac{KD_0 t_0^m t^{1-m}}{(1+R)(1-m)}}} \right\}$$

$$(6.46)$$

Life-365 服役寿命预测模型认为，混凝土结构表面氯离子含量在 7.5、15 或 25a(用 t_{c} 表示) 后将不再增长，而是保持稳定。此外，Life-365 Service Life Prediction Model 认为混凝土在整个服役期间混凝土的 D_{f}(自由氯离子扩散系数) 并非持续降低，而是在达到一定暴露时间 (t_{d}) 之后可以保持稳定状态，一般 $t_{\mathrm{d}} = 25$ 或 30a。图 6.5 为 D_{f} 和 C_{s} 的双重时变图。

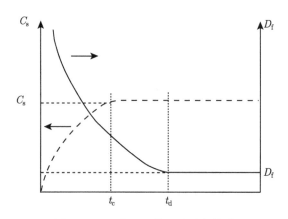

图 6.5　D_{f} 和 C_{s} 的双重时变关系

6.3.6　耐久性设计参数取值

现取国内某一处于严酷环境的混凝土结构为例，据环境取样测试报告，氯离子浓度最高为 77806.58 mg/L，硫酸根离子浓度为 17771.1 mg/L，镁离子浓度为 7904 mg/L，钙离子浓度为 1111.597 mg/L。依据本书所提出的严酷环境耐久性设计方法，开展混凝土寿命预测和耐久性设计，具体参数取值如表 6.6。

表 6.6　严酷环境耐久性设计参数表

参数名	参数取值
环境年平均气温/℃	14.5
环境氯离子浓度/(mg/L)	77806.58
环境硫酸根离子浓度/(mg/L)	17771.1
环境镁离子浓度/(mg/L)	7904
强度等级	C50
保护层厚度/mm	70

续表

参数名	参数取值
保护层厚度施工误差/mm	10
混凝土保护层剥落厚度/mm	50
水胶比	0.28~0.34
粉煤灰掺量	40%
矿渣掺量	30%
胶凝材料体积分数	30%
氯离子结合系数	0.26
临界氯离子浓度 (混凝土质量分数)	0.05%
混凝土接触严酷环境的养护龄期/d	28
临界氯离子浓度分项系数 γ_{Ccr}	1.06
表面氯离子浓度分项系数 γ_s	1.40
氯离子扩散系数分项系数 γ_D	2.35

在上述严酷环境下，考虑混凝土保护层剥落 50mm、逐年剥落的情况、70mm 保护层厚度的 C50 混凝土结构中氯离子浓度分布如图 6.6 所示，均不满足混凝土百年服役寿命要求，因此需采用防腐蚀强化措施以提高混凝土服役寿命。

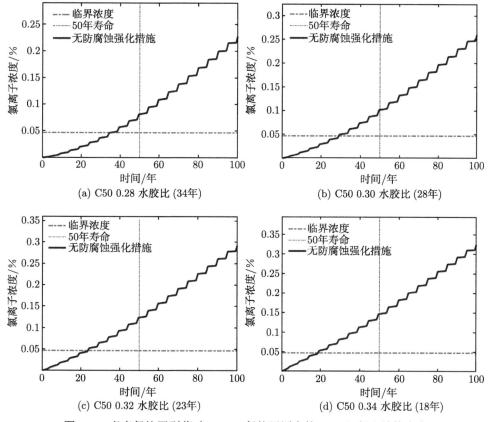

图 6.6　考虑保护层剥落时 70mm 保护层厚度的 C50 混凝土结构寿命

在上述严酷环境下,不考虑混凝土保护层剥落情况、70mm 保护层厚度的 C50 混凝土结构中氯离子浓度分布如图 6.7 所示,水胶比不低于 0.28 时才可满足混凝土百年服役寿命要求,且同时需采取附加防腐措施以保证混凝土保护层不发生损伤剥落。

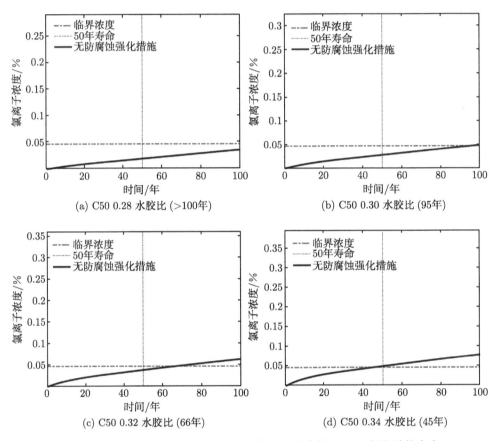

图 6.7　不考虑保护层剥落时 70 mm 保护层厚度的 C50 混凝土结构寿命

6.4　严酷环境下钢筋混凝土全寿命周期耐久性设计方法

在 6.1 节中,已经给出了混凝土寿命预测模型,并进行了一定的拓展,但少有研究将作用于混凝土的防护涂层、抗侵蚀抑制材料、耐蚀筋材等因素纳入寿命预测模型中。本书将简化上述几类提升材料对混凝土性能和寿命的影响,基于经典的多因素寿命预测模型方程,引入防护材料、抗侵蚀抑制材料和耐蚀筋材的影响,建立综合考虑提升技术的混凝土寿命预测方法。

考虑涂层对混凝土表面氯离子浓度的影响、抗侵蚀抑制材料对侵蚀介质传输速率的影响、钢筋阻锈材料对临界氯离子浓度的影响，初步搭建了考虑防护与修复的寿命预测方程，如式 (6.47) 和式 (6.48) 所示。

$$
C(X,t)=\begin{cases}
C_0+(C_{\mathrm{coat}}-C_0)\times\left(1-\mathrm{erf}\left(\dfrac{X-\Delta X-\Delta X_{\mathrm{d}}}{2\sqrt{D_0K_{\mathrm{T}}K_{\mathrm{H}}K_{\mathrm{R}}K_{\varphi}\dfrac{t_0^m}{(1-m)}t^{1-m}}}\right)\right), & t\leqslant t_{\mathrm{d}}\\[3em]
C_0+(C_{\mathrm{coat}}-C_0)\times\left(1-\mathrm{erf}\left(\dfrac{X-\Delta X-\Delta X_{\mathrm{d}}}{2\sqrt{D_0K_{\mathrm{T}}K_{\mathrm{H}}K_{\mathrm{R}}K_{\varphi}t_0^m\left(\dfrac{t}{t_{\mathrm{d}}^m}+\dfrac{mt_{\mathrm{d}}^{1-m}}{1-m}\right)}}\right)\right), & t>t_{\mathrm{d}}
\end{cases}
$$

$$
\tag{6.47}
$$

$$
t=\left(\left(\frac{X-\Delta X-\Delta X_d}{2\mathrm{erf}^{-1}\left(1-\dfrac{f_{\mathrm{MCI}}C_{\mathrm{cr}}-C_0}{C_{\mathrm{coat}}-C_0}\right)}\right)^2\Bigg/(D_0K_{\mathrm{T}}K_{\mathrm{H}}K_{\mathrm{R}}K_{\varphi}t_0^m)-\frac{m}{(1-m)}t_{\mathrm{d}}^{1-m}\right)t_{\mathrm{d}}^m
$$

$$
\tag{6.48}
$$

图 6.8 为分别考虑防护作用和修复作用时损伤和未损伤混凝土中的氯离子浓度时变情况。当无损伤情况下混凝土寿命能满足工程百年需求时，40% 的损伤会降低混凝土服役寿命 50%，在此时使用防护材料、修复材料以及阻锈材料均可在一定程度上提高混凝土抗侵蚀性能。但研究发现，自修复材料和阻锈材料起关键主导作用，涂层影响效应略小于其他两类材料。这是由于在本模型中考虑混凝土

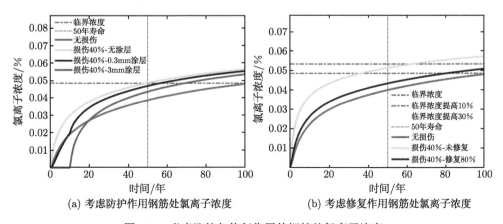

图 6.8　考虑防护与修复作用的钢筋处氯离子浓度

的防护涂层为单次使用，失效后不重新涂刷，并且假定在涂层的十年寿命范围内，不考虑因水化引起的混凝土抗侵蚀性能提升 (涂层隔水阻盐，内部湿度低，水化慢)，因此涂层对服役寿命的提升影响效果小于其他两类材料。且从图 6.8 可知，本方法可用于评估不同防护与修复材料对混凝土服役寿命的影响。

6.5　本 章 小 结

通过以上的研究，主要可以得出如下结论。

(1) 通过文献资料调研与实地环境监测结果，确定了该工程环境各结构构件所处的服役环境作用等级，发现化学腐蚀环境和冻融对混凝土结构的耐久性影响不可忽视，服役于严酷环境的混凝土结构构件的强度等级为 C50。

(2) 考虑硫酸盐侵蚀引起混凝土的化学损伤程度以及混凝土开裂剥落，以反映硫酸盐氯盐耦合传输性能的影响，探明了高浓度硫酸盐–氯盐耦合腐蚀机理，建立了边界移动的混凝土结构内离子的扩散–反应模型及侵蚀产物生成量的计算方法。对于石衡沧港所处的严酷环境，C50 普通混凝土不使用引气剂时，100 年时保护层剥落厚度达 50mm。

(3) 首先通过冻融循环作用下初始损伤混凝土性能退化实验研究，基于多孔介质力学获取了冻胀过程温降低–渗透–结晶引起的代表性体积单元孔壁压力，引入塑性损伤判据，建立了混凝土保护层剥落厚度理论模型，同时开发了水热力多场耦合数值模型，采用数值方法给出了不同基体强度下混凝土质量损失时变规律，探明了盐冻环境下钢筋混凝土损伤劣化机理。以石衡沧港环境调研参数开展了保护层剥落厚度预测，混凝土在服役 100 年时的保护层剥落厚度达 44.4mm，体积模量衰减至原有的 80%，质量损失 8.69%，在 100 年时 C50 普通混凝土不使用引气剂、不采取防护措施难以满足服役寿命要求，或需要增大保护层厚度。

(4) 考虑了硫酸盐、盐冻对混凝土保护层剥落的影响，建立了钢筋混凝土服役寿命预测模型，针对氯盐侵蚀引起的钢筋锈蚀极限状态、硫酸盐和盐冻引起的保护层剥落极限状态建立了耐久性设计方法，基于工程结构可靠度理论，初步确定了耐久性设计参数。所有混凝土水胶比不高于 0.34，在使用防腐蚀强化措施来确保混凝土保护层不发生损伤剥落的情况时，70mm 保护层厚度、0.28 水胶比的 C50 混凝土可基本满足工程最严酷环境的服役需求。

参 考 文 献

[1] 牛荻涛. 混凝土结构耐久性与寿命预测 [M]. 北京: 科学出版社, 2003.

[2] 余红发. 盐湖地区高性能混凝土的耐久性、机理与使用寿命预测方法 [D]. 南京: 东南大学, 2004.

[3] 王胜年, 田俊峰, 范志宏. 基于暴露试验和实体工程调查的海工混凝土结构耐久性寿命预测理论和方法 [J]. 中国港湾建设, 2010, (S1): 68-74.

[4] Tang L, Gulikers J. On the mathematics of time-dependent apparent chloride diffusion coefficient in concrete[J]. Cement & Concrete Research, 2007, 37(4): 589-595.

[5] Bhargava K, Mori Y, Ghosh A K. Time-dependent reliability of corrosion-affected RC beams. Part 3: Effect of corrosion initiation time and its variability on time-dependent failure probability[J]. Nuclear Engineering & Design, 2011, 241(5): 1395-1402.

[6] Petcherdchoo A. Time dependent models of apparent diffusion coefficient and surface chloride for chloride transport in fly ash concrete[J]. Construction & Building Materials, 2013, 38(1): 497-507.

[7] Mangat P S, Molloy B T. Prediction of long term chloride concentration in concrete[J]. Materials & Structures, 1994, 27(6): 338-346.

[8] Euram T E U B. DuraCrete General Guidelines for Durability Design and Redesign: Probabilistic performance based durability design of concrete structure[S]. Gouda, The Netherlands:Civieltechnisch Centrum Uitvoering Research en Regelgeving, 2002.

[9] Audenaert K, Yuan Q, Schutter G D. On the time dependency of the chloride migration coefficient in concrete[J]. Construction & Building Materials, 2010, 24(3): 396-402.

[10] Lin G, Liu Y, Xiang Z. Numerical modeling for predicting service life of reinforced concrete structures exposed to chloride environments[J]. Cement & Concrete Composites, 2010, 32(8): 571-579.

[11] Liu Z, Wang Y, Wang J, et al. Experiment and simulation of chloride ion transport and binding in concrete under the coupling of diffusion and convection[J]. Journal of Building Engineering, 2022, 45: 103610.

[12] Wang X, Shi C, Fuqiang H E, et al. Chloride binding and its effects on microstructure of cement-based materials[J]. Journal of the Chinese Ceramic Society, 2013, 41(2): 187-198(12).

[13] Qiang Y, Shi C, Schutter G D, et al. Chloride binding of cement-based materials subjected to external chloride environment – A review[J]. Construction & Building Materials, 2009, 23(1): 1-13.

[14] Arya C, Buenfeld N R, Newman J B. Factors influencing chloride-binding in concrete[J]. Cement & Concrete Research, 1990, 20(2): 291-300.

[15] Dhir R K, El-Mohr M A K, Dyer T D. Developing chloride resisting concrete using PFA[J]. Cement & Concrete Research, 1997, 27(11): 1633-1639.

[16] Cheewaket T, Jaturapitakkul C, Chalee W. Long term performance of chloride binding capacity in fly ash concrete in a marine environment[J]. Construction & Building Materials, 2010, 24(8): 1352-1357.

[17] Xu J. Multi-scale study on chloride penetration in concrete under sustained axial pressure and marine environment[D]. Xuzhou: China University of Mining and Technology, 2018.